I0446525

ROBÓTICA

Explorando los Límites de la Tecnología

LUIS FERNANDO TEJADA YEPES

1

Indice

3

1.Introducción a la robótica: conceptos, historia, aplicaciones y desafíos.

La robótica es un campo multidisciplinario que se enfoca en el diseño, construcción, programación y operación de robots, máquinas autónomas o sistemas mecatrónicos que pueden realizar tareas de manera autónoma o semiautónoma. Esta disciplina combina elementos de la ingeniería, la informática, la electrónica y la inteligencia artificial para crear máquinas capaces de realizar una variedad de tareas en entornos diversos.

Un robot es una máquina programable que puede realizar tareas de manera autónoma o semiautónoma. Los robots pueden ser móviles o estacionarios y pueden tener diversas formas y tamaños. Los robots pueden tener diferentes formas y tamaños, dependiendo de su función y diseño. Los robots también pueden ser móviles o estacionarios, lo que significa que pueden desplazarse o permanecer fijos en un lugar. los robots desempeñan un papel importante en una amplia variedad de industrias y campos.

Manufactura: En la industria manufacturera, los robots se utilizan comúnmente en líneas de ensamblaje para tareas de montaje, soldadura, pintura y manipulación de materiales. Estos robots aumentan la eficiencia y la precisión en la producción.

Medicina: Los robots quirúrgicos se utilizan en cirugías para realizar procedimientos precisos con menos invasión y menor tiempo de recuperación. También se utilizan en la rehabilitación para ayudar a pacientes a recuperar la movilidad.

Exploración Espacial: En la exploración espacial, los robots, como rovers y sondas espaciales, son esenciales para investigar planetas, asteroides y otros cuerpos celestes, ya que pueden funcionar en entornos extremos donde los humanos no pueden.

Automatización en la Agricultura: Los robots agrícolas se utilizan para tareas como la siembra, la cosecha y el monitoreo de cultivos, lo que ayuda a aumentar la eficiencia y reducir el desperdicio.

Logística y Almacenes: En almacenes y centros de distribución, los robots autónomos se utilizan para mover mercancías, reduciendo el tiempo y el esfuerzo requerido para la gestión de inventario y envío.

Industria Militar: Los robots se utilizan en aplicaciones militares, como drones y vehículos no tripulados para la vigilancia y la recopilación de información en áreas peligrosas.

Automóviles Autónomos: Los vehículos autónomos, que utilizan tecnología robótica, están siendo desarrollados para revolucionar la industria del transporte y reducir la necesidad de conductores humanos.

Educación: Los robots educativos se utilizan para enseñar programación y conceptos STEM a estudiantes de todas las edades, lo que fomenta el aprendizaje interactivo.

Estos son solo algunos ejemplos, y la aplicación de robots en diversas industrias continúa evolucionando y expandiéndose a medida que avanza la tecnología. Los robots ofrecen la ventaja de realizar tareas de manera consistente y precisa, reduciendo riesgos para los humanos en entornos peligrosos y mejorando la eficiencia en muchas áreas.

Mecatrónica: La mecatrónica es una disciplina que combina la ingeniería mecánica y la electrónica para diseñar sistemas robotizados. La mecatrónica se basa en el uso de sensores, actuadores y componentes electrónicos que permiten controlar el movimiento y la función de las máquinas. La mecatrónica también utiliza la informática y la inteligencia artificial para programar y optimizar el comportamiento de los sistemas robotizados. La mecatrónica tiene aplicaciones en diversos campos, como la industria, la medicina, la educación y el entretenimiento. La mecatrónica es una disciplina que busca crear máquinas más inteligentes, eficientes y versátiles, que combina la ingeniería mecánica, la electrónica y la informática para diseñar sistemas automatizados o robotizados. Esta disciplina busca integrar y aprovechar las fortalezas de estas tres áreas para desarrollar sistemas más eficientes y versátiles. Algunos de los elementos clave de la mecatrónica incluyen:

Mecánica: Incluye el diseño de componentes mecánicos, como estructuras, engranajes, actuadores, sensores y mecanismos que son fundamentales para el movimiento y la operación de sistemas físicos.

Electrónica: Se refiere a la parte electrónica del sistema, que involucra componentes como circuitos, sensores, controladores y sistemas de retroalimentación. La electrónica es esencial para el control y la monitorización de las operaciones de un sistema mecatrónico.

Informática: La informática desempeña un papel crucial en la programación y control de sistemas mecatrónicos. Esto implica el desarrollo de software para controlar hardware y permitir la automatización y la toma de decisiones en tiempo real.

Los sistemas mecatrónicos se utilizan en una variedad de aplicaciones, desde la fabricación industrial y la robótica hasta la automoción, la atención médica y la aeroespacial. La mecatrónica es una disciplina interdisciplinaria que se enfoca en la integración de estas áreas para crear sistemas que sean más eficientes, precisos y versátiles. La interconexión de la mecánica, la electrónica y la informática ha llevado a avances significativos en la automatización y la robótica en una amplia gama de industrias.

Inteligencia Artificial (IA): La IA juega un papel fundamental en la robótica al permitir que los robots tomen decisiones, aprendan de su entorno y se adapten a situaciones cambiantes.La IA es una rama de la informática que se ocupa de crear programas o sistemas que puedan imitar o superar las capacidades cognitivas de los humanos, como el razonamiento, el aprendizaje, la decisión y la comunicación. La IA se aplica a la robótica para dotar a los robots de una mayor autonomía e inteligencia, permitiéndoles tomar decisiones basadas en la información que reciben de su entorno y adaptarse a situaciones cambiantes. La IA también facilita la interacción entre los robots y los humanos, así como entre los propios robots. La IA es un factor clave para el desarrollo y la innovación en el campo de la robótica.

la Inteligencia Artificial (IA) desempeña un papel fundamental en la robótica al permitir que los robots sean más inteligentes y capaces de realizar tareas de manera autónoma y adaptativa. La IA aporta varias capacidades esenciales a los robots:

Toma de Decisiones: La IA permite a los robots tomar decisiones basadas en datos y condiciones del entorno. Pueden analizar información sensorial en tiempo real y decidir cómo actuar en función de esa información. Esto es especialmente útil en situaciones donde los robots deben responder a eventos imprevistos o variables cambiantes.

Aprendizaje Automático: Los robots pueden utilizar algoritmos de aprendizaje automático para mejorar su desempeño con el tiempo. Esto implica la capacidad de adquirir conocimiento a partir de datos y experiencia, lo que les permite adaptarse y mejorar en la realización de tareas específicas.

Visión por Computadora: La IA se utiliza en la visión por computadora para que los robots puedan reconocer objetos, personas y patrones en su entorno. Esto es esencial para tareas como la navegación autónoma, la clasificación de objetos y la interacción con humanos.

Procesamiento del Lenguaje Natural: En aplicaciones donde la comunicación con humanos es importante, como en robots asistentes personales, la IA se utiliza para comprender y generar lenguaje natural, lo que permite una interacción más fluida con las personas.

Planificación y Control: La IA también se emplea en la planificación de rutas y movimientos, lo que permite a los robots navegar de manera segura y eficiente en su entorno. Esto es crucial en la robótica móvil y en la logística.

La combinación de robótica y IA ha llevado a avances significativos en la automatización en una variedad de industrias, desde la manufactura hasta la asistencia en el hogar y la atención médica. Los robots habilitados con IA pueden ser más versátiles y capaces de realizar una amplia gama de tareas, lo que los hace valiosos en la mejora de la eficiencia y la productividad en muchas aplicaciones.

Breve historia de la robótica:

La historia de la robótica tiene raíces antiguas en la mitología y la ciencia ficción, pero el desarrollo práctico comenzó en el siglo XX. La historia de la robótica tiene raíces profundas en la mitología, la ciencia ficción y la imaginación humana, pero su desarrollo práctico como una disciplina científica y tecnológica comenzó en el siglo XX.

Mitología y Ciencia Ficción: A lo largo de la historia, muchas culturas han tenido relatos y mitos que involucran autómatas y seres mecánicos. a lo largo de la historia, en diversas culturas, se han registrado relatos y mitos que involucran autómatas y seres mecánicos. Estos relatos son una manifestación temprana de la fascinación de la humanidad por la idea de crear seres artificiales o máquinas con características humanas. Algunos ejemplos notables de estas representaciones incluyen:

Talos en la Mitología Griega: En la mitología griega, Talos era un gigante de bronce creado por Hefesto y dado por Zeus para proteger Creta. Talos era un autómata gigante que circunnavegaba la isla tres veces al día para mantener a salvo a sus habitantes.

La Estatua de Pigmalión: En la antigua mitología griega, Pigmalión era un escultor que se enamoró de una estatua que él mismo había creado. En respuesta a sus oraciones, Afrodita le dio vida a la estatua, convirtiéndola en la bella Galatea.

Golem en la Tradición Judía: En la tradición judía, se habla del Golem, una criatura hecha de arcilla o barro animada por una inscripción mágica en la frente. El Golem se creó para proteger a la comunidad judía de amenazas.

Automatons en la Antigua China: La antigua China también tenía relatos de autómatas, como el mito de Yan Shi, quien supuestamente creó una figura de madera que podía realizar movimientos humanos.

Frankenstein: La novela "Frankenstein" de Mary Shelley, escrita en 1818, es considerada una obra precursora de la ciencia ficción y explora la creación de un ser humano artificial a través de la ciencia y la tecnología.

Estos ejemplos demuestran que la idea de crear seres artificiales o autómatas ha sido una parte duradera de la imaginación humana a lo largo de la historia. La ciencia ficción, en particular, ha ampliado estas ideas y ha influido en el desarrollo posterior de la robótica y la inteligencia artificial en el mundo real. La idea de dar vida a máquinas o crear seres artificiales ha sido un tema recurrente en la literatura y la cultura a lo largo de los siglos.

Primeros Robots Industriales: A principios del siglo XX, se desarrollaron los primeros dispositivos mecánicos automatizados para tareas específicas en la industria. Un ejemplo notorio es el "Unimate", un brazo robótico desarrollado por George Devol y Joseph Engelberger en la década de 1950, . A principios del siglo XX se produjeron los primeros avances en el desarrollo de robots industriales, que fueron fundamentales para la automatización de tareas en la industria.

El "Unimate" se considera el primer robot industrial programable y se utilizó en la línea de ensamblaje de General Motors en 1961. El "Unimate" era capaz de realizar tareas de soldadura, manipulación de objetos y otras operaciones en la línea de ensamblaje de manera autónoma.

El desarrollo del "Unimate" marcó el inicio de la automatización en la industria manufacturera. Antes de su creación, la automatización industrial se limitaba principalmente a máquinas fijas y sistemas de transporte. La introducción de robots programables como el "Unimate" permitió la realización de tareas precisas y repetitivas de manera eficiente, lo que revolucionó la producción en la industria automotriz y allanó el camino para la adopción de robots en diversas aplicaciones industriales.

La innovación de Devol y Engelberger en el campo de la robótica industrial allanó el camino para el desarrollo posterior de robots cada vez más avanzados y versátiles en la industria. A medida que la tecnología robótica ha evolucionado, los robots industriales se han vuelto más sofisticados y se utilizan en una variedad de aplicaciones, desde la fabricación y la soldadura hasta la manipulación de materiales y la inspección de calidad.

Terminología de Robot: El término "robot" fue acuñado por el escritor de ciencia ficción checo Karel Čapek en su obra "R.U.R." (Robots Universales Rossum) en 1920. La palabra "robot" se deriva de "robota", que en checo significa "trabajo forzado" o "esclavitud".la palabra "robot" y su concepto tal como lo conocemos hoy en día fueron popularizados en su obra de teatro "R.U.R." (Robots Universales Rossum), que se publicó por primera vez en 1920. La obra de Čapek exploraba temas relacionados con la creación de seres artificiales que realizaban trabajo pesado en lugar de los humanos.

La obra "R.U.R." presentaba una fábrica que producía seres artificiales llamados "robots" a partir de material biológico y mecánico. Estos robots eran capaces de llevar a cabo tareas laboriosas y se convirtieron en una fuerza de trabajo esclava. Con el tiempo, los robots en la obra desarrollaron emociones y deseos propios, lo que llevó a un conflicto con los humanos.

La obra de Karel Čapek y la introducción del término "robot" tuvieron un impacto duradero en la ciencia ficción y en la cultura popular, y ayudaron a establecer la idea de robots como seres artificiales con la capacidad de realizar tareas humanas o mecánicas. Desde entonces, el término "robot" se ha utilizado ampliamente para describir máquinas automatizadas que pueden llevar a cabo una variedad de tareas, desde tareas industriales hasta aplicaciones en la vida cotidiana.

Investigación en Robótica: A partir de la década de 1950, se realizaron investigaciones significativas en el campo de la robótica en laboratorios académicos y en la industria. Esto incluyó avances en control automático, visión por computadora y planificación de movimientos.

A partir de 1950 se produjo un crecimiento significativo en la investigación y el desarrollo en el campo de la robótica. Esta década marcó el inicio de investigaciones más formales y experimentación en laboratorios académicos y en la industria. Algunos de los avances más notables incluyeron:

Control Automático: Se desarrollaron técnicas avanzadas de control automático que permitieron a los robots realizar movimientos más precisos y suaves. Estos sistemas de control permitieron a los robots responder a datos sensoriales en tiempo real, lo que mejoró su capacidad para llevar a cabo tareas de manera más eficiente y segura.

Visión por Computadora: Se comenzaron a desarrollar sistemas de visión por computadora que permitían a los robots "ver" su entorno. Esto se logró mediante el uso de cámaras y algoritmos de procesamiento de imágenes que permitían a los robots reconocer objetos, seguir trayectorias y tomar decisiones basadas en la información visual.

Planificación de Movimientos: Se trabajó en algoritmos de planificación de movimientos que permitieron a los robots determinar la mejor manera de realizar una tarea dada, teniendo en cuenta obstáculos y restricciones. Esto fue especialmente importante para robots que debían navegar en entornos complejos y cambiar sus movimientos en tiempo real.

Robots Autónomos: Se comenzaron a desarrollar robots con una mayor autonomía, lo que les permitía operar de manera más independiente y tomar decisiones más complejas. Estos robots se utilizaron en aplicaciones como la exploración de entornos peligrosos y la inspección en lugares de difícil acceso.

Investigación en Laboratorios Académicos: Universidades e instituciones de investigación desempeñaron un papel crucial en la investigación en robótica. Se llevaron a cabo proyectos de investigación que permitieron a los estudiantes y científicos investigar y desarrollar nuevas tecnologías y conceptos en robótica.

Robótica en la Industria: A medida que los avances en robótica se hacían más evidentes, la industria adoptó la tecnología robótica en una variedad de aplicaciones, incluyendo la fabricación y la automatización de procesos industriales.

Estos avances sentaron las bases para el desarrollo posterior de la robótica en sus diversas aplicaciones, desde la fabricación y la atención médica hasta la exploración espacial y la robótica móvil. La investigación en robótica ha continuado evolucionando y sigue siendo un campo interdisciplinario en constante crecimiento.

En la década de 1970 se produjeron avances significativos en el campo de la robótica móvil, y un ejemplo notable es el robot "Shakey", desarrollado por SRI International. Shakey es considerado uno de los primeros robots móviles autónomos y marcó un hito importante en la robótica autónoma y la navegación.

Shakey, también conocido como "Shakey el Robot", fue un proyecto de investigación desarrollado en SRI International (anteriormente conocido como Stanford Research Institute) a lo largo de la década de 1960 y principios de la década de 1970. Este robot fue un gran avance en su época y se convirtió en un pionero en la navegación autónoma y la percepción de entornos no estructurados.

Características de Shakey:

Shakey estaba equipado con sensores, incluyendo cámaras de televisión, sensores de proximidad y un escáner láser.

Utilizaba estos sensores para navegar de manera autónoma en un entorno desconocido y tomar decisiones en tiempo real.

Era capaz de explorar, mapear y planificar rutas en entornos complicados, lo que incluía la capacidad de sortear obstáculos y moverse de manera segura.

Shakey demostró que los robots podían funcionar en entornos no estructurados y adaptarse a situaciones cambiantes utilizando sensores y algoritmos de procesamiento de datos. Su desarrollo allanó el camino para la robótica móvil moderna, incluyendo aplicaciones como la exploración de planetas, la entrega de paquetes autónoma y la robótica de servicios.

La capacidad de Shakey para realizar tareas de navegación autónoma y la percepción del entorno influyó en el desarrollo posterior de robots móviles más avanzados, incluidos los rovers utilizados en la exploración espacial, como el rover Sojourner en Marte y los robots de entrega terrestre en aplicaciones comerciales. Shakey es considerado un hito importante en la historia de la robótica móvil y la autonomía robótica.

Robótica Industrial: Los robots industriales se convirtieron en una parte integral de la fabricación a partir de la década de 1970. la década de 1970 marcó un punto de inflexión importante en la adopción de robots industriales en la manufactura. A partir de ese período, los robots industriales se convirtieron en una parte integral de la fabricación en una amplia variedad de industrias. Estos robots se utilizan en diversas aplicaciones dentro de la industria, incluyendo líneas de ensamblaje, soldadura y muchas otras.

Expansión en la Década de 1970:

Durante la década de 1970, se produjo un aumento significativo en la adopción de robots industriales en la fabricación, en parte debido a avances tecnológicos en control y programación.

La reducción de costos, el aumento de la velocidad y la capacidad de los robots, y la mejora en la seguridad permitieron su incorporación en una variedad de aplicaciones industriales.

Aplicaciones en la Robótica Industrial:

Líneas de Ensamblaje: Los robots industriales se utilizaron en líneas de ensamblaje para llevar a cabo tareas repetitivas y precisas, como el montaje de piezas en productos electrónicos, automóviles y productos de consumo.

Soldadura: Los robots se convirtieron en herramientas valiosas en la soldadura, realizando uniones precisas y consistentes en aplicaciones de fabricación, como la industria automotriz y la construcción de maquinaria.

Manipulación de Materiales: Los robots se emplean para cargar y descargar materiales de máquinas y transportadores, lo que aumenta la eficiencia y reduce el riesgo de lesiones en entornos industriales.

Inspección y Control de Calidad: Algunos robots se utilizan en la inspección de calidad, examinando productos para detectar defectos y garantizar que cumplan con los estándares de calidad.

Embalaje y Paletización: Los robots son utilizados en tareas de embalaje y paletización en almacenes y centros de distribución, mejorando la eficiencia en la logística.

La robótica industrial ha seguido evolucionando desde la década de 1970, con robots más avanzados y versátiles. Estos sistemas robóticos desempeñan un papel importante en la automatización y la mejora de la eficiencia en la producción, lo que ha llevado a una mayor competitividad en la industria manufacturera.

Robótica en la Exploración Espacial: Los robots, como los rovers en Marte, han sido fundamentales en la exploración espacial, permitiendo la recopilación de datos y muestras en entornos inaccesibles para los humanos. La robótica ha desempeñado un papel fundamental en la exploración espacial y ha permitido la recopilación de datos y muestras en entornos inaccesibles o peligrosos para los seres humanos. Los rovers en Marte son un ejemplo destacado de cómo los robots han ampliado nuestra capacidad para explorar el espacio. Aquí hay más información sobre la robótica en la exploración espacial:

Exploración de Marte: Los rovers en Marte, como el "Sojourner," "Spirit," "Opportunity," "Curiosity," y "Perseverance," han sido enviados a Marte para llevar a cabo investigaciones científicas, tomar imágenes, analizar muestras del suelo y rocas, y buscar signos de vida pasada o presente. Estos rovers son controlados de manera remota desde la Tierra y pueden operar de manera autónoma para llevar a cabo tareas científicas en el Planeta Rojo.

Ventajas de la Robótica Espacial: Los robots espaciales ofrecen varias ventajas en la exploración espacial. Pueden funcionar en entornos extremos, como la radiación, temperaturas extremadamente frías y la baja presión atmosférica de Marte, sin poner en riesgo la vida humana. Además, pueden trabajar durante largos períodos de tiempo, lo que permite una recopilación continua de datos y muestras.

Otras Misiones Espaciales: Además de los rovers en Marte, se han utilizado robots en otras misiones espaciales. Las sondas espaciales, como las que han explorado asteroides y planetas lejanos, a menudo están equipadas con brazos robóticos y cámaras para realizar experimentos y recopilar datos.

Exploración de Otros Mundos: La robótica también ha sido clave en la exploración de la Luna, así como en misiones futuras a otros cuerpos celestes, como la exploración de lunas de planetas gigantes, como Titán en Saturno y Europa en Júpiter.

La robótica espacial ha permitido que los científicos y exploradores obtengan información valiosa sobre nuestro sistema solar y más allá. Estas misiones no solo han ampliado nuestro conocimiento, sino que también han sentado las bases para futuras exploraciones humanas en el espacio. Los avances en robótica y tecnología espacial seguirán siendo fundamentales en la exploración espacial en las décadas venideras.

Robótica Colaborativa: En tiempos más recientes, la robótica colaborativa ha ganado importancia, permitiendo la interacción segura entre humanos y robots en entornos de trabajo compartidos. La robótica colaborativa ha ganado una importancia significativa en la industria y en una variedad de entornos laborales. La robótica colaborativa, a menudo denominada "cobots" (robots colaborativos), se centra en la interacción segura y productiva entre humanos y robots en entornos de trabajo compartidos.

Principales Características de la Robótica Colaborativa:

Seguridad: Los cobots están diseñados con sensores y sistemas de seguridad que les permiten detectar la presencia de humanos y detenerse o ralentizar sus movimientos para evitar colisiones o lesiones. Esto hace que trabajar junto a un robot colaborativo sea más seguro.

Interacción Humano-Robot: Los cobots están diseñados para interactuar directamente con los humanos en tareas compartidas. Esto incluye trabajar codo a codo con operarios en líneas de ensamblaje, ayudar en tareas de montaje, inspección y manipulación de objetos.

Programación Intuitiva: Los cobots suelen ser fáciles de programar, a menudo mediante interfaces de usuario intuitivas que permiten a los usuarios sin experiencia en programación definir tareas y movimientos del robot.

Aplicaciones de la Robótica Colaborativa:

Industria Manufacturera: Los cobots se utilizan en la fabricación para tareas como el ensamblaje, el atornillado, la inspección de calidad y la manipulación de materiales.

Cuidado de la Salud: En el ámbito de la salud, los robots colaborativos se utilizan para asistir en tareas de atención al paciente, como el transporte de suministros y la desinfección de áreas hospitalarias.

Logística y Almacenes: En almacenes y centros de distribución, los cobots ayudan en la recogida y el empaque de productos, así como en la organización de inventarios.

Agricultura: En la agricultura, los robots colaborativos se utilizan para tareas como la recolección de frutas y verduras, así como para el monitoreo de cultivos.

La robótica colaborativa está transformando la forma en que trabajamos y producimos, ya que combina la precisión y la eficiencia de los robots con la supervisión y el juicio humanos. Esto permite que los trabajadores se centren en tareas más creativas y complejas, mientras que los robots se encargan de las tareas repetitivas y físicamente exigentes. La robótica colaborativa está en constante crecimiento y se espera que continúe desempeñando un papel importante en una variedad de industrias en el futuro.

La historia de la robótica es una narrativa de evolución constante, con avances significativos que han llevado a la integración de robots en una amplia variedad de aplicaciones en la sociedad actual. La robótica sigue siendo un campo en rápido crecimiento con un gran potencial en el futuro.

2.Fundamentos matemáticos para la robótica: álgebra, geometría, cálculo, estadística y optimización.

Los fundamentos matemáticos son esenciales en la robótica, ya que permiten modelar y resolver problemas relacionados con la percepción, el control y la planificación de movimientos de robots. Aquí se describen los principales conceptos matemáticos utilizados en robótica:

1. Álgebra:

Álgebra lineal: Es fundamental en la transformación de coordenadas y en la representación de sistemas de ecuaciones lineales que se encuentran comúnmente en la cinemática y dinámica de robots.

el álgebra lineal es un componente fundamental en la robótica, especialmente en lo que respecta a la transformación de coordenadas y la representación de sistemas de ecuaciones lineales que se encuentran comúnmente en la cinemática y dinámica de robots. Aquí se detallan algunas aplicaciones clave del álgebra lineal en la robótica:

Cinemática: El álgebra lineal se utiliza para describir la relación entre las coordenadas de articulaciones y las coordenadas de extremo en un robot. Las ecuaciones lineales se emplean para calcular la posición y orientación del extremo del robot en función de las articulaciones.

Cinemática Inversa: Para determinar las configuraciones de articulaciones necesarias para alcanzar una posición y orientación específica del extremo del robot, se plantean ecuaciones lineales inversas. Estas ecuaciones se resuelven para calcular los ángulos y las posiciones de las articulaciones.

Dinámica: En la dinámica de robots, el álgebra lineal se utiliza para modelar y resolver sistemas de ecuaciones diferenciales lineales que describen el movimiento y las fuerzas en un robot. Esto es fundamental para el control y la predicción del comportamiento de un robot en movimiento.

Control de Robots: El control de robots implica la generación de señales de control que ajustan las articulaciones del robot para lograr un comportamiento deseado. Esto a menudo implica sistemas de control lineal, como controladores PID (Proporcional-Integral-Derivativo), que se basan en ecuaciones diferenciales lineales.

Planificación de Movimientos: La planificación de movimientos implica el uso de ecuaciones y cálculos lineales para determinar trayectorias y posiciones intermedias en el espacio de trabajo del robot.

Análisis de Estabilidad: El álgebra lineal se utiliza para analizar la estabilidad de sistemas de control en robótica, lo que es esencial para garantizar que los robots se muevan de manera segura y controlada.

El álgebra lineal es una herramienta matemática esencial que permite a los ingenieros y científicos resolver problemas complejos en la robótica, desde el diseño y modelado de robots hasta su control y planificación de movimientos. Permite representar de manera efectiva las relaciones matemáticas que gobiernan el comportamiento de los robots en su entorno y facilita la toma de decisiones y la implementación de algoritmos de control.

Álgebra de matrices: Las matrices se utilizan para representar

transformaciones y realizar operaciones de transformación en el espacio 3D, lo que es esencial para el control y la planificación de movimientos.el álgebra de matrices es una parte fundamental de las matemáticas aplicadas en la robótica. Aquí te proporcionaré más detalles sobre cómo se utiliza el álgebra de matrices en este campo:

Transformaciones y Coordenadas en el Espacio 3D:

En la robótica, se utilizan matrices de transformación para describir y realizar operaciones de transformación en el espacio 3D. Estas matrices representan cambios de posición y orientación en sistemas de coordenadas.

Las transformaciones homogéneas son especialmente importantes. Estas matrices 4x4 se utilizan para representar tanto traslaciones como rotaciones en el espacio 3D, lo que permite describir movimientos completos de un extremo o efector de un robot.

Las matrices de rotación se emplean para representar las rotaciones alrededor de ejes específicos en el espacio.

Cinemática y Cinemática Inversa:

El álgebra de matrices es fundamental en la cinemática directa, que implica calcular la posición final de un robot dado un conjunto de valores angulares de articulaciones.

En la cinemática inversa, se utilizan matrices para encontrar las configuraciones de articulaciones necesarias para llegar a una posición y orientación deseada del extremo del robot.

Planificación de Movimientos:

Para planificar movimientos eficientes y seguros de robots, se emplean matrices para describir las trayectorias y transformaciones a lo largo de esas trayectorias.

Algoritmos de planificación de movimientos, como el método de Jacobiano y el método de interpolación, utilizan álgebra de matrices para calcular las velocidades y posiciones deseadas en función de los objetivos de movimiento.

Control de Robots:

El control de robots implica la generación de señales de control que se traducen en movimientos específicos. Las matrices de control se utilizan para ajustar las velocidades de articulaciones y las trayectorias para lograr un comportamiento deseado.

En resumen, el álgebra de matrices desempeña un papel crucial en la descripción y el control de movimientos en robótica. Permite a los ingenieros y programadores representar transformaciones en el espacio 3D de manera eficiente y realizar cálculos necesarios para la cinemática, la cinemática inversa, la planificación de movimientos y el control de robots. La comprensión de las operaciones de matrices es esencial para el diseño y el funcionamiento de sistemas robóticos.

Geometría: La geometría es crucial en la descripción y cálculo de posiciones, movimientos y configuraciones de robots. Esto incluye conceptos como coordenadas cartesianas, ángulos, distancias y transformaciones geométricas.

la geometría desempeña un papel fundamental en la robótica, ya que se utiliza para describir y calcular posiciones, movimientos y configuraciones de robots en el espacio tridimensional. Aquí te proporcionaré una visión más detallada de cómo se aplica la geometría en la robótica:

1. Representación de Posiciones y Orientaciones: La geometría se utiliza para representar la posición y orientación de un robot en el espacio de trabajo. Esto incluye la descripción de las coordenadas cartesianas (posición) y los ángulos de orientación (orientación) en sistemas de coordenadas tridimensionales.

2. Transformaciones y Rotaciones: La geometría se emplea para describir transformaciones y rotaciones en el espacio 3D. Las transformaciones homogéneas y las matrices de rotación son herramientas fundamentales para describir estos movimientos, lo que permite calcular el efecto de las articulaciones en la posición final del robot.

3. Cinemática: En la cinemática de robots, la geometría se utiliza para relacionar las coordenadas angulares de las articulaciones con las coordenadas cartesianas del extremo del robot. Esto permite calcular la posición y orientación del extremo en función de las articulaciones y las longitudes de los eslabones.

4. Cinemática Inversa: La geometría es esencial en la cinemática inversa, que implica determinar las configuraciones de articulaciones necesarias para alcanzar una posición y orientación deseada del extremo del robot. Se utilizan conceptos geométricos para resolver este tipo de problema.

5. Planificación de Movimientos: La geometría se aplica en la planificación de movimientos, donde se describen y calculan las trayectorias y rutas que debe seguir un robot para completar una tarea específica de manera eficiente y segura.

6. Análisis de Colisiones: La geometría se utiliza para detectar y evitar colisiones en el espacio de trabajo del robot. Se emplean conceptos geométricos para determinar si un robot o sus partes están en peligro de colisionar con obstáculos u otras partes del robot.

7. Visualización y Simulación: La geometría se utiliza para representar gráficamente robots y entornos de trabajo en aplicaciones de simulación y visualización. Esto es útil para planificar, diseñar y depurar sistemas robóticos.

En resumen, la geometría es una herramienta fundamental en la robótica para describir, calcular y visualizar las posiciones, movimientos y configuraciones de los robots en el espacio tridimensional. Facilita el diseño, la planificación y el control de robots, lo que permite que realicen tareas de manera precisa y eficiente en una variedad de aplicaciones, desde la fabricación hasta la exploración y la atención médica.

Geometría analítica: Permite describir la posición y orientación de objetos en el espacio tridimensional utilizando coordenadas y ecuaciones geométricas.

Geometría euclidiana: Se utiliza para calcular distancias, ángulos y relaciones espaciales entre objetos y puntos en el espacio.

Trigonometría: La trigonometría se utiliza para describir movimientos rotacionales y angulares en robots. Las funciones trigonométricas, como el seno y el coseno, son fundamentales en el cálculo de posiciones y ángulos.

La trigonometría desempeña un papel esencial en la robótica, especialmente en la descripción y cálculo de movimientos rotacionales y angulares. Las funciones trigonométricas, como el seno y el coseno, son fundamentales en el análisis de posiciones y ángulos en el contexto de la robótica.

Movimientos Angulares: Los robots, especialmente los brazos robóticos, realizan movimientos en articulaciones que involucran rotaciones o movimientos angulares. La trigonometría se utiliza para describir y calcular estas rotaciones y sus efectos en la posición final del extremo del robot.

Cinemática: En la cinemática de robots, la trigonometría se emplea para relacionar las coordenadas angulares de las articulaciones con las coordenadas cartesianas del extremo del robot. Las funciones trigonométricas se utilizan para calcular las coordenadas (x, y, z) del extremo en función de las coordenadas de las articulaciones y las longitudes de los eslabones.

Cinemática Inversa: La cinemática inversa implica determinar las coordenadas angulares de las articulaciones necesarias para alcanzar una posición y orientación específicas del extremo del robot. Esto requiere el uso de funciones trigonométricas para resolver las ecuaciones trigonométricas involucradas.

Control de Trayectorias: En el control de trayectorias, la trigonometría se utiliza para planificar y seguir trayectorias suaves y eficientes para el extremo del robot. Esto implica cálculos de ángulos y orientaciones a lo largo de la trayectoria.

Transformaciones de Coordenadas: Las rotaciones y transformaciones de coordenadas, que son comunes en la robótica, se describen y calculan utilizando conceptos trigonométricos.

La trigonometría es una herramienta matemática esencial para comprender y controlar los movimientos y las posiciones de los robots en el espacio. Las funciones trigonométricas, como el seno, el coseno y la tangente, son ampliamente utilizadas en la cinemática y dinámica de robots, lo que permite a los ingenieros y programadores diseñar y controlar robots con precisión y eficiencia.

Cálculo: El cálculo, que incluye el cálculo diferencial e integral, se aplica en la cinemática y dinámica de robots para describir y predecir movimientos, velocidades, aceleraciones y fuerzas. El cálculo también es esencial en el control de robots.

el cálculo, que abarca tanto el cálculo diferencial como el integral, es una herramienta matemática esencial en la robótica y se aplica en varios aspectos clave de esta disciplina. Aquí tienes una descripción más detallada de cómo se utiliza el cálculo en la robótica:

Cálculo Diferencial:

Velocidad y Aceleración: El cálculo diferencial se utiliza para describir la velocidad y la aceleración de los robots. Permite calcular cómo cambian las posiciones en función del tiempo, lo que es fundamental para predecir y controlar el movimiento de los robots.

Cinemática y Cinemática Inversa: En la cinemática de robots, el cálculo diferencial se emplea para relacionar las variables de articulaciones con las coordenadas cartesianas y para calcular las velocidades y aceleraciones del extremo del robot en función de las velocidades de articulaciones.

Dinámica: El cálculo diferencial se utiliza en la dinámica de robots para describir las fuerzas y torques que actúan sobre un robot en movimiento. Esto es esencial para predecir y controlar el comportamiento de un robot en respuesta a fuerzas externas.

Cálculo Integral:

Trabajo y Energía: El cálculo integral se aplica para calcular el trabajo realizado por un robot al moverse en una trayectoria o realizar una tarea específica. También se utiliza para determinar la energía consumida por el robot en sus operaciones.

Control de Robots: El cálculo integral se utiliza en la retroalimentación de control, como los controladores PID (Proporcional-Integral-Derivativo), para ajustar las señales de control en función de errores pasados y actuales. Esto permite controlar la posición y la velocidad de los robots de manera precisa.

Planificación de Movimientos: En la planificación de movimientos, el cálculo integral se emplea para calcular las rutas y trayectorias que deben seguir los robots para completar tareas específicas en función de objetivos y restricciones.

El cálculo es una herramienta matemática fundamental que permite a los ingenieros y científicos modelar, analizar y controlar el movimiento y el comportamiento de los robots. Facilita la descripción de la cinemática y la dinámica de los robots, lo que es crucial para su diseño, programación y operación en diversas aplicaciones, desde la fabricación y la exploración espacial hasta la atención médica y la robótica colaborativa.

Transformaciones: Las transformaciones matriciales se utilizan para representar y calcular cambios de coordenadas, lo que permite describir la posición y orientación de un robot en el espacio de manera eficiente.

Las transformaciones matriciales son esenciales en la robótica para representar y calcular cambios de coordenadas, lo que permite describir la posición y orientación de un robot en el espacio de manera eficiente y precisa.

1. Representación de la Posición y Orientación: Las transformaciones matriciales se utilizan para representar tanto la posición (traslación) como la orientación (rotación) de un robot en el espacio. Esto se hace mediante matrices de transformación homogéneas, que son matrices 4x4 que combinan tanto la traslación como la rotación en una sola matriz.

2. Cambio de Coordenadas: Las transformaciones matriciales permiten cambiar entre diferentes sistemas de coordenadas, lo que es fundamental en la robótica. Por ejemplo, un robot puede tener su propio sistema de coordenadas local, y las transformaciones matriciales se utilizan para relacionar las coordenadas en el sistema local con las coordenadas en un sistema global o de referencia.

3. Cinemática: En la cinemática de robots, las transformaciones matriciales son fundamentales para describir cómo las articulaciones de un robot se traducen y rotan para mover el extremo del robot en el espacio. Las matrices de transformación se utilizan para calcular la posición final del extremo en función de las articulaciones y las longitudes de los eslabones.

4. Cinemática Inversa: En la cinemática inversa, las transformaciones matriciales se utilizan para calcular las configuraciones de articulaciones necesarias para alcanzar una posición y orientación deseada del extremo del robot.

5. Planificación de Movimientos: Las transformaciones matriciales son fundamentales en la planificación de movimientos, donde se utilizan para describir y calcular las trayectorias y rutas que debe seguir un robot para realizar una tarea específica.

6. Visualización y Simulación: En aplicaciones de visualización y simulación, las transformaciones matriciales se utilizan para representar gráficamente la posición y orientación de robots y objetos en un entorno 3D.

7. Coordenadas Homogéneas: Las transformaciones matriciales utilizan coordenadas homogéneas, que permiten representar tanto la traslación como la rotación en una sola matriz. Esto simplifica los cálculos y las transformaciones de coordenadas.

En resumen, las transformaciones matriciales son una herramienta fundamental en la robótica para describir y calcular la posición y orientación de los robots en el espacio. Facilitan la cinemática, la cinemática inversa, la planificación de movimientos y muchas otras aplicaciones en la robótica, lo que permite a los ingenieros y científicos diseñar, programar y controlar robots con precisión y eficiencia.

Álgebra de Lie: El álgebra de Lie se utiliza para describir y analizar la cinemática de robots manipuladores, especialmente en la teoría de grupos de Lie y la cinemática de robots paralelos.

El álgebra de Lie es un concepto matemático avanzado que se utiliza en la robótica, especialmente para describir y analizar la cinemática de robots manipuladores y en la teoría de grupos de Lie.

1. Cinemática de Robots Manipuladores: El álgebra de Lie se utiliza para describir y analizar la cinemática de robots manipuladores, que son robots con brazos articulados. Permite representar y comprender los cambios en las configuraciones y las transformaciones entre los sistemas de coordenadas de los eslabones y articulaciones de un robot.

2. Grupos de Lie: Los grupos de Lie son estructuras algebraicas que se utilizan para describir transformaciones continuas. En el contexto de la robótica, los grupos de Lie se aplican para representar las transformaciones espaciales y las rotaciones en el espacio tridimensional. Esto es fundamental para entender la cinemática y la cinemática inversa de los robots manipuladores.

3. Cinemática de Robots Paralelos: El álgebra de Lie también se utiliza en la cinemática de robots paralelos, que son robots con múltiples cadenas cinemáticas que comparten un mismo extremo. Esto implica cálculos complejos de transformaciones y configuraciones, que se simplifican mediante el uso del álgebra de Lie.

4. Control de Robots: El álgebra de Lie se aplica en el control de robots para diseñar controladores que permiten que los robots sigan trayectorias y realicen tareas de manera eficiente. Los grupos de Lie son útiles para describir los errores de control y las desviaciones entre las configuraciones deseadas y reales.

5. Robótica Avanzada: En la robótica avanzada, como la robótica móvil y la robótica de sistemas autónomos, el álgebra de Lie se utiliza para describir y analizar el movimiento y las transformaciones en entornos 3D.

El álgebra de Lie es una herramienta matemática poderosa que permite una descripción precisa de las transformaciones y las configuraciones en la robótica. Se utiliza en aplicaciones más avanzadas y en la investigación en robótica, donde se requiere un mayor nivel de detalle en la descripción de los sistemas robóticos. A menudo, se emplea en combinación con otras disciplinas matemáticas, como el cálculo y la geometría, para lograr una comprensión completa de los sistemas robóticos.

Teoría de Grafos: La teoría de grafos se aplica en la planificación de movimientos y en la representación de estructuras de control de robots, como el modelado de redes de comunicación o control de trayectorias.

La teoría de grafos es una herramienta matemática que se aplica en la robótica en varios contextos.

Planificación de Movimientos:

La teoría de grafos se utiliza para modelar y resolver problemas de planificación de movimientos en robots. Un grafo se utiliza para representar un espacio de configuración, donde los nodos representan posiciones válidas del robot y las aristas representan conexiones posibles entre esas posiciones.

Los algoritmos de búsqueda de grafos, como el algoritmo A* o el algoritmo D*, se utilizan para encontrar trayectorias óptimas o eficientes que el robot debe seguir para cumplir una tarea específica o evitar obstáculos.

Los grafos también se utilizan en la planificación de movimientos para representar espacios de trabajo tridimensionales y entornos 3D más complejos.

Redes de Comunicación y Control:

La teoría de grafos se aplica en la representación de estructuras de control en robots y sistemas robóticos. Se utiliza para modelar redes de comunicación entre robots o dispositivos y para diseñar sistemas de control de trayectorias.

En sistemas robóticos multiagente, la teoría de grafos puede representar las relaciones entre diferentes robots o nodos en una red, lo que es fundamental para la coordinación y la comunicación entre ellos.

Los grafos también se utilizan en la planificación de rutas y en la representación de mapas de entornos para la navegación de robots autónomos.

La teoría de grafos proporciona una estructura de datos y un conjunto de algoritmos que son esenciales para abordar problemas de planificación, control y coordinación en la robótica. Permite a los ingenieros y científicos modelar y resolver de manera eficiente problemas complejos que involucran movimientos, comunicación y control de robots en una variedad de aplicaciones, desde la fabricación hasta la exploración y la logística.

Optimización: Los problemas de optimización se utilizan para optimizar trayectorias, planificar movimientos y controlar robots de manera eficiente.

La optimización desempeña un papel crucial en la robótica y se aplica en varios aspectos para mejorar el rendimiento y la eficiencia de los robots. A continuación, se describen algunas de las áreas en las que se utiliza la optimización en robótica:

Planificación de Movimientos: La optimización se emplea para encontrar trayectorias y rutas que permitan que los robots se muevan de manera eficiente, evitando obstáculos y minimizando el tiempo necesario para completar una tarea. Los algoritmos de optimización buscan la mejor ruta posible en función de ciertos criterios, como la distancia, el tiempo o el consumo de energía.

Cinemática Inversa: En la cinemática inversa, se utilizan técnicas de optimización para calcular las configuraciones de articulaciones que permitan al robot alcanzar una posición y orientación deseada del extremo de manera eficiente y evitando colisiones.

Control de Robots: La optimización se aplica en el control de robots para ajustar las señales de control de manera óptima, lo que permite que los robots sigan trayectorias de manera suave y precisa. Los controladores óptimos buscan minimizar el error de seguimiento y garantizar un comportamiento deseado.

Optimización de Trayectorias: En la planificación de movimientos, se pueden utilizar técnicas de optimización para encontrar las trayectorias más eficientes y suaves que un robot debe seguir para cumplir una tarea específica. Esto es especialmente útil en robots móviles y en aplicaciones de robótica colaborativa.

Diseño de Robots: En el diseño de robots, la optimización se utiliza para encontrar la mejor configuración de enlaces y articulaciones que maximice la eficiencia, la capacidad de carga o la velocidad de un robot.

Optimización de Consumo de Energía: La optimización se aplica para minimizar el consumo de energía de los robots, lo que es crucial en aplicaciones móviles y autónomas donde la duración de la batería es importante.

La optimización se utiliza en una variedad de aspectos en la robótica para garantizar que los robots funcionen de manera eficiente y cumplan con sus tareas de manera efectiva. Permite encontrar soluciones óptimas a problemas complejos, lo que es esencial para el diseño, la planificación y el control de robots en diversas aplicaciones.

Probabilidad y Estadística: Estos conceptos se aplican en la percepción y el procesamiento de datos sensoriales, como la localización y la navegación de robots en entornos desconocidos.

La probabilidad y la estadística desempeñan un papel importante en la percepción y el procesamiento de datos sensoriales en la robótica, especialmente en contextos de localización y navegación de robots en entornos desconocidos. Aquí te proporcionaré una explicación más detallada de cómo se aplican estos conceptos en la robótica:

Localización y Navegación en Entornos Desconocidos:

En la robótica móvil, como la de robots autónomos o rovers espaciales, la capacidad de localización precisa es crucial. Los robots deben determinar su posición en un entorno desconocido, y aquí es donde entra la probabilidad y la estadística.

Los algoritmos de localización, como el filtro de Kalman y el filtro de partículas, utilizan modelos probabilísticos para estimar la posición y la incertidumbre del robot en función de datos sensoriales, como señales de GPS, odometría y sensores de proximidad.

La estadística también se aplica en la fusión de datos de múltiples sensores para mejorar la precisión de la localización y la navegación. Los datos de sensores a menudo están sujetos a ruido y errores, y la estadística se utiliza para modelar y mitigar estos efectos.

Percepción de Entornos y Objetos:

En la percepción de robots, como robots que interactúan con objetos o que navegan en entornos desconocidos, se utilizan técnicas probabilísticas para interpretar datos sensoriales. Por ejemplo, la visión por computadora puede utilizar modelos estadísticos para reconocer objetos en una escena.

La probabilidad se emplea para determinar la probabilidad de que un objeto particular esté presente en una ubicación específica, lo que es esencial para la toma de decisiones y la planificación de movimientos.

Mapeo y Exploración:

En la creación de mapas de entornos desconocidos, los robots utilizan algoritmos de mapeo probabilístico para construir mapas que representen la incertidumbre asociada con cada ubicación y objeto en el entorno.

La exploración de entornos desconocidos también se beneficia de la teoría de probabilidad, ya que los robots pueden utilizar algoritmos probabilísticos para decidir cómo explorar un área de manera eficiente.

La probabilidad y la estadística son fundamentales en la robótica para lidiar con la incertidumbre que acompaña a la percepción y la toma de decisiones en entornos dinámicos y desconocidos. Estos conceptos permiten a los robots realizar tareas de manera autónoma y tomar decisiones informadas basadas en la información recopilada por sus sensores.

Transformada de Fourier: Se utiliza para el análisis de señales en robótica, como en el procesamiento de señales de sensores.

la Transformada de Fourier es una herramienta matemática ampliamente utilizada en robótica y procesamiento de señales. Se aplica en el análisis de señales generadas por sensores, lo que permite a los robots percibir y entender su entorno. Aquí se describen algunas de las formas en que se utiliza la Transformada de Fourier en robótica:

Procesamiento de Señales de Sensores:

La Transformada de Fourier se aplica en el análisis y procesamiento de señales de sensores utilizados por los robots, como cámaras, micrófonos, lidar, sonares, entre otros. Esta transformada permite descomponer una señal compleja en sus componentes de frecuencia.

En visión por computadora, se utiliza para analizar imágenes y extraer características de frecuencia que pueden ser útiles en la detección de patrones, reconocimiento de objetos, seguimiento de objetos en movimiento, entre otros.

Filtrado de Señales:

La Transformada de Fourier se utiliza para aplicar filtros en señales de sensores. Los filtros de Fourier permiten resaltar o eliminar componentes de frecuencia específicas en una señal, lo que es útil para reducir el ruido, mejorar la calidad de la señal y realzar características de interés.

Localización y Navegación:

En robótica de navegación, la Transformada de Fourier se ha aplicado para procesar señales de sensores utilizadas en la localización y mapeo simultáneo (SLAM). Permite la detección de características en señales de sensores, como lidar, para estimar la posición y orientación del robot con respecto a objetos en el entorno.

Análisis de Vibraciones y Sonido:

En robots utilizados en aplicaciones de inspección o vigilancia, la Transformada de Fourier se emplea para analizar señales de vibración y sonido. Esto puede ser útil en la detección temprana de problemas mecánicos o en la identificación de eventos anómalos.

Control de Robots:

En aplicaciones de control, la Transformada de Fourier se ha utilizado en el análisis de respuesta en frecuencia y en la sintonización de controladores para ajustar el comportamiento de los robots.

La Transformada de Fourier es una herramienta fundamental en robótica que permite analizar y procesar señales de sensores, lo que es esencial para que los robots comprendan su entorno y tomen decisiones basadas en la información sensorial. Facilita la detección de patrones, la reducción de ruido y el análisis de señales complejas, lo que mejora la capacidad de percepción y la toma de decisiones autónomas de los robots.

Estos son algunos de los principales conceptos matemáticos que se utilizan en robótica para modelar, controlar y entender el comportamiento de robots en una variedad de aplicaciones, desde la manipulación de objetos en la industria hasta la navegación en entornos desconocidos. La combinación de estas disciplinas matemáticas es esencial para resolver problemas complejos en robótica.

3.Fundamentos físicos para la robótica: mecánica, electromagnetismo, electrónica y circuitos.

Los fundamentos físicos desempeñan un papel crucial en la robótica, ya que esta disciplina combina varias áreas de la física y la ingeniería para crear sistemas robotizados. Aquí se describen los fundamentos físicos clave para la robótica:

1. Mecánica:

Cinemática: La mecánica se utiliza para describir el movimiento y las posiciones de los robots. La cinemática se encarga de estudiar la geometría del movimiento y las relaciones entre las articulaciones y el extremo de un robot.

La cinemática es una parte fundamental de la mecánica aplicada en la robótica. En particular, se ocupa de describir el movimiento y las posiciones de los robots, y se enfoca en el análisis de las relaciones geométricas y cinemáticas entre las articulaciones y el extremo del robot. Aquí hay una explicación más detallada de cómo funciona la cinemática en la robótica:

1. Cinemática Directa: La cinemática directa se centra en determinar la posición y orientación del extremo del robot (también conocido como el efector final) en función de las configuraciones de las articulaciones. Esta rama de la cinemática responde a preguntas como "¿Dónde se encuentra el extremo del robot dado un conjunto de ángulos de articulación?" y es fundamental para la planificación de movimientos y la navegación.

2. Cinemática Inversa: La cinemática inversa es la inversa de la cinemática directa y se utiliza para determinar las configuraciones de las articulaciones necesarias para colocar el extremo del robot en una posición y orientación específicas. Es útil para tareas como la programación de robots y la interacción con objetos en el entorno.

3. Cinemática Diferencial: La cinemática diferencial se enfoca en el estudio de las velocidades y aceleraciones del extremo del robot en función de las velocidades de las articulaciones. Permite predecir cómo se moverá el extremo del robot en respuesta a cambios en las articulaciones y es esencial en el control de robots móviles y en la planificación de movimientos.

4. Cinemática Paralela: En robótica, se pueden utilizar estructuras de robots paralelos que tienen múltiples cadenas cinemáticas conectadas al mismo extremo. La cinemática paralela se utiliza para comprender cómo las variaciones en las articulaciones de estas cadenas afectan la posición y orientación del extremo de manera cooperativa.

5. Cinemática Singular: La cinemática singular se refiere a situaciones en las que un robot no puede alcanzar una configuración específica de articulaciones sin pasar por una configuración singular. Esto se estudia para evitar configuraciones problemáticas en el control y la programación de robots.

La cinemática es esencial en la robótica para permitir el diseño, control y programación de robots en diversas aplicaciones. Permite a los ingenieros y científicos comprender y predecir el movimiento de los robots y su capacidad para alcanzar posiciones y orientaciones deseadas en función de las configuraciones de las articulaciones.

Dinámica: La dinámica mecánica se aplica para entender las fuerzas, torques y movimientos de los robots en respuesta a entradas de control y perturbaciones externas.

La dinámica mecánica es una parte esencial de la robótica y se aplica para comprender cómo las fuerzas, torques y movimientos de los robots se relacionan con las entradas de control y las perturbaciones externas. Aquí se proporciona una explicación más detallada de cómo se utiliza la dinámica en la robótica:

1. Modelado de la Dinámica del Robot: La dinámica mecánica se utiliza para desarrollar modelos matemáticos que describen cómo las fuerzas y los torques se propagan a través de las articulaciones y los eslabones de un robot. Estos modelos se basan en principios físicos y leyes del movimiento y permiten predecir el comportamiento del robot en respuesta a diversas entradas.

2. Control de Robots: En el control de robots, la dinámica se emplea para diseñar controladores que permiten que los robots sigan trayectorias de manera precisa y respondan a entradas de control de manera eficiente. Los controladores deben tener en cuenta la dinámica del robot para lograr el rendimiento deseado.

3. Análisis de la Estabilidad: La dinámica es fundamental en el análisis de la estabilidad de robots. Permite evaluar cómo las perturbaciones o cambios en las condiciones pueden afectar la estabilidad del robot y determinar las medidas necesarias para mantener la estabilidad.

4. Simulación y Validación: Los modelos dinámicos se utilizan en la simulación de robots para prever cómo se comportarán en situaciones específicas. La simulación permite validar el diseño y el control de robots antes de implementarlos en el mundo real.

5. Control de Fuerza y Tareas: En aplicaciones de robots que requieren interacción con el entorno, como la manipulación de objetos, la dinámica se aplica para controlar las fuerzas ejercidas por el robot y garantizar la ejecución segura y precisa de tareas.

6. Reducción de Vibraciones: La dinámica se emplea para comprender y reducir las vibraciones no deseadas en robots y sistemas mecatrónicos. Esto es importante en aplicaciones donde la precisión y la estabilidad son críticas.

En resumen, la dinámica mecánica es fundamental en la robótica para comprender y controlar cómo los robots se mueven y responden a las entradas de control, las perturbaciones y las interacciones con el entorno. Proporciona una base sólida para el diseño y el control de robots en una amplia variedad de aplicaciones, desde la fabricación hasta la exploración espacial y la atención médica.

Materiales y Estructuras: Los materiales utilizados en la construcción de robots, así como su diseño estructural, dependen de la mecánica para garantizar que los robots sean resistentes, ligeros y eficientes.

La elección de materiales y el diseño estructural son consideraciones críticas en la construcción de robots. Estos aspectos influyen en la resistencia, la durabilidad, el peso y la eficiencia de los robots. Aquí se describen cómo la mecánica y la elección de materiales son fundamentales en la robótica:

1. Materiales para Componentes Mecánicos:

La elección de materiales para las partes mecánicas de un robot, como los eslabones, las articulaciones y las conexiones, es crucial. Los materiales deben ser lo suficientemente resistentes para soportar las cargas y los movimientos esperados.

Además de la resistencia, se deben considerar otras propiedades, como la rigidez, la durabilidad, la resistencia a la corrosión y el peso. La relación resistencia-peso es particularmente importante para los robots móviles y los drones.

2. Diseño Estructural:

El diseño estructural se basa en principios de mecánica para garantizar que la disposición de las partes mecánicas del robot sea resistente y eficiente. El diseño debe ser capaz de soportar cargas y fuerzas esperadas sin deformarse o romperse.

Se utilizan técnicas de análisis de tensiones y deformaciones para evaluar cómo el diseño soportará las cargas y se realizan optimizaciones para mejorar la eficiencia y la resistencia.

3. Composites y Materiales Especiales:

En algunos casos, se utilizan materiales compuestos y materiales avanzados, como fibras de carbono, para lograr una combinación óptima de resistencia y peso ligero. Estos materiales son valiosos en aplicaciones donde se requiere alta resistencia y rigidez con bajo peso.

4. Diseño para Carga y Movimiento:

El diseño debe considerar la forma en que el robot soportará cargas durante sus operaciones. Los robots que realizan tareas de manipulación de objetos, por ejemplo, deben tener estructuras adecuadas para evitar deformaciones excesivas bajo carga.

5. Eficiencia Energética:

El diseño y los materiales también influyen en la eficiencia energética de un robot. Un diseño bien pensado y materiales ligeros pueden reducir el consumo de energía, lo que es crítico en robots móviles y autónomos.

6. Durabilidad y Mantenimiento:

Los materiales y el diseño también afectan la durabilidad y la facilidad de mantenimiento de los robots. Los materiales resistentes a la corrosión y el desgaste pueden prolongar la vida útil del robot.

La elección de materiales y el diseño estructural son aspectos fundamentales en la construcción de robots. La mecánica desempeña un papel esencial en la evaluación de la resistencia y el rendimiento estructural, y la selección de materiales adecuados es crítica para lograr robots resistentes, ligeros y eficientes en diversas aplicaciones.

2. Electromagnetismo:

Sensores y Actuadores: Los sensores utilizados en robótica, como sensores de proximidad, de fuerza y de visión, a menudo se basan en principios electromagnéticos para detectar y medir propiedades del entorno.los sensores y actuadores son componentes fundamentales en la robótica, ya que permiten a los robots percibir su entorno y actuar en consecuencia. Algunos sensores utilizados en robótica se basan en principios electromagnéticos para detectar y medir propiedades del entorno. Aquí se describen algunos ejemplos de sensores y actuadores en robótica:

Sensores:

Sensores de Proximidad: Los sensores de proximidad utilizan campos electromagnéticos, como la capacitancia o la inductancia, para detectar la presencia de objetos cercanos al robot. Estos sensores se utilizan en la detección de obstáculos y en la navegación.

Sensores de Fuerza: Los sensores de fuerza utilizan transductores electromagnéticos para medir las fuerzas aplicadas a través de contacto físico. Estos sensores son útiles en aplicaciones de robótica colaborativa y en la manipulación de objetos.

Sensores de Visión: Las cámaras y sistemas de visión utilizan sensores de imagen basados en luz electromagnética para capturar y procesar información visual. Estos sensores permiten a los robots reconocer objetos, seguir trayectorias y realizar tareas de navegación y percepción.

Sensores Lidar: Los sensores lidar utilizan pulsos láser electromagnéticos para medir distancias y crear mapas tridimensionales del entorno. Se utilizan en robots móviles y en sistemas de navegación autónoma.

Sensores Infrarrojos: Los sensores infrarrojos detectan radiación infrarroja electromagnética para medir la temperatura o la proximidad de objetos. Son comunes en aplicaciones de detección de temperatura y obstáculos.

Actuadores:

Motores Eléctricos: Los motores eléctricos, como motores de corriente continua (DC) o motores paso a paso, son actuadores que utilizan principios electromagnéticos para generar movimiento en las articulaciones de los robots.

Motores de Servo: Los motores de servo son actuadores que utilizan retroalimentación de posición para controlar con precisión la posición y velocidad de las articulaciones de los robots. Se utilizan en aplicaciones que requieren movimientos precisos.

Actuadores Neumáticos y Hidráulicos: Estos actuadores utilizan principios de presión de fluidos (aire o líquido) para generar fuerzas y movimientos. Son comunes en aplicaciones que requieren fuerzas significativas y movimientos suaves.

Actuadores Piezoeléctricos: Los actuadores piezoeléctricos utilizan materiales piezoeléctricos para generar movimientos precisos y rápidos en respuesta a tensiones eléctricas. Son utilizados en aplicaciones que requieren alta precisión.

La combinación de sensores y actuadores permite a los robots percibir su entorno y tomar decisiones basadas en la información capturada. La elección adecuada de sensores y actuadores depende de la aplicación específica y de los requisitos de la tarea que el robot debe realizar.

3. Electrónica y Circuitos:

Electrónica de Control: Los circuitos electrónicos y microcontroladores son esenciales en la robótica para controlar los actuadores, sensores y procesar datos. Los sistemas de control, como los controladores PID, se implementan utilizando electrónica.

la electrónica de control desempeña un papel fundamental en la robótica al permitir la automatización y el control preciso de los robots. Aquí se describen cómo se utiliza la electrónica en el control de robots:

1. Control de Actuadores: Los actuadores de un robot, como los motores eléctricos, motores de servo y actuadores neumáticos, son controlados por circuitos electrónicos. Estos circuitos generan las señales de control necesarias para ajustar la posición, velocidad y torque de los actuadores, permitiendo que el robot realice movimientos precisos.

2. Adquisición de Datos de Sensores: Los sensores utilizados en robótica, como sensores de proximidad, cámaras, lidar y otros, generan señales eléctricas que deben ser adquiridas y procesadas por circuitos electrónicos. Los datos de los sensores se convierten en información digital que el robot puede utilizar para tomar decisiones.

3. Procesamiento de Datos: Los microcontroladores y sistemas embebidos desempeñan un papel clave en la robótica al procesar datos y ejecutar algoritmos de control. Los datos de los sensores se utilizan para tomar decisiones en tiempo real, como ajustar los movimientos o las acciones del robot en función de la retroalimentación sensorial.

4. Implementación de Algoritmos de Control: Los algoritmos de control, como los controladores PID (Proporcional, Integral y Derivativo), se implementan utilizando circuitos electrónicos y microcontroladores. Estos controladores regulan el comportamiento de los actuadores para lograr un rendimiento deseado, como mantener una posición específica o seguir una trayectoria.

5. Comunicación y Conectividad: Los robots modernos a menudo se comunican con otros dispositivos o sistemas a través de componentes electrónicos, como módulos de comunicación inalámbrica o interfaces de red. Esto permite la interconexión de robots en aplicaciones de robótica colaborativa o la comunicación con sistemas de control centralizados.

6. Seguridad y Detección de Fallos: La electrónica también se utiliza para implementar sistemas de seguridad y detección de fallos en robots. Los circuitos de seguridad pueden detener un

robot en caso de emergencia, y los sistemas de detección de fallos pueden identificar problemas en los componentes electrónicos y mecánicos del robot.

7. Interfaces de Usuario: En aplicaciones donde los robots interactúan con humanos, la electrónica se utiliza para implementar interfaces de usuario, como pantallas táctiles, botones y sensores de entrada que permiten a los operadores o usuarios interactuar con el robot.

La electrónica de control es esencial para lograr un funcionamiento autónomo y preciso de los robots en una amplia variedad de aplicaciones, desde la manufactura hasta la atención médica y la exploración espacial. Permite que los robots procesen información, tomen decisiones y realicen tareas de manera eficiente y segura.

Comunicación: La electrónica se utiliza en la comunicación entre los componentes de un robot y para permitir la comunicación entre robots en aplicaciones de robótica colaborativa.

La comunicación desempeña un papel crucial en la robótica, tanto para la coordinación de componentes internos de un solo robot como para permitir la colaboración entre múltiples robots. La electrónica y las tecnologías de comunicación son fundamentales en este aspecto. Aquí se detallan varios aspectos de la comunicación en la robótica:

1. Comunicación Interna en un Robot:

Los robots suelen estar compuestos por múltiples componentes, como sensores, actuadores, microcontroladores y unidades de procesamiento. La electrónica se utiliza para establecer la comunicación entre estos componentes, permitiendo la coordinación y el intercambio de datos necesarios para el funcionamiento del robot.

2. Sensores y Actuadores:

Los datos capturados por los sensores del robot se transmiten electrónicamente a las unidades de procesamiento para su análisis y toma de decisiones. Del mismo modo, las señales de control se envían a los actuadores para realizar movimientos y acciones.

3. Control Centralizado:

En algunos robots, especialmente aquellos utilizados en aplicaciones industriales o de automatización, un controlador centralizado o una unidad de procesamiento principal coordinará todas las operaciones. La electrónica y las interfaces de comunicación son fundamentales para esta función.

4. Comunicación Inalámbrica:

En robots móviles y aplicaciones donde la movilidad es esencial, la comunicación inalámbrica, como Wi-Fi, Bluetooth o tecnologías de red móvil, se utiliza para la transmisión de datos entre el robot y sistemas externos, como computadoras de control o centros de operación.

5. Comunicación entre Robots (Robótica Colaborativa): En entornos donde múltiples robots colaboran en tareas, la comunicación entre robots es esencial. Los sistemas de comunicación

permiten a los robots compartir información, coordinar acciones y evitar colisiones o conflictos en el trabajo conjunto.

6. Navegación y Mapeo Colaborativo:

En aplicaciones de robótica móvil, como la exploración de entornos desconocidos, los robots pueden comunicarse para compartir datos de navegación y mapas. Esto es fundamental en la planificación de movimientos y la construcción de mapas colaborativos.

7. Redes de Sensores Distribuidos:

En aplicaciones de vigilancia o monitoreo, múltiples robots equipados con sensores pueden formar redes de sensores distribuidos. La electrónica y la comunicación permiten que estos robots compartan datos y cooperen en la recopilación de información.

8. Seguridad y Protocolos de Comunicación:

La comunicación segura y confiable es esencial en la robótica, especialmente en aplicaciones críticas. Los protocolos de comunicación y las medidas de seguridad garantizan que los datos se transmitan sin interferencias y protegen la integridad de la información.

La comunicación efectiva es esencial para lograr la coordinación y el rendimiento deseado en aplicaciones robóticas. La electrónica desempeña un papel clave en la implementación de sistemas de comunicación que permiten a los robots trabajar de manera eficiente y colaborar en entornos diversos.

Alimentación: La electrónica se utiliza para gestionar la alimentación de los componentes electrónicos y motores de un robot, incluyendo el diseño de fuentes de energía y baterías.

La gestión de la alimentación es un aspecto crítico en la robótica, ya que la energía es necesaria para alimentar los componentes electrónicos, sensores y motores de un robot. La electrónica desempeña un papel fundamental en la gestión y distribución de la energía. A continuación, se describen varios aspectos relacionados con la alimentación en robótica:

1. Fuentes de Energía:

En muchos casos, los robots utilizan baterías o fuentes de alimentación para proporcionar la energía necesaria para su funcionamiento. La elección de la fuente de energía depende de la aplicación y de la autonomía requerida por el robot.

2. Diseño de Baterías:

Para robots móviles y autónomos, el diseño de baterías es fundamental. La electrónica se utiliza para diseñar sistemas de baterías que proporcionen la cantidad adecuada de energía y que sean compatibles con los requisitos de voltaje y capacidad del robot.

3. Sistemas de Gestión de Baterías (BMS):

Los sistemas de gestión de baterías (BMS) son componentes electrónicos diseñados para controlar y proteger las baterías. Los BMS supervisan el estado de las baterías, equilibran las celdas, previenen la sobrecarga y la descarga excesiva, y garantizan un uso seguro y eficiente de la energía de la batería.

4. Reguladores de Voltaje:

Los reguladores de voltaje son componentes electrónicos que se utilizan para mantener un voltaje constante en los circuitos del robot, incluso cuando la tensión de la fuente de alimentación fluctúa. Esto garantiza un funcionamiento fiable de los componentes electrónicos.

5. Sistemas de Recarga:

En aplicaciones donde la autonomía es esencial, como en robots móviles, se pueden utilizar sistemas de recarga que permiten al robot volver a una estación de carga automáticamente para recargar sus baterías.

6. Eficiencia Energética:

La electrónica se utiliza para diseñar sistemas energéticamente eficientes que minimicen el consumo de energía del robot. La optimización del uso de la energía es importante para maximizar la autonomía y reducir los costos de operación.

7. Alimentación de Emergencia:

Los robots a menudo tienen sistemas de alimentación de emergencia, como baterías auxiliares, que pueden utilizarse en caso de un fallo en la fuente de energía principal o para mantener el funcionamiento durante cortes de energía.

La gestión adecuada de la alimentación es esencial para garantizar que un robot funcione de manera fiable y que pueda cumplir con sus tareas de manera eficiente. La electrónica y los sistemas de alimentación son críticos para mantener la autonomía y la disponibilidad de los robots en diversas aplicaciones.

4. Termodinámica:

Gestión Térmica: En robots que generan calor, como robots industriales o vehículos autónomos, la termodinámica se aplica para gestionar y controlar la temperatura interna y evitar el sobrecalentamiento.

La gestión térmica es un aspecto crítico en la robótica, especialmente en aplicaciones donde los robots generan calor debido a la operación de motores, componentes electrónicos y sistemas de potencia. La termodinámica y la ingeniería térmica se aplican para controlar y gestionar la temperatura interna del robot y prevenir el sobrecalentamiento. Aquí se describen algunos aspectos de la gestión térmica en la robótica:

1. Disipación de Calor:

Los motores, las unidades de procesamiento y otros componentes electrónicos pueden generar calor durante su funcionamiento. Para evitar el sobrecalentamiento, se utilizan sistemas de disipación de calor, como disipadores de calor y ventiladores, para eliminar el exceso de calor.

2. Diseño Térmico:

El diseño de la estructura del robot debe tener en cuenta la distribución del calor y la circulación de aire para garantizar una temperatura interna adecuada. Esto es especialmente importante en robots con componentes sensibles al calor.

3. Refrigeración Líquida:

En aplicaciones críticas, como la robótica industrial o vehículos autónomos, se pueden utilizar sistemas de refrigeración líquida para mantener las temperaturas bajo control. Estos sistemas circulan líquidos refrigerantes para enfriar los componentes.

4. Control de Temperatura:

Los controladores de temperatura son componentes electrónicos que supervisan y regulan la temperatura interna del robot. Si la temperatura supera ciertos límites, estos controladores pueden tomar medidas, como reducir la potencia de los motores o activar sistemas de refrigeración.

5. Diseño de Estructuras de Robótica Móvil:

En robots móviles, el diseño de las estructuras debe permitir la circulación de aire y la disipación de calor para evitar el sobrecalentamiento de los componentes internos.

6. Monitoreo de Temperatura:

Los sensores de temperatura se utilizan para monitorear la temperatura de los componentes críticos. Estos sensores proporcionan retroalimentación en tiempo real para que los sistemas de control tomen decisiones informadas.

7. Materiales de Aislamiento Térmico:

En ciertas aplicaciones, se pueden utilizar materiales de aislamiento térmico para reducir la transferencia de calor entre componentes o entre el robot y su entorno.

La gestión térmica es esencial para garantizar el funcionamiento seguro y fiable de los robots, ya que el sobrecalentamiento puede dañar componentes, reducir la vida útil y afectar el rendimiento. La aplicación de principios de termodinámica y técnicas de ingeniería térmica ayuda a mantener las temperaturas bajo control y a prevenir problemas relacionados con el calor en los robots.

5. Óptica:

Sensores de Visión: La óptica se utiliza en la construcción y calibración de sensores de visión, como cámaras y sistemas lidar, que permiten a los robots percibir su entorno y reconocer objetos.

la óptica desempeña un papel fundamental en la construcción y calibración de sensores de visión utilizados en robótica. Estos sensores permiten a los robots percibir su entorno, capturar imágenes, reconocer objetos y tomar decisiones basadas en información visual. A continuación, se describen cómo se utiliza la óptica en la robótica:

1. Cámaras: Las cámaras son sensores de visión que utilizan lentes ópticas para enfocar la luz en un sensor de imagen, como un sensor CCD o CMOS. La óptica se utiliza para diseñar lentes que determinan las características de la imagen, como la distancia focal y la apertura. Las cámaras permiten a los robots capturar imágenes y videos de su entorno, lo que es esencial para la percepción y la navegación.

2. LIDAR (Light Detection and Ranging): Los sensores LIDAR emiten pulsos láser y utilizan la óptica para enfocar y reflejar la luz de vuelta. Esto permite medir distancias y crear mapas tridimensionales del entorno del robot. La óptica del LIDAR es fundamental para garantizar mediciones precisas y para la construcción de mapas.

3. Calibración de Sensores: La calibración óptica es un proceso importante en la robótica para garantizar que los sensores de visión proporcionen mediciones precisas. Esto implica ajustar la configuración de las lentes y los sensores para corregir distorsiones y asegurar una correspondencia precisa entre el mundo real y las imágenes capturadas.

4. Reconocimiento de Objetos: La óptica también se utiliza en la visión por computadora para el reconocimiento de objetos y la extracción de características. Los algoritmos de visión por computadora procesan las imágenes capturadas por las cámaras y utilizan la óptica para analizar la geometría y las características de los objetos.

5. Navegación Visual: Los robots autónomos utilizan sistemas de navegación visual que procesan información visual para tomar decisiones de navegación. Esto incluye la percepción de obstáculos, la detección de señales de tráfico, la identificación de rutas y la evasión de obstáculos.

6. Realidad Aumentada: En aplicaciones de robótica y realidad aumentada, se utilizan sistemas ópticos para superponer información digital en tiempo real en la vista del mundo real del robot. La óptica es esencial para garantizar una alineación precisa entre los elementos virtuales y el mundo real.

7. Simulación Óptica: La simulación óptica se utiliza en el desarrollo y la prueba de sistemas de visión antes de implementarlos en un robot real. Esto implica la creación de entornos virtuales y la simulación de la percepción visual.

La óptica es esencial en la percepción visual de los robots, permitiendo la captura de imágenes, la medición de distancias y la toma de decisiones basadas en la información visual. Los avances en óptica y visión por computadora han contribuido significativamente a la capacidad de los robots para interactuar con su entorno de manera más inteligente y autónoma.

La robótica es una disciplina interdisciplinaria que combina estos fundamentos físicos con conocimientos de matemáticas, programación y control para diseñar, construir y operar sistemas robotizados.

4.Programación para la robótica: lenguajes, algoritmos, estructuras de datos y paradigmas.

La programación para la robótica implica una serie de consideraciones específicas debido a la interacción física y el control de hardware que se requiere.

Lenguajes de Programación:

C/C++: Lenguajes como C y C++ son ampliamente utilizados en la programación de robots, especialmente en sistemas embebidos y control en tiempo real debido a su eficiencia y control de hardware.

C y C++ son lenguajes de programación ampliamente utilizados en la programación de robots, especialmente en aplicaciones que requieren un control preciso de hardware y un funcionamiento en tiempo real. Aquí hay algunas razones por las cuales C y C++ son populares en la programación de robots:

Eficiencia: C y C++ son lenguajes de programación de bajo nivel que ofrecen un alto grado de control sobre el hardware de un robot. Esto es esencial para aplicaciones en las que la eficiencia en el uso de los recursos del sistema es crítica, como en el control de motores y la gestión de sensores.

Tiempo Real: Los robots a menudo deben responder en tiempo real a cambios en su entorno. C y C++ son lenguajes que permiten escribir código que cumple con restricciones de tiempo real y proporciona una respuesta rápida a eventos y entradas del entorno.

Acceso a Hardware: Estos lenguajes brindan acceso directo al hardware del robot a través de punteros y direcciones de memoria, lo que permite a los programadores interactuar directamente con sensores, actuadores y otros componentes.

Portabilidad: C y C++ son altamente portables y se pueden utilizar en una variedad de sistemas embebidos y microcontroladores comunes. Esto es importante cuando se desarrollan robots para aplicaciones específicas.

Bibliotecas y Frameworks: Hay una amplia gama de bibliotecas y marcos de desarrollo en C/C++ diseñados específicamente para la robótica. Esto incluye el Robot Operating System (ROS), que proporciona una infraestructura de desarrollo completa para la programación de robots.

Control de Memoria: Los lenguajes C y C++ requieren que los programadores gestionen la memoria manualmente, lo que es útil en aplicaciones donde la gestión precisa de la memoria es crítica para evitar fugas de memoria.

Comunidad y Recursos: C y C++ tienen comunidades de programadores activas y una amplia base de conocimiento. Los programadores de robots pueden encontrar una gran cantidad de recursos, bibliotecas y ejemplos de código para acelerar el desarrollo.

Aunque C y C++ son poderosos y versátiles, también requieren un mayor nivel de cuidado en la programación y depuración en comparación con lenguajes de más alto nivel. Además, en aplicaciones más modernas, como la visión por computadora y el aprendizaje automático, es común combinar C/C++ con otros lenguajes como Python para aprovechar la eficiencia de

C/C++ y la facilidad de uso de Python. En última instancia, la elección del lenguaje de programación dependerá de las necesidades específicas de la aplicación y del hardware del robot.

Python: Python es una opción popular para la programación de robots, especialmente en tareas de alto nivel y aplicaciones de procesamiento de datos y visión por computadora.

Python se ha vuelto cada vez más popular en la programación de robots, especialmente en aplicaciones de alto nivel y tareas que involucran procesamiento de datos y visión por computadora. Aquí hay algunas razones por las cuales Python es una elección común en la robótica:

Facilidad de Uso: Python es conocido por su sintaxis simple y legible, lo que lo hace accesible para programadores de todos los niveles de experiencia. Esto facilita la programación de tareas complejas en robótica, incluso para aquellos que son nuevos en la programación.

Bibliotecas de Robótica: Existen bibliotecas y marcos de desarrollo de robótica en Python que simplifican el desarrollo. Ejemplos notables incluyen el Robot Operating System (ROS) para la programación y coordinación de robots, y bibliotecas como OpenCV para visión por computadora.

Procesamiento de Datos: Python es ampliamente utilizado en aplicaciones de procesamiento de datos y análisis. Esto es útil en la robótica para tareas como el filtrado y análisis de datos de sensores y la toma de decisiones basada en datos.

Integración de Sensores y Hardware: Python ofrece una variedad de bibliotecas para la comunicación con sensores y hardware, lo que facilita la integración de componentes de hardware en aplicaciones de robótica.

Aprendizaje Automático y Visión por Computadora: Python es el lenguaje de elección en el campo del aprendizaje automático y la visión por computadora. Las bibliotecas populares como TensorFlow, PyTorch y scikit-learn son ampliamente utilizadas para tareas de percepción y toma de decisiones en la robótica.

Comunidad Activa: Python cuenta con una comunidad de desarrollo activa y una gran cantidad de recursos en línea, lo que facilita la búsqueda de soluciones y ejemplos de código.

Interpretación: Python es un lenguaje interpretado, lo que significa que los cambios en el código pueden probarse y aplicarse de manera rápida y sencilla, lo que es útil en entornos de desarrollo y experimentación.

A pesar de sus ventajas, es importante destacar que Python podría no ser la elección ideal en aplicaciones en tiempo real o en situaciones donde se requiere un control de hardware extremadamente preciso, ya que no es tan eficiente en términos de velocidad de ejecución como lenguajes de bajo nivel como C/C++. Sin embargo, en aplicaciones de alto nivel y en el desarrollo rápido de prototipos, Python es una opción poderosa para la robótica. A menudo, se combina con otros lenguajes, como C/C++, para aprovechar la eficiencia de estos en tareas específicas de control de hardware.

ROS (Robot Operating System): ROS no es un lenguaje de programación en sí, sino un marco de desarrollo que proporciona herramientas y bibliotecas para la programación de robots. Se utiliza junto con lenguajes como C++ o Python.

El Robot Operating System (ROS) no es un lenguaje de programación en sí, sino un entorno de desarrollo de código abierto diseñado específicamente para la programación y coordinación de robots. ROS proporciona un conjunto de herramientas, bibliotecas y estándares que simplifican en gran medida el desarrollo de software para robots. A continuación, se destacan algunas características clave de ROS:

Arquitectura Distribuida: ROS utiliza una arquitectura distribuida en la que los diferentes componentes del software del robot se ejecutan como nodos independientes. Estos nodos pueden comunicarse entre sí a través de un sistema de comunicación llamado "ROS Master". Esto permite la creación de sistemas robóticos altamente modularizados.

Gestión de Paquetes: ROS utiliza un sistema de gestión de paquetes que facilita la creación, distribución y actualización de software para robots. Los paquetes de ROS contienen nodos, bibliotecas y archivos de configuración que se pueden compartir y reutilizar.

Soporte Multiplataforma: ROS es compatible con una variedad de sistemas operativos, incluyendo varias distribuciones de Linux, lo que lo hace versátil para robots que utilizan diferentes configuraciones de hardware.

Control de Hardware: ROS ofrece control de hardware a través de controladores específicos para diversos tipos de sensores y actuadores. Esto facilita la integración de hardware en aplicaciones de robótica.

Bibliotecas de Soporte: ROS incluye una serie de bibliotecas de soporte para tareas comunes en la robótica, como la percepción, la navegación y el control de movimiento.

Comunicación: ROS proporciona mecanismos de comunicación entre nodos, lo que permite la transmisión de datos y comandos entre diferentes componentes del robot. Esto es fundamental para la coordinación y colaboración entre nodos.

Comunidad Activa: ROS tiene una comunidad de usuarios y desarrolladores activa que contribuyen con paquetes, documentación y soluciones. Esto facilita la resolución de problemas y el aprendizaje de nuevas técnicas de programación para robots.

ROS se utiliza comúnmente junto con lenguajes de programación como C++ y Python. Los desarrolladores pueden escribir nodos en estos lenguajes y aprovechar las bibliotecas y herramientas proporcionadas por ROS para la programación de robots. La combinación de ROS con lenguajes como C++ y Python permite un desarrollo de software flexible y escalable para una amplia variedad de aplicaciones de robótica, desde robots móviles autónomos hasta robots industriales.

Algoritmos:

Control de Movimiento: Algoritmos de control, como controladores PID, se utilizan para controlar el movimiento y la posición de los robots de manera precisa.

Los algoritmos de control desempeñan un papel fundamental en la programación de robots para controlar su movimiento y posición de manera precisa. Uno de los algoritmos de control más comunes y ampliamente utilizados es el controlador PID (Proporcional-Integral-Derivativo). Aquí se describen algunos aspectos clave relacionados con el control de movimiento en la robótica:

Controlador PID:

Un controlador PID es un algoritmo de control de bucle cerrado que utiliza tres términos para ajustar la salida y mantener la variable controlada (en este caso, la posición del robot) en un valor deseado (setpoint).

El término proporcional (P) produce una salida proporcional al error actual entre la posición real y el setpoint. Cuanto mayor sea el error, mayor será la corrección.

El término integral (I) tiene en cuenta la acumulación de errores pasados y es útil para corregir errores persistentes o derivados de perturbaciones constantes.

El término derivativo (D) tiene en cuenta la tasa de cambio del error y ayuda a prevenir oscilaciones y overshooting al acercarse al setpoint.

Ajustar los coeficientes P, I y D es un proceso crucial para lograr un control preciso en función de las características y la dinámica del robot.

Modelado y Cinemática:

Antes de aplicar un controlador PID, es importante tener un modelo matemático del robot y una comprensión de su cinemática, que describe cómo las articulaciones y los actuadores afectan la posición y el movimiento del robot.

El modelado y la cinemática son esenciales para la retroalimentación del controlador PID, ya que permiten calcular la relación entre las señales de control y los cambios en la posición del robot.

Retroalimentación y Sensores:

Los robots utilizan sensores para proporcionar retroalimentación sobre su posición actual. Los sensores comunes incluyen encoders, potenciómetros, sensores de posición y sistemas de visión.

La retroalimentación en tiempo real de estos sensores se utiliza para calcular el error entre la posición deseada (setpoint) y la posición actual del robot. Este error se utiliza como entrada para el controlador PID.

Aplicaciones de Control de Movimiento:

Los algoritmos de control de movimiento se utilizan en una amplia gama de aplicaciones de robótica, como robots industriales en líneas de ensamblaje, robots móviles autónomos para navegación, drones, vehículos autónomos, manipuladores robóticos y más.

En aplicaciones de control de movimiento, el objetivo puede ser alcanzar un destino específico, mantener una trayectoria precisa, seguir una pista o mantener una orientación particular.

El control de movimiento preciso es esencial en la robótica, ya que permite a los robots llevar a cabo tareas de manera segura y eficiente. Los controladores PID y otros algoritmos de control son herramientas valiosas para lograr esta precisión y se aplican en una variedad de contextos y configuraciones de robótica.

Planificación de Trayectorias: Algoritmos de planificación de trayectorias se emplean para encontrar rutas óptimas y seguras para que los robots sigan en entornos complejos.

los algoritmos de planificación de trayectorias son fundamentales en la robótica para permitir que los robots se muevan de manera autónoma o semiautónoma en entornos complejos. Estos algoritmos se utilizan para calcular rutas óptimas y seguras desde un punto de inicio hasta un punto de destino, teniendo en cuenta obstáculos, restricciones de movimiento y otros factores. Aquí hay algunos aspectos clave relacionados con la planificación de trayectorias en la robótica:

Tipos de Planificación de Trayectorias:

Basada en Cuadrícula (Grid-Based): Este enfoque divide el espacio en una cuadrícula y evalúa la accesibilidad de cada celda. Los algoritmos basados en cuadrícula, como el algoritmo A* (A estrella) y Dijkstra, son efectivos para la planificación en entornos discretos.

Basada en Muestreo (Sampling-Based): Los algoritmos de muestreo, como el RRT (Rapidly-Exploring Random Tree) y el PRM (Probabilistic Roadmap), generan una serie de puntos de muestreo en el espacio de configuración del robot y conectan estos puntos para crear una red que representa las posibles trayectorias.

Basada en Potencial (Potential Field): En esta aproximación, se asigna un campo de potencial en el espacio y el robot se mueve siguiendo las pendientes del campo de potencial. Esto permite evitar obstáculos y llegar al destino siguiendo la ruta más segura.

Factores Considerados en la Planificación:

Obstáculos: La planificación de trayectorias tiene en cuenta la presencia de obstáculos en el entorno y garantiza que el robot evite colisiones mientras se mueve hacia su destino.

Restricciones de Movimiento: Las restricciones del robot, como limitaciones de velocidad, aceleración y capacidad de giro, se incorporan en los algoritmos de planificación.

Costos: Se pueden asignar costos a diferentes áreas del entorno o tipos de terreno para guiar la elección de rutas óptimas.

Cinética del Robot: El modelo cinemático del robot se utiliza para calcular cómo se moverá y cómo se comportarán sus ruedas, articulaciones o actuadores al seguir una trayectoria.

Aplicaciones de la Planificación de Trayectorias:

La planificación de trayectorias se utiliza en una amplia variedad de aplicaciones de robótica, incluyendo robots móviles autónomos, vehículos autónomos, drones, robots de exploración y manipuladores robóticos.

En robótica industrial, los robots pueden utilizar algoritmos de planificación de trayectorias para moverse con precisión en líneas de ensamblaje o realizar tareas de soldadura, pintura y manipulación de objetos.

En robótica de servicio, los robots pueden planificar trayectorias para navegar en entornos domésticos y llevar a cabo tareas como la limpieza o el cuidado de personas.

La planificación de trayectorias es esencial para permitir que los robots se muevan de manera segura y eficiente en entornos cambiantes y desconocidos. Estos algoritmos son una parte crucial de la robótica autónoma y contribuyen significativamente a la capacidad de los robots para realizar tareas en una variedad de aplicaciones.

Visión por Computadora: Algoritmos de procesamiento de imágenes y visión por computadora se utilizan para el reconocimiento de objetos, seguimiento de rutas y navegación visual.

La visión por computadora desempeña un papel fundamental en la robótica al permitir a los robots percibir y entender su entorno a través del procesamiento de imágenes y el análisis de video. Los algoritmos de procesamiento de imágenes y visión por computadora se utilizan en una variedad de aplicaciones, incluyendo el reconocimiento de objetos, el seguimiento de rutas y la navegación visual. Aquí hay algunos conceptos clave relacionados con la visión por computadora en la robótica:

Reconocimiento de Objetos:

Los algoritmos de reconocimiento de objetos permiten a los robots identificar y clasificar objetos en su entorno. Esto es útil en aplicaciones de recogida y manipulación de objetos, así como en la interacción segura con objetos y personas.

Seguimiento de Rutas:

Los robots móviles a menudo utilizan la visión por computadora para seguir rutas o líneas en el suelo. Esto es común en aplicaciones de robots de limpieza, robots de almacén y vehículos autónomos.

Navegación Visual:

La navegación visual implica que un robot utiliza cámaras o sensores de visión para determinar su ubicación y orientación en el entorno. Los algoritmos de SLAM (Simultaneous Localization and Mapping) se utilizan para mapear el entorno y realizar la localización simultáneamente.

Detección de Obstáculos:

44

La detección de obstáculos es esencial para evitar colisiones en robots móviles. Los algoritmos de visión por computadora permiten a los robots identificar y sortear obstáculos en su camino.

Procesamiento de Imágenes:

Los algoritmos de procesamiento de imágenes incluyen operaciones como filtrado, segmentación, detección de bordes, corrección de distorsión y extracción de características. Estas operaciones se aplican a las imágenes capturadas por cámaras o sensores de visión para extraer información útil.

Aprendizaje Profundo (Deep Learning):

El aprendizaje profundo, una subdisciplina de la inteligencia artificial, ha revolucionado la visión por computadora en robótica. Las redes neuronales convolucionales (CNN) se utilizan para tareas de clasificación y detección de objetos.

Sensores de Visión:

Los robots utilizan una variedad de sensores de visión, como cámaras RGB, cámaras infrarrojas, cámaras estéreo y sensores LIDAR, para capturar imágenes y datos del entorno.

Procesamiento en Tiempo Real:

En muchas aplicaciones de robótica, especialmente en vehículos autónomos y robots móviles, se requiere el procesamiento de imágenes en tiempo real para tomar decisiones y ajustar la navegación.

La visión por computadora es esencial para permitir a los robots funcionar de manera autónoma y segura en entornos diversos y cambiantes. Con el avance de la tecnología y el aprendizaje profundo, la visión por computadora se ha vuelto aún más poderosa y precisa en la percepción del entorno, lo que es crucial para el éxito de muchas aplicaciones de robótica.

Aprendizaje Automático: En la robótica moderna, se utilizan algoritmos de aprendizaje automático para tareas como la toma de decisiones, la detección de objetos y el control autónomo.

El aprendizaje automático (machine learning) se ha convertido en una herramienta esencial en la robótica moderna. Los algoritmos de aprendizaje automático permiten a los robots adquirir y mejorar sus capacidades a través de la experiencia y el análisis de datos. Aquí hay algunas aplicaciones clave del aprendizaje automático en la robótica:

Toma de Decisiones: Los algoritmos de aprendizaje automático se utilizan para la toma de decisiones en robótica, como la planificación de rutas, la selección de acciones y la adaptación a situaciones cambiantes. Los robots pueden aprender a tomar decisiones óptimas en función de datos y resultados pasados.

Detección y Reconocimiento de Objetos: El aprendizaje automático se aplica en tareas de detección y reconocimiento de objetos. Los robots pueden identificar objetos en su entorno, clasificarlos y tomar decisiones basadas en esta información. Esto es fundamental en aplicaciones como la recogida de objetos y la interacción con el entorno.

Visión por Computadora: Los algoritmos de aprendizaje profundo, como las redes neuronales convolucionales (CNN), se utilizan en la visión por computadora para la segmentación de imágenes, la detección de características y la clasificación de objetos. Esto permite a los robots comprender su entorno visual.

Navegación Autónoma: En robots móviles y vehículos autónomos, el aprendizaje automático se aplica en la navegación autónoma. Los robots pueden aprender a mapear su entorno, identificar obstáculos y planificar rutas seguras.

Control de Movimiento: Los algoritmos de control de movimiento pueden beneficiarse del aprendizaje automático. Los robots pueden aprender a controlar sus actuadores y ajustar su movimiento en función de los datos de sensores y la retroalimentación en tiempo real.

Aprendizaje por Refuerzo: El aprendizaje por refuerzo es una técnica de aprendizaje automático que permite a los robots aprender de manera autónoma a través de la interacción con su entorno. Los robots pueden aprender políticas de comportamiento óptimo y mejorar su desempeño a lo largo del tiempo.

Interacción Hombre-Máquina: En la robótica colaborativa, el aprendizaje automático se utiliza para permitir la interacción segura y natural entre humanos y robots. Los robots pueden aprender a comprender y responder a comandos y gestos humanos.

Predicción y Planificación de Trayectorias: Los algoritmos de aprendizaje automático se utilizan para predecir el comportamiento de objetos en movimiento, lo que es útil para la planificación de trayectorias y evitar colisiones.

El aprendizaje automático ha transformado la forma en que los robots pueden funcionar y adaptarse en entornos complejos y dinámicos. Permite a los robots aprender de la experiencia y ajustar su comportamiento de manera más inteligente y autónoma, lo que es esencial en una variedad de aplicaciones de robótica, desde la industria manufacturera hasta la robótica de servicio y la exploración autónoma.

Estructuras de Datos:

Modelos de Robot: Las estructuras de datos se utilizan para representar la geometría y la cinemática de los robots. Esto permite calcular y controlar las posiciones y movimientos de las articulaciones.

En la robótica, los modelos de robot desempeñan un papel fundamental en la representación de la geometría y la cinemática de los robots. Estos modelos permiten calcular y controlar las posiciones y movimientos de las articulaciones y son esenciales para tareas como la planificación de trayectorias y el control de movimiento. Aquí se explican algunos conceptos relacionados con los modelos de robot:

Modelo Geométrico: El modelo geométrico de un robot describe la ubicación y orientación relativa de sus componentes, como las articulaciones y los eslabones. Esto se logra mediante matrices de transformación que representan las relaciones entre los sistemas de coordenadas de las articulaciones. El modelo geométrico se utiliza para calcular la posición del extremo efector del robot en función de las posiciones de las articulaciones.

Cinemática Directa: La cinemática directa se refiere al cálculo de la posición y orientación del extremo efector del robot a partir de las posiciones de las articulaciones. Los modelos geométricos y las transformaciones matriciales se utilizan para realizar este cálculo.

Cinemática Inversa: La cinemática inversa implica el cálculo de las posiciones de las articulaciones necesarias para lograr una posición y orientación deseada del extremo efector. Los modelos geométricos y las ecuaciones matemáticas se utilizan para resolver este problema.

Modelo Dinámico: El modelo dinámico de un robot describe cómo las fuerzas y torques aplicados a las articulaciones se traducen en movimientos y aceleraciones del extremo efector. Esto es fundamental para el control de movimiento y la planificación de movimientos seguros.

Modelo de Colisión: Los modelos de colisión se utilizan para representar las geometrías de los objetos sólidos en el entorno del robot. Esto permite detectar colisiones potenciales y evitar obstáculos durante la planificación de trayectorias.

Modelo de Articulación: Los modelos de articulación describen cómo las articulaciones del robot se mueven y se controlan. Esto incluye la cinemática de articulaciones y posiblemente la dinámica de las articulaciones.

Calibración: La calibración de un robot es el proceso de ajustar y optimizar los parámetros en sus modelos para garantizar una correspondencia precisa entre las posiciones de las articulaciones y la posición real del extremo efector.

Estos modelos son esenciales para la simulación, el control y la planificación en robótica. Permiten a los ingenieros y programadores comprender y predecir el comportamiento del robot, así como diseñar algoritmos de control eficaces. Además, los modelos de colisión y la planificación de trayectorias se utilizan para garantizar que los robots puedan moverse de manera segura en entornos complejos y evitar colisiones con obstáculos.

Mapas: En la navegación autónoma, se utilizan estructuras de datos para representar mapas del entorno y permitir que los robots se muevan de manera eficiente.

En la navegación autónoma de robots, se utilizan estructuras de datos para representar mapas del entorno. Estos mapas permiten a los robots entender y navegar por su entorno de manera eficiente y segura. Aquí hay algunos conceptos clave relacionados con el uso de mapas en la navegación autónoma:

Mapas de Entorno: Los mapas de entorno son representaciones gráficas de las características del entorno en el que opera un robot. Pueden incluir información sobre obstáculos, caminos, puntos de referencia y otros elementos relevantes.

Mapas de Ocupación: En un mapa de ocupación, cada celda del mapa se etiqueta con información sobre si está ocupada por un obstáculo o está libre de obstáculos. Los algoritmos de percepción, como las cámaras o sensores LIDAR, se utilizan para actualizar el mapa de ocupación en tiempo real.

Mapas de Ruta: Los mapas de ruta muestran rutas planificadas para que el robot las siga. Estas rutas pueden ser generadas por algoritmos de planificación de trayectorias y se utilizan para guiar al robot hacia un destino.

Mapas de Mapeo Simultáneo y Localización (SLAM): En la navegación autónoma, es común utilizar algoritmos de SLAM para construir mapas del entorno al tiempo que se determina la ubicación del robot en ese entorno. Los mapas SLAM incluyen información tanto de la estructura del entorno como de la ubicación del robot.

Mapas 2D y 3D: Los mapas pueden ser bidimensionales (2D) o tridimensionales (3D), dependiendo de las necesidades de la aplicación y la complejidad del entorno. Los mapas 2D son comunes en aplicaciones de robots móviles, mientras que los mapas 3D se utilizan en aplicaciones que requieren un conocimiento más detallado del entorno, como la robótica de exploración.

Actualización de Mapas: Los mapas se actualizan continuamente a medida que el robot se mueve y recopila datos de sensores. La fusión de datos de múltiples fuentes, como cámaras, sensores LIDAR y sensores inerciales, permite mantener mapas precisos y actualizados.

Localización Relativa: Los robots utilizan mapas para determinar su ubicación relativa en el entorno. Esto es esencial para la navegación autónoma y se logra mediante técnicas como la localización por partículas o la localización basada en marcadores visuales.

Planificación de Rutas: La planificación de rutas implica el uso de mapas para calcular rutas óptimas o seguras desde la ubicación actual del robot hasta un destino deseado. Esto puede incluir la planificación de trayectorias, la evitación de obstáculos y la toma de decisiones en tiempo real.

Los mapas desempeñan un papel crucial en la capacidad de un robot para moverse de manera autónoma y segura en su entorno. Permiten al robot comprender su ubicación, identificar obstáculos y tomar decisiones informadas sobre cómo alcanzar sus objetivos. La actualización y la precisión de los mapas son esenciales para el éxito de la navegación autónoma en una variedad de aplicaciones, desde vehículos autónomos hasta robots móviles y drones.

Imágenes y Datos Sensoriales: Las estructuras de datos se emplean para almacenar y procesar datos capturados por sensores, como imágenes, nubes de puntos y lecturas LIDAR.

En robótica y en muchas otras aplicaciones, las estructuras de datos se utilizan para almacenar y procesar datos capturados por sensores, como imágenes, nubes de puntos y lecturas LIDAR. Estos datos sensoriales son fundamentales para que los robots puedan percibir su entorno y tomar decisiones informadas. Aquí hay algunos conceptos clave relacionados con el uso de estructuras de datos para almacenar y procesar datos sensoriales:

Imágenes: Las imágenes capturadas por cámaras o sensores de visión se almacenan en estructuras de datos, como matrices o arreglos, donde cada elemento representa un píxel con información de color y luminosidad. El procesamiento de imágenes incluye operaciones como filtrado, segmentación, detección de bordes y reconocimiento de patrones.

Nubes de Puntos: Las nubes de puntos son conjuntos de coordenadas tridimensionales que representan la ubicación de puntos en el espacio tridimensional. Estos datos se utilizan comúnmente en la percepción de la profundidad y la construcción de mapas 3D del entorno.

Sensores LIDAR: Los sensores LIDAR (Light Detection and Ranging) generan nubes de puntos 3D al emitir pulsos láser y medir el tiempo que tardan en reflejarse en objetos. Estos datos se almacenan en estructuras de datos que representan coordenadas espaciales y propiedades de los puntos.

Sensores Inerciales: Los sensores inerciales, como acelerómetros y giroscopios, generan datos relacionados con la aceleración y la velocidad angular. Estos datos se utilizan para la navegación y el seguimiento de la orientación del robot.

Sensores de Proximidad: Los sensores de proximidad generan datos binarios o de rango que indican la presencia o la distancia a objetos cercanos. Estos datos se utilizan para la detección de obstáculos y la navegación segura.

Fusión de Sensores: La fusión de datos de múltiples sensores implica combinar y procesar datos de diferentes fuentes para obtener una percepción más completa y precisa del entorno. Esto se logra mediante técnicas de fusión de sensores.

Procesamiento en Tiempo Real: Muchas aplicaciones de robótica requieren el procesamiento de datos sensoriales en tiempo real para la toma de decisiones y la interacción con el entorno.

Almacenamiento y Transmisión: Los datos sensoriales pueden almacenarse en sistemas de almacenamiento y transmitirse a otros sistemas o computadoras para análisis y procesamiento adicionales.

Calibración: La calibración es el proceso de ajustar y alinear los sensores para garantizar una percepción precisa. Esto es especialmente importante cuando se combinan datos de múltiples sensores.

El procesamiento de datos sensoriales es esencial para la percepción del entorno por parte de los robots, lo que les permite tomar decisiones informadas y actuar de manera autónoma. Estos datos también son fundamentales para tareas como la detección de obstáculos, la planificación de rutas, la navegación autónoma y la interacción segura en entornos compartidos.

Paradigmas de Programación:

Programación Imperativa: En la programación de control de robots, a menudo se utiliza un enfoque imperativo, donde se describen pasos específicos para lograr una tarea o controlar el movimiento.

La programación imperativa es un enfoque comúnmente utilizado en el control de robots y sistemas embebidos. En la programación imperativa, se describen pasos específicos y se proporcionan instrucciones detalladas para lograr una tarea o controlar el movimiento. Este enfoque se basa en una secuencia de comandos y órdenes que indican al robot qué acciones debe realizar en un orden particular.

En la programación de control de robots, los aspectos imperativos pueden incluir:

Control de Movimiento: Definir y especificar el movimiento de las articulaciones o actuadores del robot para lograr una trayectoria específica. Esto puede incluir comandos para moverse en una dirección, girar una cierta cantidad de grados, o detenerse en un punto determinado.

Interacción con Sensores: Programar cómo el robot interactúa con sus sensores, como cámaras, sensores de proximidad o sensores de fuerza. Esto puede implicar la adquisición de datos sensoriales y la toma de decisiones basadas en esos datos.

Control de Actuadores: Gestionar y controlar los actuadores del robot, como motores, servos o garras. Esto puede incluir instrucciones para abrir o cerrar una garra, rotar una rueda a una velocidad específica, o ajustar la posición de un brazo robótico.

Secuencia de Tareas: Definir secuencias de tareas o movimientos que el robot debe realizar. Por ejemplo, en un robot de ensamblaje, se puede programar una secuencia de pasos para ensamblar un producto.

Control de Eventos: Manejar eventos y condiciones específicas, como detenerse cuando se detecta un obstáculo o cambiar de comportamiento en respuesta a ciertas condiciones del entorno.

La programación imperativa es adecuada cuando se requiere un alto nivel de control y precisión en las acciones del robot. Sin embargo, también puede ser compleja y detallada, lo que significa que los programadores deben especificar minuciosamente cada paso y considerar todos los posibles escenarios.

Además, en la robótica moderna, se está avanzando hacia enfoques más flexibles y autónomos, como el uso de algoritmos de aprendizaje automático y sistemas de control basados en el comportamiento, que permiten a los robots aprender y adaptarse a su entorno de manera más autónoma y menos basada en instrucciones detalladas. Estos enfoques ofrecen la ventaja de adaptabilidad en situaciones cambiantes y en la interacción con entornos no estructurados.

Programación Orientada a Objetos: La programación orientada a objetos se usa para modelar y representar robots y componentes de manera modular.

La programación orientada a objetos (POO) es un enfoque de programación que se utiliza en la robótica, al igual que en muchas otras disciplinas de la informática. La POO se basa en la creación de objetos que contienen datos (atributos) y comportamientos (métodos) que operan en esos datos. En el contexto de la robótica, la POO se utiliza para modelar y representar robots y sus componentes de manera modular y estructurada. Aquí hay algunas formas en las que se aplica la POO en la robótica:

Clases y Objetos: En la POO, las clases son plantillas que definen la estructura y el comportamiento de un objeto. En la robótica, se pueden crear clases para representar tipos de robots, componentes como sensores, actuadores y módulos de control. Los objetos son instancias de estas clases que contienen datos y métodos específicos.

Modularidad: La POO permite descomponer un sistema robótico en módulos más pequeños y reutilizables. Cada módulo puede ser una clase con su propio conjunto de datos y métodos. Por ejemplo, se puede tener una clase para la navegación, otra para la percepción y otra para el control, y estas clases pueden interactuar entre sí.

Herencia: La herencia en la POO permite crear nuevas clases basadas en clases existentes. En la robótica, esto puede ser útil para crear variantes de robots que comparten características comunes, pero también tienen diferencias específicas. Por ejemplo, se podría tener una clase base para robots móviles y luego heredar de ella para crear clases de robots terrestres y submarinos.

Polimorfismo: El polimorfismo permite que los objetos de diferentes clases respondan de manera similar a ciertas operaciones. En robótica, esto puede ser útil para que diferentes robots respondan a comandos de movimiento o percepción de manera uniforme, independientemente de su tipo.

Encapsulación: La encapsulación es el concepto de ocultar los detalles internos de una clase y proporcionar una interfaz pública para interactuar con los objetos de esa clase. Esto puede ser útil para garantizar la integridad de los datos y facilitar el mantenimiento.

Abstracción: La abstracción permite modelar componentes y comportamientos de manera abstracta, lo que simplifica la programación y permite centrarse en conceptos de alto nivel. En la robótica, esto puede ser útil al modelar sistemas de control y percepción.

La POO proporciona una forma organizada y estructurada de modelar sistemas robóticos complejos. Permite una modularidad eficiente, facilita la reutilización de código y fomenta un diseño claro y mantenible. Además, al representar robots y componentes como objetos, la POO puede reflejar de manera más precisa la estructura y el funcionamiento de sistemas robóticos en el mundo real.

Programación Funcional: En algunas aplicaciones, se pueden utilizar conceptos de programación funcional para el procesamiento de datos y el cálculo de transformaciones.

en algunas aplicaciones de robótica y procesamiento de datos, se pueden utilizar conceptos de programación funcional. La programación funcional es un enfoque de programación que se basa en funciones matemáticas y operaciones sin estado. En el contexto de la robótica, se pueden aplicar algunos aspectos de la programación funcional de las siguientes maneras:

Transformaciones de Datos: La programación funcional se destaca en la transformación de datos. En la robótica, esto se puede aplicar al procesamiento de datos capturados por sensores, como la filtración de datos de sensores, la normalización de datos y la extracción de características.

Funciones de Mapeo: En la programación funcional, las funciones de mapeo permiten aplicar una función a cada elemento de una colección de datos. En la robótica, esto puede utilizarse para procesar datos capturados por sensores, como aplicar una función de transformación a cada punto en una nube de puntos.

Programación Declarativa: La programación funcional se basa en declarar lo que se debe hacer en lugar de cómo hacerlo. Esto puede ser útil en la robótica para definir objetivos y comportamientos del robot en un alto nivel de abstracción sin preocuparse por los detalles de implementación.

Inmutabilidad: En la programación funcional, los datos son inmutables, lo que significa que no cambian una vez creados. Esto puede ser útil en aplicaciones de robótica en las que se necesita rastrear el estado de los datos con precisión y evitar efectos secundarios no deseados.

Recursión: La programación funcional a menudo utiliza la recursión en lugar de bucles para repetir operaciones. En la robótica, esto se puede aplicar a algoritmos de planificación de trayectorias o búsqueda en árboles de decisiones.

Paralelismo y Concurrencia: La programación funcional es compatible con el paralelismo y la concurrencia, lo que puede ser útil en aplicaciones robóticas que involucran múltiples tareas simultáneas, como la navegación y la percepción.

Es importante tener en cuenta que la elección de utilizar la programación funcional en robótica depende de la aplicación específica y de la preferencia del programador. Si bien la programación funcional puede ser eficiente para ciertas tareas, como el procesamiento de datos, no es la única aproximación válida en robótica. A menudo, se utilizan enfoques híbridos que combinan la programación funcional con otros paradigmas de programación, como la programación imperativa u orientada a objetos, para abordar eficazmente las complejas necesidades de la robótica.

Programación Concurrente: La programación concurrente es importante en la robótica para manejar múltiples tareas en paralelo, como el control de movimiento y la percepción simultánea.

la programación concurrente desempeña un papel crucial en la robótica para manejar múltiples tareas en paralelo de manera eficiente. Los robots a menudo deben realizar tareas simultáneas, como el control de movimiento, la percepción, la planificación de rutas y la interacción con el entorno. La programación concurrente permite que estas tareas se ejecuten de manera independiente y coordinada. Aquí hay algunas consideraciones importantes:

Control de Movimiento: La programación concurrente se utiliza para controlar el movimiento de las articulaciones o actuadores del robot en tiempo real. Múltiples hilos o procesos pueden estar involucrados para garantizar una respuesta rápida y suave a comandos de movimiento.

Percepción y Procesamiento de Datos: Los robots deben capturar y procesar datos sensoriales de manera continua. Los datos de sensores, como imágenes, nubes de puntos y lecturas LIDAR, se adquieren y procesan en paralelo para la toma de decisiones.

Planificación de Trayectorias: La planificación de trayectorias implica calcular rutas óptimas o seguras para que el robot siga en entornos complejos. Esto puede requerir cómputo paralelo para manejar escenarios dinámicos y cambiantes.

Control de Colisiones: La detección y evitación de colisiones son esenciales en la robótica. Los algoritmos de control de colisiones pueden ejecutarse concurrentemente con otros procesos para garantizar la seguridad del robot y su entorno.

Interacción con Humanos: En aplicaciones de robótica colaborativa, los robots deben interactuar de manera segura con los humanos. La programación concurrente permite la coordinación de acciones seguras y la comunicación en tiempo real.

Sistemas Distribuidos: En aplicaciones robóticas más avanzadas, como flotas de robots autónomos, los robots pueden operar como un sistema distribuido. La programación concurrente es fundamental para coordinar la comunicación y la colaboración entre múltiples robots.

Paralelismo de Hardware: La programación concurrente puede aprovechar el paralelismo de hardware en sistemas robóticos con múltiples núcleos de CPU o unidades de procesamiento.

Para implementar la programación concurrente en robótica, se utilizan lenguajes de programación y marcos de desarrollo que admiten la concurrencia, como ROS (Robot Operating System) con su sistema de comunicación entre nodos o bibliotecas en lenguajes como Python y C++ que ofrecen capacidades para la creación de hilos y procesos paralelos.

La programación concurrente es esencial para lograr un rendimiento eficiente en sistemas robóticos complejos y para garantizar que los robots puedan realizar múltiples tareas de manera simultánea y coordinada en entornos dinámicos y desafiantes.

La programación en robótica a menudo se adapta a la aplicación específica y al hardware del robot. La programación de robots varía desde la programación de microcontroladores y sistemas embebidos hasta el desarrollo de software de alto nivel para tareas de planificación y control. Además, las bibliotecas y marcos de desarrollo específicos de la robótica, como ROS, simplifican en gran medida la programación de robots al proporcionar herramientas y componentes reutilizables.

5.Diseño y modelado de robots: tipos, componentes, sensores y actuadores.

El diseño y modelado de robots es un proceso fundamental en la creación de sistemas robóticos efectivos y eficientes. Los robots pueden variar ampliamente en términos de su aplicación, forma y función.

Tipos de Robots:

Robots Móviles: Estos robots pueden desplazarse de un lugar a otro de manera autónoma o semiautónoma. Ejemplos incluyen robots terrestres, submarinos y aéreos.

Los robots móviles son dispositivos diseñados para desplazarse de un lugar a otro de manera autónoma o semiautónoma, lo que significa que pueden moverse sin intervención humana directa. Estos robots pueden utilizar una variedad de sensores y algoritmos de control para navegar y tomar decisiones sobre su movimiento en función de su entorno. Aquí tienes ejemplos de diferentes tipos de robots móviles:

Robots terrestres: Estos robots están diseñados para moverse en superficies terrestres, como suelos, carreteras, terrenos accidentados o incluso en interiores. Los robots de limpieza autónomos, como los Roomba, y los robots de entrega terrestre son ejemplos de robots terrestres.

Robots aéreos: Los drones son un ejemplo de robots aéreos. Pueden ser utilizados para una variedad de aplicaciones, como fotografía y videografía aérea, vigilancia, mapeo y entrega de paquetes.

Robots submarinos: Estos robots están diseñados para operar bajo el agua. Se utilizan en aplicaciones como la exploración submarina, la inspección de estructuras submarinas, la investigación oceanográfica y la búsqueda y rescate en entornos acuáticos.

Robots espaciales: Los robots móviles también se utilizan en misiones espaciales. Los rovers, como el Mars Rover de la NASA, son un ejemplo de robots terrestres diseñados para explorar otros planetas y cuerpos celestes.

Robots autónomos para la agricultura: Estos robots están diseñados para operar en entornos agrícolas y pueden realizar tareas como la siembra, la cosecha y la pulverización de cultivos de manera autónoma.

Robots de logística en almacenes: Algunas empresas utilizan robots móviles autónomos en almacenes y centros de distribución para mover mercancías de un lugar a otro de manera eficiente.

Los robots móviles pueden ser controlados por una variedad de métodos, que incluyen sistemas de navegación por GPS, sensores de proximidad, cámaras y algoritmos de inteligencia artificial. Estos sistemas les permiten moverse, evitar obstáculos, planificar rutas y llevar a cabo tareas específicas de manera autónoma, lo que los hace muy útiles en una amplia gama de aplicaciones industriales y de investigación.

Robots Manipuladores: Estos robots están diseñados para interactuar con objetos y realizar tareas específicas, como la soldadura o el ensamblaje. Suelen tener brazos robóticos con múltiples grados de libertad.

Los robots manipuladores son dispositivos robóticos diseñados para interactuar con objetos y realizar tareas específicas que implican movimientos y manipulación de objetos. Suelen estar equipados con brazos robóticos que tienen múltiples grados de libertad, lo que les permite realizar movimientos precisos y complejos. Estos robots son ampliamente utilizados en aplicaciones industriales y de fabricación, así como en la investigación y la robótica en general. Algunos ejemplos comunes de tareas realizadas por robots manipuladores incluyen:

Soldadura: Los robots manipuladores se utilizan en la soldadura automática de piezas metálicas. Pueden aplicar soldaduras precisas y consistentes en componentes de automóviles, estructuras metálicas y otros productos.

Ensamblaje: Los robots manipuladores son ideales para ensamblar productos, como dispositivos electrónicos, equipos mecánicos y otros productos manufacturados. Pueden colocar piezas en su lugar con gran precisión y velocidad.

Manipulación de materiales: Los robots manipuladores se utilizan para cargar y descargar materiales en máquinas de producción, transportar materiales pesados y realizar operaciones de paletización y despaletización.

Inspección y prueba: Estos robots pueden inspeccionar productos para detectar defectos, realizar pruebas de calidad y medir componentes con precisión.

Cirugía asistida por robot: En el campo médico, los robots manipuladores se utilizan en cirugía asistida por robot para realizar procedimientos quirúrgicos precisos y minimamente invasivos.

Manipulación de alimentos: En aplicaciones alimentarias, los robots manipuladores pueden clasificar, empaquetar y manipular alimentos de manera higiénica y eficiente.

Los robots manipuladores están equipados con sensores y sistemas de visión que les permiten interactuar con objetos y entornos de manera precisa y segura. Además, se pueden programar para llevar a cabo una amplia variedad de tareas y adaptarse a diferentes situaciones. Estos robots son esenciales en la industria manufacturera moderna, ya que aumentan la eficiencia, la precisión y la seguridad en la producción de bienes.

Robots Colaborativos: Estos robots están diseñados para trabajar junto con humanos en entornos compartidos. Son seguros y pueden interactuar de manera cercana con personas.

Los robots colaborativos, también conocidos como "cobots" (de "collaborative robots" en inglés), son robots diseñados específicamente para trabajar en colaboración con seres humanos en entornos compartidos. A diferencia de los robots industriales tradicionales, que suelen operar en áreas cercadas y requieren mucha separación entre humanos y máquinas por razones de seguridad, los cobots están diseñados para interactuar de manera cercana y segura con las personas. Algunas de sus características distintivas incluyen:

Seguridad intrínseca: Los cobots están equipados con sensores avanzados que les permiten detectar la presencia de personas y detenerse o ajustar su movimiento de manera segura en caso de colisión o interacción cercana. Esto evita lesiones o daños a los humanos que trabajan junto a ellos.

Facilidad de programación: Los cobots suelen ser fáciles de programar y configurar, lo que permite a los usuarios enseñarles tareas de manera intuitiva, en lugar de requerir habilidades de programación avanzadas.

Flexibilidad: Los robots colaborativos son versátiles y pueden ser reprogramados o reconfigurados rápidamente para llevar a cabo una variedad de tareas. Esto los hace útiles en entornos de producción con cambios frecuentes en las tareas.

Aplicaciones diversas: Los cobots se utilizan en una amplia gama de aplicaciones, que incluyen montaje, ensamblaje, manipulación de materiales, inspección, embalaje, soldadura y tareas de laboratorio, entre otros.

Colaboración directa: Los cobots pueden trabajar junto a humanos en la misma área de trabajo sin necesidad de barreras físicas o cercas de seguridad. Esto permite una colaboración estrecha en tareas que requieren la cooperación entre humanos y robots.

Los robots colaborativos son especialmente útiles en la industria manufacturera, donde pueden aumentar la productividad, mejorar la calidad y reducir el estrés físico en los trabajadores al asumir tareas repetitivas o peligrosas. También se utilizan en sectores como la atención médica, la logística y la educación, donde la colaboración entre humanos y robots puede ser beneficiosa.

En resumen, los robots colaborativos son una evolución de la robótica que se centra en la seguridad y la colaboración directa con los seres humanos, lo que los hace adecuados para una variedad de aplicaciones y entornos de trabajo.

Robots de Exploración: Los robots de exploración se utilizan en entornos peligrosos o inaccesibles para los humanos, como rovers en Marte o drones en zonas de desastre.

Los robots de exploración son dispositivos diseñados específicamente para llevar a cabo misiones de exploración en entornos peligrosos o inaccesibles para los seres humanos. Estos robots son valiosos en situaciones en las que la seguridad humana podría estar en riesgo o en lugares donde la presencia humana es imposible o poco práctica. Aquí tienes algunos ejemplos de robots de exploración y sus aplicaciones:

Rovers espaciales: Los rovers son robots diseñados para explorar superficies planetarias o lunares. Un ejemplo destacado es el Mars Rover de la NASA, que ha estado explorando la superficie de Marte en busca de evidencias de vida y datos geológicos.

Drones de exploración: Los drones, o vehículos aéreos no tripulados, se utilizan para la exploración de áreas inaccesibles o peligrosas, como zonas de desastre, selvas tropicales o áreas remotas. Pueden recopilar datos, realizar mapeo aéreo y ayudar en la búsqueda y rescate.

Robots submarinos: Estos robots exploran el fondo marino, investigan hábitats marinos profundos y recopilan datos oceanográficos. Se utilizan en la investigación científica y en la inspección de estructuras submarinas, como tuberías y cables.

Robots de minas y desactivación de explosivos: Estos robots se utilizan para desactivar explosivos y explosivos improvisados, lo que minimiza el riesgo para los equipos de desactivación de explosivos humanos.

Robots de exploración en entornos radioactivos: En casos de accidentes nucleares, los robots de exploración pueden ser enviados para llevar a cabo tareas de inspección y mantenimiento en áreas altamente contaminadas.

Robots para exploración en el espacio profundo: Las sondas espaciales y las naves espaciales robóticas son utilizadas para explorar el espacio profundo, recopilando datos sobre asteroides, cometas, planetas distantes y más allá.

Robots para exploración subterránea: En aplicaciones de minería y construcción, los robots pueden explorar y mapear entornos subterráneos, inspeccionar túneles o llevar a cabo operaciones en espacios confinados.

Los robots de exploración suelen estar equipados con sensores y cámaras para recopilar datos, y pueden ser controlados de forma remota por operadores humanos. Además, algunos robots de exploración están diseñados para ser autónomos y tomar decisiones independientes basadas en la información que recopilan de su entorno.

Estos robots desempeñan un papel crucial en la investigación científica, la búsqueda y rescate, la exploración espacial, la industria y muchas otras áreas en las que la exploración en entornos peligrosos o remotos es esencial.

Robots de Servicio: Estos robots se utilizan en aplicaciones de servicio, como la limpieza, la entrega y la asistencia en el hogar o en entornos médicos.

Los robots de servicio son máquinas diseñadas para desempeñar una variedad de tareas de servicio en entornos como hogares, hospitales, restaurantes, almacenes y otros lugares donde se requiere asistencia o realizar tareas rutinarias. Estos robots están diseñados para interactuar con humanos y realizar una amplia gama de tareas de servicio. Aquí tienes algunos ejemplos de aplicaciones de robots de servicio:

Robots de limpieza: Los robots de limpieza, como los populares Roomba, son capaces de aspirar, barrer y fregar pisos de manera autónoma. Pueden navegar por las habitaciones, evitar obstáculos y mantener los espacios limpios.

Robots de entrega: En entornos como almacenes y hospitales, los robots de entrega autónomos se utilizan para transportar mercancías, alimentos, medicamentos y suministros de manera eficiente.

Robots asistenciales en el hogar: Los robots asistenciales se utilizan para ayudar a las personas mayores o discapacitadas con tareas cotidianas, como levantarse de la cama, recordar la toma de medicamentos y brindar compañía.

Robots de atención médica: En el ámbito de la salud, los robots de servicio pueden realizar tareas como la administración de medicamentos, la monitorización de signos vitales y la entrega de suministros en hospitales y clínicas.

Robots de atención al cliente: Algunas empresas utilizan robots para atender a los clientes, proporcionar información, tomar pedidos y brindar asistencia en tiendas y restaurantes.

Robots de entretenimiento: Los robots de entretenimiento se utilizan en parques de atracciones y entornos de ocio para entretener a los visitantes. Pueden realizar espectáculos, contar historias y participar en juegos interactivos.

Robots educativos: En entornos educativos, los robots de servicio se utilizan para enseñar a los estudiantes conceptos de programación, matemáticas y ciencias, y fomentar el aprendizaje interactivo.

Los robots de servicio están equipados con sensores, cámaras y sistemas de navegación que les permiten interactuar de manera segura y eficiente con su entorno y con las personas. Pueden ser controlados a través de interfaces de usuario simples o programados para llevar a cabo tareas específicas. Estos robots tienen el potencial de aumentar la eficiencia y mejorar la calidad de vida en una variedad de aplicaciones de servicio.

Robots Industriales: Estos robots se utilizan en aplicaciones de manufactura y ensamblaje en líneas de producción.

Los robots industriales son máquinas diseñadas específicamente para llevar a cabo tareas de manufactura y ensamblaje en líneas de producción industriales. Estos robots son ampliamente utilizados en la industria manufacturera para realizar una variedad de tareas, desde la manipulación y ensamblaje de piezas hasta la soldadura y el pintado. Algunas de las características distintivas de los robots industriales incluyen:

Manipulación de objetos: Los robots industriales están equipados con brazos robóticos que tienen múltiples grados de libertad y herramientas especializadas que les permiten manipular objetos con precisión y fuerza, lo que los hace adecuados para tareas de montaje y manipulación.

Programación y control: Estos robots se pueden programar para realizar tareas específicas, y su control puede variar desde la programación manual hasta el uso de sistemas de control basados en software.

Automatización: Los robots industriales son esenciales para la automatización de procesos de producción. Pueden funcionar de manera continua y repetitiva, lo que aumenta la eficiencia y reduce los errores humanos.

Versatilidad: Los robots industriales pueden adaptarse a una variedad de aplicaciones y tareas cambiando sus herramientas o reprogramándolos según sea necesario.

Seguridad: Los robots industriales suelen funcionar detrás de cercas o barreras de seguridad para proteger a los trabajadores de posibles lesiones, pero también existen sistemas de seguridad avanzados que permiten la colaboración segura entre humanos y robots.

Control de calidad: Los robots industriales pueden llevar a cabo tareas de inspección y control de calidad al verificar la precisión y la integridad de los productos en las líneas de producción.

Las aplicaciones comunes de los robots industriales incluyen la soldadura, el ensamblaje de productos electrónicos, el pintado, la paletización, la manipulación de materiales y la inspección de calidad. Estos robots son esenciales en la industria manufacturera moderna, ya que ayudan a mejorar la productividad, reducir los costos de mano de obra y mantener altos estándares de calidad en la producción.

En resumen, los robots industriales desempeñan un papel fundamental en la automatización y la mejora de los procesos de fabricación, lo que los convierte en componentes clave de muchas líneas de producción en una amplia gama de industrias.

Robots Educativos: Diseñados con fines educativos, estos robots ayudan a enseñar programación y conceptos de robótica a estudiantes.Los robots educativos son dispositivos diseñados específicamente para ser utilizados en entornos educativos con el propósito de enseñar programación, robótica y conceptos relacionados a estudiantes de todas las edades, desde la educación preescolar hasta la educación superior. Estos robots se utilizan para fomentar el aprendizaje STEM (Ciencia, Tecnología, Ingeniería y Matemáticas) de una manera práctica y divertida. Algunas de las características comunes de los robots educativos incluyen:

Facilidad de uso: Los robots educativos suelen estar diseñados para ser intuitivos y de fácil uso, lo que permite a los estudiantes comenzar a programar y controlar el robot de manera sencilla.

Programación visual: Muchos de estos robots utilizan entornos de programación visual basados en bloques, lo que facilita la programación sin necesidad de escribir código.

Interactividad: Los robots educativos pueden responder a comandos y realizar acciones físicas, lo que permite a los estudiantes ver resultados tangibles de su programación.

Versatilidad: Estos robots a menudo se pueden programar para llevar a cabo una variedad de tareas y actividades, lo que permite una amplia gama de proyectos educativos.

Aplicaciones en el currículo: Los robots educativos se integran en el currículo escolar para enseñar matemáticas, ciencias y conceptos de programación de una manera práctica.

Aprendizaje lúdico: La naturaleza lúdica de los robots educativos hace que el proceso de aprendizaje sea divertido y atractivo para los estudiantes, lo que fomenta la participación y la exploración.

Ejemplos populares de robots educativos incluyen el robot Lego Mindstorms, el robot Bee-Bot, el robot Dash y Dot, el robot Ozobot y muchos otros. Estos robots se utilizan en escuelas, bibliotecas, clubes de robótica y hogares para ayudar a los estudiantes a adquirir habilidades relacionadas con la programación, la lógica y la resolución de problemas.

Los robots educativos son una herramienta valiosa para fomentar el interés en la tecnología y la ciencia desde una edad temprana y preparar a los estudiantes para carreras en campos relacionados con STEM. Además, ayudan a desarrollar habilidades críticas, como la creatividad, la resolución de problemas y el pensamiento lógico, que son esenciales en la sociedad actual.

Robots de Entretenimiento: Estos robots se utilizan en aplicaciones de entretenimiento y juegos.

Los robots de entretenimiento son máquinas diseñadas con el propósito de proporcionar diversión, entretenimiento y participación en actividades de ocio. Estos robots suelen estar equipados con características y funcionalidades que los hacen ideales para juegos, actividades recreativas y experiencias interactivas. Aquí tienes algunos ejemplos de robots de entretenimiento y sus aplicaciones:

Robots de juegos: Los robots de juegos pueden ser utilizados en actividades de juego tanto en solitario como en grupo. Pueden ofrecer juegos de mesa interactivos, rompecabezas, actividades de adivinanzas y más.

Robots de compañía: Algunos robots de entretenimiento están diseñados para brindar compañía y entretenimiento a las personas. Pueden responder a preguntas, contar chistes, cantar canciones y participar en conversaciones lúdicas.

Robots de baile: Los robots de baile son diseñados para moverse al ritmo de la música y participar en coreografías. Son populares en fiestas, eventos y actividades de entretenimiento.

Robots de parques de atracciones: Los parques de atracciones a menudo utilizan robots para proporcionar experiencias interactivas y emocionantes a los visitantes, como atracciones de simulación y espectáculos robotizados.

Robots de juguete: Los juguetes robóticos son populares entre los niños y pueden incluir robots controlados por aplicaciones, mascotas robóticas y robots que enseñan programación de manera lúdica.

Robots de entretenimiento en el hogar: Algunas empresas han desarrollado robots para el entretenimiento en el hogar, como robots que cuentan historias, narran cuentos o participan en actividades de juego.

Robots de entretenimiento en eventos y exposiciones: Los robots pueden ser utilizados en eventos, exposiciones y ferias para atraer la atención y proporcionar experiencias únicas a los visitantes.

Los robots de entretenimiento suelen ser diseñados con un enfoque en la interacción humana y la diversión. Pueden estar equipados con sensores, cámaras y sistemas de voz para interactuar con las personas de manera dinámica. Estos robots se utilizan en una variedad de entornos, desde el hogar y parques de atracciones hasta museos y centros de entretenimiento.

En resumen, los robots de entretenimiento están diseñados para ofrecer experiencias lúdicas y de entretenimiento a personas de todas las edades, y son una forma divertida de aprovechar la tecnología para el ocio y la diversión.

Componentes de un Robot:

Unidad de Control: El cerebro del robot, que alberga la computadora y el software que controlan el funcionamiento del robot.

La unidad de control en un robot es esencialmente el cerebro de la máquina y juega un papel fundamental en el control y la operación de todas las funciones del robot. Esta unidad suele estar compuesta por hardware (como una computadora embebida o un microcontrolador) y software especializado que ejecuta los algoritmos necesarios para controlar el movimiento, la interacción y las tareas específicas del robot.

Procesamiento de información: La unidad de control procesa la información proveniente de sensores y otros dispositivos del robot. Esto incluye datos de sensores de proximidad, cámaras, encoders, giroscopios y otros sensores que proporcionan información sobre el entorno y el estado del robot.

Toma de decisiones: Con base en la información recopilada, la unidad de control toma decisiones sobre cómo el robot debe comportarse y qué acciones debe llevar a cabo. Esto implica la planificación de movimientos, la resolución de problemas y la selección de acciones apropiadas.

Control de actuadores: La unidad de control envía comandos a los actuadores del robot, como motores, servos o cualquier mecanismo que permita al robot realizar movimientos y acciones específicas.

Interfaz de usuario: En muchos casos, la unidad de control incluye una interfaz de usuario que permite a los operadores humanos interactuar con el robot, establecer parámetros, modificar comportamientos y supervisar el estado del robot.

Software especializado: La unidad de control ejecuta software especializado que puede variar según la aplicación del robot. Este software puede incluir algoritmos de navegación, visión por computadora, aprendizaje automático, control de movimiento y otros módulos personalizados.

Comunicación: La unidad de control a menudo se comunica con otros sistemas o dispositivos, como computadoras externas, redes de comunicación y otros robots, para coordinar tareas o compartir información.

La unidad de control es esencial para la autonomía y la funcionalidad del robot, ya que es la responsable de tomar decisiones en tiempo real y ejecutar acciones de acuerdo con los objetivos y las instrucciones programadas o recibidas. El rendimiento y la eficacia del robot dependen en gran medida de la calidad de su unidad de control y del software que la impulsa.

Sensores: Dispositivos que permiten al robot percibir su entorno, incluyendo cámaras, sensores LIDAR, sensores de proximidad, sensores de fuerza, etc.

Los sensores son componentes esenciales en la robótica, ya que permiten a los robots percibir su entorno y recopilar información crítica para tomar decisiones y realizar tareas de manera efectiva. Estos sensores pueden variar en función de la información que capturan y cómo la capturan. A continuación, se mencionan algunos tipos comunes de sensores utilizados en robótica:

Cámaras: Las cámaras, como las cámaras RGB, cámaras infrarrojas y cámaras estereoscópicas, permiten al robot capturar imágenes y video de su entorno. Esto es útil para la visión por computadora, la detección de objetos, el seguimiento de marcadores y la navegación visual.

Sensores LIDAR: Los sensores LIDAR utilizan luz láser para medir distancias y crear mapas tridimensionales del entorno del robot. Estos sensores son fundamentales para la navegación y la detección de obstáculos.

Sensores de proximidad: Los sensores de proximidad, como los sensores infrarrojos y ultrasónicos, detectan la distancia entre el robot y los objetos circundantes. Se utilizan para evitar colisiones y para la navegación en espacios confinados.

Sensores de fuerza y torque: Estos sensores miden las fuerzas y momentos aplicados a los extremos del robot. Son utilizados en aplicaciones de manipulación y agarre para realizar tareas sensibles y colaborativas.

Sensores de contacto: Los sensores de contacto detectan cuando el robot entra en contacto físico con objetos o superficies. Pueden ser utilizados en aplicaciones de seguridad y para la detección de colisiones.

Sensores de temperatura: Los sensores de temperatura miden la temperatura del entorno o de componentes internos del robot. Son esenciales para evitar el sobrecalentamiento y mantener un funcionamiento seguro.

Sensores inerciales: Los sensores inerciales, como giroscopios y acelerómetros, miden la aceleración y la velocidad angular del robot. Se utilizan para el control del movimiento, la estabilización y la detección de orientación.

Sensores de gas y químicos: Estos sensores detectan la presencia de gases o sustancias químicas en el entorno del robot y se utilizan en aplicaciones como la detección de gases peligrosos o la monitorización ambiental.

Sensores de luz y color: Los sensores de luz y color permiten al robot percibir la intensidad de la luz y los colores del entorno. Son útiles en aplicaciones como la detección de objetos y la clasificación visual.

Sensores de sonido: Los sensores de sonido, como los micrófonos, capturan señales de audio en el entorno del robot. Se utilizan en aplicaciones de detección de sonido, reconocimiento de voz y navegación basada en audio.

La combinación de estos sensores permite a los robots obtener información sobre su entorno, tomar decisiones basadas en datos en tiempo real y llevar a cabo una amplia gama de tareas en diversas aplicaciones, desde la manufactura y la exploración hasta la asistencia en el hogar y el entretenimiento.

Actuadores: Mecanismos que permiten al robot realizar acciones físicas, como motores, servomotores, garras y brazos robóticos.

Los actuadores son componentes esenciales en un robot que permiten que la máquina realice acciones físicas, como movimiento, manipulación de objetos y control de sus partes móviles. Los actuadores convierten señales eléctricas, neumáticas o hidráulicas en movimiento mecánico. Aquí tienes algunos ejemplos comunes de actuadores utilizados en robótica:

Motores eléctricos: Los motores eléctricos son uno de los actuadores más comunes en robótica. Pueden girar en una o más direcciones y se utilizan para impulsar ruedas, orugas, articulaciones y otros mecanismos de movimiento en un robot.

Servomotores: Los servomotores son motores eléctricos especiales que permiten un control preciso de la posición y la velocidad. Se utilizan en aplicaciones de robótica que requieren movimientos precisos, como la manipulación de brazos robóticos y la orientación de cámaras.

Actuadores neumáticos: Los actuadores neumáticos utilizan aire comprimido para generar movimiento. Son adecuados para aplicaciones que requieren movimientos rápidos y una gran fuerza, como en robots industriales y sistemas de manipulación.

Actuadores hidráulicos: Los actuadores hidráulicos utilizan fluido hidráulico para generar movimiento. Se utilizan en aplicaciones donde se requiere una gran fuerza, como excavadoras y máquinas de construcción.

Gruas y brazos robóticos: Los brazos robóticos son sistemas mecánicos que utilizan actuadores para realizar movimientos articulados y manipular objetos. Se utilizan en aplicaciones de ensamblaje, soldadura, carga y descarga, y en entornos de fabricación.

Garras y pinzas: Las garras y pinzas son dispositivos de agarre que utilizan actuadores para sujetar y soltar objetos. Están diseñadas para manipular una variedad de formas y tamaños de objetos en aplicaciones de manipulación y ensamblaje.

Actuadores lineales: Los actuadores lineales convierten la energía en movimiento lineal en lugar de rotativo. Se utilizan en aplicaciones donde se necesita un movimiento lineal, como en impresoras 3D y sistemas de transporte.

Actuadores piezoeléctricos: Los actuadores piezoeléctricos utilizan cristales piezoeléctricos para realizar movimientos precisos en respuesta a tensiones eléctricas. Se utilizan en aplicaciones de enfoque automático de cámaras, nanoposicionamiento y micromanipulación.

La elección del actuador adecuado depende de las necesidades específicas de la aplicación del robot, como la precisión, la velocidad, la fuerza y la durabilidad requeridas. Los actuadores son componentes clave que permiten que los robots realicen una amplia gama de tareas, desde la locomoción y el agarre hasta la manipulación de herramientas y la realización de tareas específicas en entornos industriales, de investigación y de servicios.

Unidad de Alimentación: La fuente de energía que suministra electricidad o energía a los componentes del robot, a menudo en forma de baterías o cables de alimentación.

La unidad de alimentación en un robot es la fuente de energía que proporciona electricidad o energía a los componentes y sistemas del robot, permitiendo su funcionamiento. La elección de la fuente de alimentación depende del tipo de robot y de sus requisitos de energía. Aquí hay dos formas comunes de unidad de alimentación en robots:

Baterías: Las baterías son una fuente de alimentación portátil y autónoma utilizada en muchos robots, especialmente en aquellos que necesitan ser móviles. Las baterías pueden ser de diferentes tipos, como baterías recargables de iones de litio, baterías de níquel-metal-hidruro (NiMH) o baterías de plomo-ácido. Estas baterías almacenan energía química que se convierte en energía eléctrica para alimentar los motores, los sensores, los circuitos y otros componentes del robot. Las baterías recargables permiten recargar y reutilizar la energía, lo que es esencial en robots móviles y aplicaciones donde se requiere una fuente de alimentación autónoma.

Alimentación con cable: Algunos robots, especialmente aquellos que operan de manera estacionaria en entornos controlados, pueden recibir energía a través de cables de alimentación conectados a una fuente de energía externa. Esto elimina la necesidad de recargar o reemplazar las baterías y puede ser adecuado para aplicaciones industriales o de investigación en laboratorios donde la movilidad no es un requisito.

La elección entre baterías y alimentación con cable depende de varios factores, como la movilidad requerida, la duración de la operación, la capacidad de carga, el peso, el espacio disponible y las necesidades de energía del robot.

La unidad de alimentación es un componente crítico en la robótica, ya que la disponibilidad de energía es esencial para el funcionamiento de los sistemas de sensores, actuadores y la unidad de control. La duración de la batería, la capacidad de carga y la eficiencia energética son consideraciones importantes al diseñar un robot para asegurarse de que pueda realizar sus tareas de manera efectiva.

Chasis o Estructura: La estructura física del robot que sostiene todos los componentes. Puede variar en forma y material según la aplicación.

El chasis o estructura de un robot es la parte física que sostiene y alberga todos los componentes del robot, como la unidad de control, los sensores, los actuadores y la unidad de alimentación. La elección del diseño del chasis, su forma y el material utilizado depende en gran medida de la aplicación específica del robot y de los requisitos de rendimiento. Aquí hay algunas consideraciones clave relacionadas con el chasis de un robot:

Diseño y forma: El diseño del chasis puede variar ampliamente según la aplicación. Puede ser una estructura simple, como una plataforma plana para robots móviles, o una estructura más compleja con múltiples articulaciones y extremidades para robots manipuladores o humanoides. La forma del chasis se adapta a las necesidades del robot, desde estructuras compactas y rectangulares hasta formas más elaboradas.

Material: Los materiales utilizados para el chasis pueden incluir aleaciones de aluminio, acero, plásticos reforzados con fibra de vidrio, fibra de carbono y otros materiales compuestos. La elección del material depende de factores como el peso, la resistencia, la rigidez y la durabilidad necesarios para la aplicación.

Peso y equilibrio: El chasis debe estar diseñado para equilibrar adecuadamente el peso del robot y sus componentes. Esto es esencial para la estabilidad y la maniobrabilidad del robot. Los robots móviles, por ejemplo, deben ser capaces de mantener un equilibrio adecuado al desplazarse.

Montaje de componentes: El chasis debe tener montajes y soportes adecuados para fijar y asegurar los componentes del robot, como los motores, los sensores, los actuadores y la unidad de control.

Protección y seguridad: En aplicaciones donde el robot puede estar expuesto a entornos hostiles o peligrosos, el chasis también puede actuar como una capa de protección para los componentes internos y proporcionar seguridad adicional.

Modularidad: Algunos chasis están diseñados para ser modulares, lo que permite una fácil personalización y adaptación del robot a diferentes aplicaciones y configuraciones.

La elección del chasis es un aspecto importante del diseño de un robot, ya que influye en la funcionalidad, la movilidad, la capacidad de carga y la resistencia del robot. La estructura del chasis debe ser compatible con los componentes y los sistemas específicos que se utilizarán en el robot y estar diseñada para optimizar su rendimiento en la aplicación prevista.

Sensores:

Cámaras: Capturan imágenes y videos del entorno. Pueden ser cámaras RGB, cámaras infrarrojas o cámaras 3D para percepción tridimensional.

Las cámaras son componentes fundamentales en la robótica, ya que permiten a los robots percibir su entorno visualmente capturando imágenes y videos. Estas imágenes se utilizan para la visión por computadora, la navegación, la detección de objetos, la identificación de patrones y muchas otras tareas. Aquí hay una descripción de varios tipos de cámaras comúnmente utilizadas en robótica:

Cámaras RGB: Las cámaras RGB (Red, Green, Blue) capturan imágenes a todo color y son similares a las cámaras utilizadas en cámaras fotográficas y smartphones. Estas cámaras son ideales para tareas de detección de colores, reconocimiento de objetos y navegación en entornos visuales.

Cámaras infrarrojas (IR): Las cámaras infrarrojas capturan imágenes en el espectro infrarrojo, lo que les permite detectar y representar el calor. Se utilizan en aplicaciones de visión nocturna, detección de temperatura y seguimiento de calor.

Cámaras estéreo o 3D: Las cámaras estéreo o 3D utilizan dos o más sensores de imagen para capturar imágenes desde múltiples ángulos, lo que permite la percepción tridimensional del entorno. Estas cámaras se utilizan para la detección de profundidad, el mapeo 3D y la navegación en 3D.

Cámaras térmicas: Las cámaras térmicas capturan imágenes basadas en la radiación infrarroja térmica emitida por los objetos. Se utilizan para la detección de calor y la identificación de objetos en aplicaciones donde la visión normal no es efectiva, como la búsqueda y rescate.

Cámaras de ojo de pez: Las cámaras de ojo de pez tienen lentes que capturan imágenes en un amplio campo de visión, lo que es útil para la detección de objetos en áreas amplias o para la creación de panoramas.

Cámaras de alta velocidad: Estas cámaras capturan imágenes a una velocidad extremadamente alta, lo que es útil para la captura de movimientos rápidos y la observación de eventos de corta duración.

Cámaras miniatura: Las cámaras miniatura son compactas y livianas, lo que las hace ideales para robots pequeños o aplicaciones donde el espacio es limitado.

Cámaras de visión global: Las cámaras de visión global, como las cámaras de 360 grados, capturan imágenes de todo el entorno del robot, lo que es útil para la navegación y la percepción completa del entorno.

Las cámaras se utilizan en una variedad de aplicaciones robóticas, desde robots móviles y drones hasta robots industriales y de atención médica. La información visual que proporcionan es esencial para que los robots puedan interpretar su entorno, tomar decisiones y llevar a cabo tareas de manera eficiente y precisa.

Sensores LIDAR: Utilizan láser para medir distancias y generar mapas de entorno en 2D o 3D.

Los sensores LIDAR (Light Detection and Ranging) son dispositivos que utilizan láser para medir distancias y generar mapas detallados del entorno en 2D o 3D. Estos sensores son fundamentales en la robótica y en aplicaciones de percepción y navegación en las que se requiere una representación precisa del espacio circundante.

Emisión de láser: Un sensor LIDAR emite pulsos de luz láser en direcciones específicas. Estos pulsos de luz rebotan en objetos y superficies en el entorno y regresan al sensor.

Medición del tiempo de vuelo: El sensor LIDAR mide el tiempo que tarda cada pulso láser en viajar desde el sensor hasta el objeto y de vuelta. Utilizando la velocidad de la luz, el sensor calcula la distancia entre sí y los objetos en el entorno.

Escaneo del entorno: El sensor LIDAR escanea el entorno girando o moviendo el haz láser en diferentes direcciones. Esto permite al sensor crear un conjunto de puntos tridimensionales que representan objetos, paredes y otras características en el espacio.

Generación de mapas: Los datos capturados por el sensor LIDAR se utilizan para generar mapas en 2D o 3D del entorno del robot. Estos mapas son esenciales para la navegación, la detección de obstáculos y la percepción del entorno.

Detección de obstáculos: Los sensores LIDAR son especialmente útiles en la detección y evitación de obstáculos. Pueden identificar objetos, paredes y superficies con gran precisión, lo que permite a los robots sortear obstáculos y navegar de manera segura.

Mapeo en tiempo real: Algunos sensores LIDAR son capaces de realizar el mapeo en tiempo real, lo que es esencial para robots móviles autónomos y vehículos autónomos.

Resolución y alcance: La resolución y el alcance de los sensores LIDAR pueden variar según el modelo y el costo del sensor. Los sensores LIDAR de alta gama pueden proporcionar mediciones precisas a largas distancias y con alta resolución espacial.

Los sensores LIDAR se utilizan en una amplia gama de aplicaciones, desde vehículos autónomos y drones hasta robots de exploración y sistemas de mapeo topográfico. Son especialmente útiles en situaciones en las que se requiere un alto nivel de precisión en la percepción del entorno y la navegación segura.

Sensores de Proximidad: Detectan la presencia de objetos cercanos y se utilizan para evitar colisiones.

Los sensores de proximidad son dispositivos diseñados para detectar la presencia de objetos cercanos sin necesidad de contacto físico. Estos sensores son esenciales en aplicaciones en las que se requiere evitar colisiones o realizar acciones basadas en la proximidad de objetos. Aquí hay algunas características clave de los sensores de proximidad:

Principio de funcionamiento: Los sensores de proximidad pueden utilizar varios principios para detectar objetos cercanos, como la detección capacitiva, inductiva, ultrasónica, infrarroja, láser y óptica. Cada principio tiene sus propias ventajas y desventajas y es adecuado para diferentes aplicaciones.

Detección sin contacto: Estos sensores pueden detectar objetos sin necesidad de contacto físico con ellos. Por ejemplo, un sensor de proximidad ultrasónico emite ondas sonoras y mide el tiempo que tarda en rebotar en un objeto para determinar su distancia.

Aplicaciones: Los sensores de proximidad se utilizan en una variedad de aplicaciones, como sistemas de seguridad, control de iluminación, control de tráfico, robótica, automatización industrial y electrodomésticos.

Evitación de colisiones: En robótica y vehículos autónomos, los sensores de proximidad son cruciales para evitar colisiones con obstáculos y permitir la navegación segura y autónoma.

Detectores de presencia: Los sensores de proximidad también se utilizan como detectores de presencia en aplicaciones como puertas automáticas, sistemas de iluminación con detección de movimiento y sistemas de control de climatización.

Salidas de señales: Los sensores de proximidad pueden proporcionar salidas de señales en forma de señales eléctricas, cambios en el estado de interruptores o información digital que indica la distancia o la presencia de un objeto.

Rango de detección: El rango de detección de un sensor de proximidad puede variar según el tipo de sensor y su aplicación. Algunos sensores detectan objetos a distancias muy cortas, mientras que otros pueden detectar objetos a distancias mucho más largas.

Inmunidad a interferencias: Algunos sensores de proximidad están diseñados para ser inmunes a interferencias electromagnéticas o ambientales, lo que los hace adecuados para entornos industriales y exteriores.

Los sensores de proximidad son versátiles y se utilizan en una amplia gama de aplicaciones en la industria, la automatización, la robótica y la vida cotidiana. Proporcionan una detección precisa y permiten la toma de decisiones en tiempo real basadas en la proximidad de objetos, lo que es esencial para la seguridad y la eficiencia en una variedad de entornos y aplicaciones.

Sensores Inerciales: Incluyen acelerómetros y giroscopios para medir aceleración y orientación.

Los sensores inerciales son dispositivos diseñados para medir la aceleración y la orientación de un objeto en movimiento. Estos sensores son fundamentales en la robótica y en aplicaciones en las que es importante rastrear el movimiento y la orientación de un objeto o un sistema. Los dos tipos de sensores inerciales más comunes son los acelerómetros y los giroscopios:

Acelerómetros: Los acelerómetros son sensores que miden la aceleración lineal de un objeto. Esto incluye aceleración en una o más dimensiones, como aceleración en el eje X, Y y Z. Los acelerómetros se basan en principios como la resistencia, la capacitancia o la piezoelectricidad para detectar cambios en la velocidad y aceleración del objeto. Estos sensores son utilizados para medir cambios de velocidad, detección de movimiento, seguimiento de orientación y detección de impactos.

Giroscopios: Los giroscopios son sensores que miden la velocidad angular o la tasa de cambio de la orientación de un objeto. Los giroscopios son fundamentales para rastrear la orientación y la dirección de movimiento de un objeto en un espacio tridimensional. Pueden ser giroscopios mecánicos basados en la rotación de un disco, o giroscopios MEMS (Microelectromechanical Systems) basados en tecnología de silicio. Los giroscopios son ampliamente utilizados en aplicaciones de navegación, estabilización y control de orientación en robótica, aviónica y electrónica de consumo.

Estos sensores son utilizados en una variedad de aplicaciones robóticas, desde vehículos autónomos y drones hasta sistemas de realidad virtual y dispositivos de navegación. La información proporcionada por los sensores inerciales es fundamental para el control del movimiento, la estabilización y la percepción espacial, y se utiliza para tomar decisiones en tiempo real y ajustar el comportamiento del robot según sea necesario. Además, los sistemas de navegación inercial que utilizan estos sensores son esenciales para rastrear la posición y la orientación de robots en movimiento, especialmente en entornos sin acceso a señales GPS confiables.

Sensores de Fuerza: Detectan la fuerza aplicada a las extremidades o herramientas del robot.

Los sensores de fuerza, también conocidos como sensores de fuerza y par, son dispositivos diseñados para medir las fuerzas aplicadas a las extremidades, herramientas o cualquier parte de un robot. Estos sensores permiten que el robot detecte y responda a fuerzas externas, lo que es fundamental en una variedad de aplicaciones, especialmente en la robótica de manipulación y en entornos de colaboración cercana con humanos.

Medición de fuerza y par: Los sensores de fuerza pueden medir tanto fuerzas lineales (en direcciones X, Y y Z) como momentos o pares (torque) alrededor de los ejes. Esto proporciona una comprensión completa de las fuerzas que actúan sobre una extremidad o herramienta del robot.

Transductores de fuerza: Los sensores de fuerza utilizan transductores, como galgas extensométricas o sensores piezoeléctricos, para convertir la fuerza aplicada en señales eléctricas que pueden ser medidas y registradas.

Aplicaciones: Estos sensores se utilizan en una amplia variedad de aplicaciones, incluyendo robots industriales para el control de calidad, robots de colaboración para la seguridad del entorno, cirugía asistida por robots para la precisión en procedimientos médicos, entre otras.

Manipulación precisa: En robots manipuladores, los sensores de fuerza permiten una manipulación más precisa y segura de objetos frágiles, la detección de contacto con objetos y la adaptación de la fuerza aplicada en respuesta a la interacción con el entorno.

Control de agarre: Los sensores de fuerza son fundamentales en aplicaciones de agarre, como en robots que deben sujetar objetos con precisión y aplicar la fuerza adecuada para evitar daños o dejar caer objetos.

Control de fuerza: En aplicaciones de contacto con humanos, como robots colaborativos, los sensores de fuerza son esenciales para permitir que el robot ajuste su fuerza y par en respuesta a las interacciones con las personas, garantizando la seguridad.

Control de parada de emergencia: Los sensores de fuerza también se utilizan para detectar situaciones de emergencia en las que el robot debe detenerse o reducir la fuerza aplicada para prevenir lesiones.

Estos sensores proporcionan una retroalimentación en tiempo real que es valiosa para el control y la seguridad en muchas aplicaciones de robótica, permitiendo al robot interactuar de manera segura y precisa con objetos y personas en su entorno. La información capturada por los sensores de fuerza es esencial para tomar decisiones en tiempo real y ajustar el comportamiento del robot según sea necesario.

Sensores de Visión: Capturan información visual que se utiliza en tareas de reconocimiento de objetos y navegación.

Los sensores de visión son dispositivos diseñados para capturar información visual del entorno y se utilizan en una amplia variedad de aplicaciones robóticas. Estos sensores permiten a los robots percibir su entorno, realizar tareas de reconocimiento de objetos, navegación y toma de decisiones basadas en la información visual que capturan.

Cámaras: Los sensores de visión más comunes son las cámaras, que pueden ser cámaras RGB (Red, Green, Blue), cámaras infrarrojas, cámaras 3D, cámaras de ojo de pez y otras. Estas cámaras capturan imágenes y videos del entorno, que luego se procesan para su análisis.

Procesamiento de imágenes: Las imágenes capturadas por las cámaras se procesan utilizando técnicas de visión por computadora, como la detección de bordes, el seguimiento de objetos, la segmentación y la correspondencia de características, para identificar objetos, patrones, colores y formas en las imágenes.

Reconocimiento de objetos: Los sensores de visión se utilizan para el reconocimiento de objetos, lo que permite al robot identificar y clasificar objetos en su entorno. Esto es esencial en aplicaciones de recogida y manipulación de objetos, como la clasificación en líneas de producción o la recogida de productos en almacenes.

Navegación: Los sensores de visión son fundamentales en la navegación autónoma de robots móviles. Ayudan al robot a detectar obstáculos, seguir marcadores, rastrear líneas y realizar tareas de cartografía y localización en tiempo real.

Realidad aumentada: Los sensores de visión se utilizan en aplicaciones de realidad aumentada, donde la información visual se superpone al mundo real para proporcionar información adicional, como instrucciones de montaje o datos de navegación.

Detección de marcadores: Algunos sensores de visión pueden detectar marcadores o patrones específicos en el entorno, lo que se utiliza en aplicaciones de seguimiento de objetos y posicionamiento en realidad virtual y aumentada.

Control de movimiento: Los sensores de visión también se utilizan para el control del movimiento de robots, como el seguimiento de la posición y la velocidad de extremidades en robots manipuladores.

Los sensores de visión proporcionan información crítica para que los robots puedan interpretar su entorno y tomar decisiones basadas en datos visuales en tiempo real. La combinación de sensores de visión con otros tipos de sensores, como los sensores de proximidad y los sensores inerciales, permite a los robots funcionar de manera eficiente y segura en una amplia gama de aplicaciones, desde la manufactura y la atención médica hasta la exploración y la robótica de servicio.

Actuadores:

Motores: Generan movimiento en las ruedas, las articulaciones o las extremidades del robot.

Los motores son componentes fundamentales en la robótica, ya que generan movimiento en diversas partes del robot, como ruedas, articulaciones o extremidades. Estos motores convierten la energía eléctrica, neumática o hidráulica en movimiento mecánico, permitiendo que el robot realice tareas de locomoción, manipulación y movimiento. Aquí están algunas características clave de los motores utilizados en robótica:

Motores eléctricos: Los motores eléctricos son los motores más comunes en robótica. Pueden ser motores de corriente continua (DC) o motores de corriente alterna (AC). Estos motores se utilizan en una amplia variedad de aplicaciones, desde robots móviles y brazos robóticos hasta sistemas de transporte automatizado en fábricas.

Servomotores: Los servomotores son motores eléctricos especiales que proporcionan un control preciso de la posición y la velocidad. Son ampliamente utilizados en aplicaciones de robótica que requieren movimientos precisos, como la manipulación de brazos robóticos y la orientación de cámaras.

Motores neumáticos: Los motores neumáticos utilizan aire comprimido para generar movimiento mecánico. Son adecuados para aplicaciones en las que se necesita una alta potencia y velocidad, como la manipulación de objetos pesados o la automatización industrial.

Motores hidráulicos: Los motores hidráulicos utilizan fluido hidráulico para generar movimiento. Son adecuados para aplicaciones que requieren una gran potencia y fuerza, como maquinaria pesada y equipos de construcción.

Motores paso a paso: Los motores paso a paso son motores eléctricos que giran en incrementos discretos, o pasos, en lugar de girar continuamente. Se utilizan en aplicaciones que requieren un control preciso de la posición, como impresoras 3D y máquinas CNC.

Control de motores: El control de motores implica la gestión de la velocidad, la dirección y la posición del motor. Se logra a través de controladores de motor que reciben señales eléctricas y las interpretan para controlar el movimiento del motor.

Retroalimentación: Muchos motores utilizan sistemas de retroalimentación, como encoders, potenciómetros o sensores de posición, para proporcionar información en tiempo real sobre la posición y la velocidad del motor. Esto es esencial para el control preciso y la retroalimentación del sistema.

Aplicaciones: Los motores se utilizan en una amplia gama de aplicaciones robóticas, desde la locomoción en robots móviles y drones hasta la manipulación de herramientas y objetos en brazos robóticos y sistemas de automatización industrial.

La elección del tipo de motor depende de las necesidades específicas de la aplicación del robot, como la potencia requerida, la velocidad, la precisión y la eficiencia. Los motores son componentes clave que permiten que los robots realicen una amplia variedad de tareas, desde el movimiento y la manipulación de objetos hasta la navegación y la locomoción.

Servomotores: Proporcionan un control preciso del ángulo y la velocidad en brazos robóticos y articulaciones.

Los servomotores son dispositivos electromecánicos diseñados para proporcionar un control preciso del ángulo y la velocidad de rotación en brazos robóticos, articulaciones y otros mecanismos donde la precisión es fundamental. Estos motores son ampliamente utilizados en aplicaciones de robótica que requieren movimientos controlados y repetibles, como la manipulación de brazos robóticos, la orientación de cámaras, la automatización industrial y otros sistemas de control de posición y velocidad. Aquí hay algunas características clave de los servomotores:

Control preciso: Los servomotores se caracterizan por su capacidad para controlar de manera precisa la posición angular y la velocidad de rotación. Esto se logra mediante una retroalimentación constante del ángulo o la posición actual del motor, lo que permite al controlador del motor ajustar la velocidad y la dirección para alcanzar la posición deseada.

Retroalimentación: Los servomotores suelen estar equipados con dispositivos de retroalimentación, como encoders, potenciómetros o sensores de posición, que proporcionan información en tiempo real sobre la posición del motor. Esto permite al controlador mantener el control y ajustar la posición cuando sea necesario.

Rango de movimiento: Los servomotores pueden moverse en un rango limitado de ángulos, típicamente entre 90 y 180 grados, dependiendo del diseño específico del motor. Este rango se puede ajustar según las necesidades de la aplicación.

Velocidad ajustable: Los servomotores permiten ajustar la velocidad de rotación en función de los requisitos de la tarea. Esto es especialmente útil en aplicaciones donde se necesita un movimiento lento y controlado.

Par de torsión: Los servomotores suelen tener un alto par de torsión en relación con su tamaño, lo que les permite aplicar fuerzas significativas para mover cargas o realizar tareas de manipulación.

Comunicación con controladores: Los servomotores se comunican con controladores específicos, como microcontroladores o sistemas de automatización, a través de señales de control que indican la posición y la velocidad deseada.

Programabilidad: Algunos servomotores son programables y permiten definir trayectorias de movimiento precisas y secuencias de operación, lo que es útil en aplicaciones avanzadas de robótica y automatización.

Los servomotores se utilizan en una amplia variedad de aplicaciones robóticas, desde la robótica industrial y la automatización de fábricas hasta la robótica de atención médica, la robótica colaborativa y la robótica educativa. Su capacidad para proporcionar movimientos controlados y precisos es fundamental para la realización de tareas que requieren alta precisión y repetibilidad.

Garras y Herramientas Específicas: Componentes diseñados para agarrar, manipular o interactuar con objetos.

Las garras y herramientas específicas son componentes fundamentales en robots que están diseñados para agarrar, manipular o interactuar con objetos en diversas aplicaciones. Estos componentes permiten que los robots realicen una amplia gama de tareas, desde la recogida de objetos hasta la soldadura, la pintura y otras actividades específicas. Aquí hay algunas características clave de las garras y herramientas específicas utilizadas en robótica:

Garras: Las garras son componentes diseñados para agarrar objetos de manera efectiva y segura. Pueden tener una variedad de diseños, incluyendo garras de pinza, garras paralelas, garras de ventosas y garras de dedos múltiples. El diseño de la garra depende de la forma y la naturaleza de los objetos que se deben manipular.

Herramientas específicas: Además de las garras, los robots pueden estar equipados con herramientas específicas para realizar tareas especializadas. Esto incluye herramientas de soldadura, herramientas de corte, herramientas de medición, herramientas de pintura, herramientas de perforación y muchas otras, dependiendo de la aplicación.

Actuadores y control: Las garras y herramientas específicas suelen estar equipadas con actuadores que permiten abrir, cerrar, rotar o realizar movimientos específicos. El control de estas acciones se realiza a través de software y hardware especializados.

Sensores: Las garras y herramientas pueden estar equipadas con sensores táctiles, de fuerza o de visión para proporcionar retroalimentación sobre la interacción con los objetos y ajustar la fuerza y la presión según sea necesario.

Cambio de herramientas: En algunos sistemas robóticos, se utiliza un sistema de cambio de herramientas que permite al robot intercambiar diferentes herramientas o garras según las necesidades de la tarea. Esto es común en aplicaciones industriales que requieren una amplia variedad de tareas de manipulación.

Personalización: Las garras y herramientas específicas pueden ser personalizadas según las necesidades de la aplicación. Esto puede incluir la adaptación del diseño, la forma y el material de los componentes.

Automatización: La automatización de las garras y herramientas permite a los robots realizar tareas de manera autónoma y repetible, lo que es esencial en aplicaciones de manufactura y ensamblaje.

Estos componentes son fundamentales en la robótica industrial y en muchas otras aplicaciones, incluyendo la robótica de atención médica, la logística, la agricultura, la construcción y la exploración. La elección de la garra o herramienta específica depende de la aplicación y los objetos que el robot debe manipular o interactuar. La capacidad de personalizar y automatizar estas herramientas permite a los robots desempeñar un papel importante en una variedad de industrias y aplicaciones.

El diseño de un robot depende en gran medida de su aplicación específica. Al modelar un robot, es esencial considerar su forma, tamaño, capacidad de carga, autonomía, sensores y actuadores adecuados para la tarea que debe realizar. También es importante considerar aspectos de seguridad y eficiencia energética en el diseño y modelado de robots.

6.Cinemática de robots: coordenadas, transformaciones, movimientos y trayectorias.

La cinemática de robots se refiere al estudio de cómo los robots se mueven y cómo se relacionan las diferentes partes de un robot en términos de sus coordenadas, transformaciones, movimientos y trayectorias. Aquí hay una descripción general de estos conceptos:

Coordenadas: En la cinemática de robots, las coordenadas son utilizadas para representar la posición y orientación de las diferentes partes de un robot en un sistema de referencia. Hay varios sistemas de coordenadas utilizados comúnmente, como el sistema de coordenadas cartesianas (X, Y, Z) o sistemas de coordenadas articulares que describen los ángulos de las articulaciones de un robot.

En la cinemática de robots, las coordenadas se utilizan para representar la posición y orientación de las diferentes partes de un robot en un sistema de referencia. Las coordenadas son fundamentales para describir la ubicación de las diversas partes del robot en el espacio tridimensional, lo que permite planificar y controlar los movimientos del robot de manera precisa.

Existen varios sistemas de coordenadas que se utilizan comúnmente en la cinemática de robots:

Sistema de coordenadas cartesiano: Este sistema utiliza coordenadas cartesianas (X, Y, Z) para describir la posición de un punto en el espacio tridimensional. En el contexto de un robot, este sistema de coordenadas puede ser utilizado para especificar la posición y orientación de la base del robot o el extremo de una herramienta.

Sistema de coordenadas articulares: En lugar de utilizar coordenadas espaciales, este sistema utiliza ángulos para describir la orientación de las articulaciones de un robot. Cada articulación tiene su propio sistema de coordenadas, y la combinación de estos ángulos define la configuración del robot en un espacio de articulaciones.

Sistema de coordenadas de herramienta: Este sistema se utiliza para describir la posición y orientación de la herramienta o extremo efectivo de un robot. Puede estar relacionado con la base del robot o con una articulación específica, dependiendo de cómo se haya definido.

Sistema de coordenadas de trabajo: Es un sistema de coordenadas adicional que se utiliza para describir la posición y orientación de objetos o puntos de interés en el entorno del robot. Este sistema es importante en tareas de percepción y planificación de trayectorias.

La elección del sistema de coordenadas adecuado depende de la aplicación específica y de cómo se requiera describir la posición y orientación de las partes del robot y de los objetos con los que interactúa. Además, las transformaciones entre diferentes sistemas de coordenadas son esenciales para realizar cálculos precisos en la cinemática de robots, lo que facilita el control y la programación de los movimientos del robot.

Transformaciones: Las transformaciones son utilizadas para cambiar entre diferentes sistemas de coordenadas. En el contexto de la cinemática de robots, las transformaciones se utilizan para relacionar las coordenadas de una parte del robot con respecto a otro sistema de coordenadas. Esto es esencial para calcular cómo se mueven las partes del robot en relación con otras partes.

En la cinemática de robots, las transformaciones se utilizan para cambiar entre diferentes sistemas de coordenadas y relacionar las coordenadas de una parte del robot con respecto a otro sistema de coordenadas. Esto es fundamental para describir y comprender cómo se mueven las distintas partes de un robot en el espacio tridimensional, especialmente cuando se trata de movimientos y posiciones relativas.

Las transformaciones permiten realizar cálculos precisos para determinar la posición y orientación de una parte del robot en relación con un sistema de referencia, que podría ser la base del robot o cualquier otro punto de interés. Esto es crucial tanto en la cinemática directa como en la cinemática inversa:

Cinemática Directa: Cuando se resuelve la cinemática directa, se utilizan transformaciones para determinar la posición y orientación del extremo del robot (por ejemplo, una herramienta) a partir de las coordenadas y ángulos de las articulaciones del robot. Esto implica transformar las coordenadas de las articulaciones al sistema de coordenadas del extremo del robot.

La cinemática directa se utiliza para determinar la posición y orientación del extremo del robot (como una herramienta o una pinza) a partir de las coordenadas y ángulos de las articulaciones del robot. En otras palabras, responde a la pregunta de "dadas las configuraciones de las articulaciones del robot, ¿dónde está ubicado y orientado su extremo o herramienta en el espacio?" Esto implica el uso de transformaciones para relacionar las coordenadas articulares con las coordenadas del extremo del robot.

El proceso de resolver la cinemática directa generalmente implica los siguientes pasos:

Obtención de las configuraciones articulares: Se adquieren las coordenadas y ángulos de todas las articulaciones del robot. Estos valores pueden provenir de sensores, controladores o programación.

Cálculo de las matrices de transformación homogénea: Para cada articulación, se calcula la matriz de transformación homogénea que describe la relación entre las coordenadas de la articulación y el sistema de coordenadas del extremo del robot. Estas matrices pueden representar tanto la rotación como la traslación en el espacio.

Composición de las transformaciones: Las matrices de transformación homogénea se componen secuencialmente desde la base hasta el extremo del robot, tomando en cuenta las configuraciones articulares y las relaciones geométricas entre las articulaciones.

Determinación de la posición y orientación del extremo del robot: Una vez que se ha calculado la composición de todas las transformaciones, se obtiene la matriz de transformación homogénea final que describe la posición y orientación del extremo del robot. A partir de esta matriz, se pueden extraer las coordenadas espaciales X, Y, Z y la orientación (a menudo expresada en forma de ángulos de Euler o cuaterniones) del extremo del robot.

Este proceso es esencial en la programación y control de robots, ya que permite a los ingenieros y programadores determinar con precisión dónde se encuentra y cómo está orientado el extremo del robot en función de las configuraciones de las articulaciones. Esto es fundamental para llevar a cabo tareas específicas y garantizar que el robot realice movimientos controlados y precisos.

Cinemática Inversa: En la cinemática inversa, las transformaciones se utilizan para calcular las configuraciones de las articulaciones requeridas para llevar el extremo del robot a una posición y orientación deseada. Aquí, se realizan transformaciones inversas para relacionar las coordenadas del extremo del robot con las coordenadas de las articulaciones.

en la cinemática inversa de robots, las transformaciones se utilizan para calcular las configuraciones de las articulaciones requeridas para llevar el extremo del robot a una posición y orientación deseada en el espacio. En lugar de determinar la posición y orientación del extremo a partir de las articulaciones (como en la cinemática directa), la cinemática inversa responde a la pregunta de "dada una posición y orientación deseada para el extremo del robot, ¿cuáles deben ser las configuraciones de las articulaciones para alcanzar esa posición y orientación?".

El proceso para resolver la cinemática inversa generalmente implica los siguientes pasos:

Especificación de la posición y orientación deseada: Se define la posición y orientación en el espacio a la que se desea que el extremo del robot llegue. Esto puede representarse en forma de una matriz de transformación homogénea, coordenadas cartesianas (X, Y, Z) y orientación (ángulos de Euler, cuaterniones, etc.).

Cálculo de las soluciones inversas: Se utilizan las transformaciones inversas para calcular las configuraciones posibles de las articulaciones que llevarán al extremo del robot a la posición y orientación deseadas. En muchos casos, puede haber múltiples soluciones o ninguna, dependiendo de la geometría del robot y las restricciones en las articulaciones.

Selección de la solución adecuada: Si hay varias soluciones posibles, se selecciona la solución más adecuada según criterios específicos, como evitar colisiones o minimizar el esfuerzo de las articulaciones.

Control de las articulaciones: Se ajustan las articulaciones del robot para alcanzar gradualmente la posición y orientación deseada. Esto generalmente implica el uso de algoritmos de control para garantizar movimientos suaves y precisos.

La cinemática inversa es esencial para tareas como la programación de robots para que realicen tareas específicas, como ensamblaje, soldadura, cirugía robótica y más. Al resolver la cinemática inversa, se garantiza que el robot pueda realizar movimientos precisos y se evita la necesidad de especificar manualmente las configuraciones de las articulaciones.

Las transformaciones pueden expresarse en forma de matrices de transformación homogénea, matrices de rotación, vectores de traslación u otros métodos, según la aplicación y el contexto específico. Además, estas transformaciones son esenciales en la planificación de trayectorias y el control de robots, ya que permiten coordinar y ejecutar movimientos precisos en el espacio tridimensional.

Movimientos: Los movimientos en la cinemática de robots se refieren a cómo las partes de un robot se desplazan y rotan en el espacio. Esto implica el estudio de los ángulos y velocidades de las articulaciones, así como los desplazamientos lineales y rotaciones de los extremos de las herramientas del robot.

en la cinemática de robots, los movimientos se refieren a cómo las partes de un robot se desplazan y rotan en el espacio. Los movimientos son esenciales para entender cómo un robot se mueve y ejecuta tareas. Hay varios aspectos clave relacionados con los movimientos en la cinemática de robots:

Desplazamiento lineal: Este tipo de movimiento implica el cambio en la posición de una parte del robot en una dirección lineal. Puede ser un movimiento de traslación en una dirección específica, como mover una pinza hacia adelante o hacia atrás.

Rotación: La rotación implica el giro de una parte del robot en torno a un eje específico. Puede ser un giro alrededor del eje Z, X o Y, y se utiliza para cambiar la orientación de la parte del robot.

Movimiento compuesto: En muchos casos, los movimientos implican una combinación de desplazamiento lineal y rotación. Por ejemplo, un brazo robótico puede realizar un movimiento de traslación para acercarse a un objeto y luego una rotación para alinear una herramienta con el objeto.

Movimiento continuo y discreto: Los movimientos pueden ser continuos, como un brazo robótico que sigue una trayectoria suave, o discretos, como un robot industrial que realiza movimientos paso a paso.

Movimientos controlados: Los movimientos de un robot son controlados mediante algoritmos y software para garantizar precisión y seguridad. Esto implica el uso de sensores y retroalimentación para ajustar los movimientos en tiempo real.

Planificación de trayectorias: Para realizar tareas específicas, como soldadura o ensamblaje, es necesario planificar trayectorias que describan cómo el robot se moverá para completar la tarea. La planificación de trayectorias implica determinar la secuencia de movimientos que el robot debe realizar.

Interpolación de movimientos: La interpolación de movimientos se utiliza para generar movimientos suaves entre puntos de inicio y destino. Puede incluir interpolación lineal o interpolación de curvas, como la interpolación de splines.

Control cinemático: El control cinemático se refiere a la regulación de los movimientos de un robot para asegurar que siga una trayectoria deseada con precisión. Esto implica el ajuste continuo de las articulaciones y la monitorización de sensores.

En conjunto, los movimientos en la cinemática de robots son fundamentales para lograr que un robot realice tareas específicas de manera eficiente y precisa. Los ingenieros y programadores de robots deben comprender y controlar estos movimientos para asegurar el funcionamiento óptimo del robot en una variedad de aplicaciones, desde la fabricación industrial hasta la exploración espacial.

Trayectorias: Las trayectorias se refieren a los caminos seguidos por las partes de un robot a medida que se mueven de un punto a otro en el espacio. Pueden ser trayectorias planificadas de antemano o trayectorias generadas en tiempo real para cumplir con una tarea específica.

En la cinemática de robots, las trayectorias se refieren a los caminos seguidos por las partes de un robot a medida que se mueven de un punto a otro en el espacio. Estas trayectorias son fundamentales para la planificación y control de movimientos de robots, ya que describen la secuencia de posiciones que el robot debe seguir para completar una tarea específica. Aquí hay algunas consideraciones importantes relacionadas con las trayectorias en la robótica:

Planificación de Trayectorias: La planificación de trayectorias implica la generación de una secuencia de posiciones intermedias que el robot debe alcanzar para ir desde su posición inicial a una posición final deseada. Esto es crucial para evitar obstáculos, minimizar movimientos innecesarios y garantizar que el robot alcance su objetivo de manera eficiente.

Interpolación de Trayectorias: La interpolación se utiliza para suavizar la transición entre las posiciones intermedias en una trayectoria. Puede incluir interpolación lineal, interpolación de curvas (como splines), o métodos más avanzados para garantizar movimientos suaves y precisos del robot.

Trayectorias Cartesianas y Articulares: Las trayectorias pueden definirse en coordenadas cartesianas (X, Y, Z) para especificar la posición y orientación en el espacio o en coordenadas articulares para definir la secuencia de movimientos de las articulaciones del robot.

Control de Trayectorias: Una vez que se ha planificado una trayectoria, se requiere un control adecuado para asegurar que el robot siga la trayectoria de manera precisa. Los controladores pueden ajustar continuamente las articulaciones del robot para que sigan la trayectoria planificada.

Trayectorias en Tiempo Real: En aplicaciones en tiempo real, como la robótica industrial o la cirugía robótica, las trayectorias deben ser generadas y seguidas en tiempo real para adaptarse a las condiciones cambiantes y los imprevistos.

Optimización de Trayectorias: En algunos casos, se utiliza optimización para encontrar la trayectoria más eficiente o para cumplir con restricciones específicas, como minimizar el consumo de energía o maximizar la velocidad.

Las trayectorias son fundamentales en una amplia gama de aplicaciones de robótica, desde la fabricación y ensamblaje industrial hasta la navegación autónoma de robots móviles y la cirugía asistida por robots. La planificación y el control de trayectorias son habilidades clave para los ingenieros y programadores de robots, ya que permiten que los robots realicen tareas de manera segura y precisa.

Estos conceptos son fundamentales en la robótica y son esenciales para la programación y control de robots, ya que permiten a los ingenieros y programadores diseñar movimientos precisos y controlar robots de manera efectiva para una variedad de aplicaciones, desde la fabricación industrial hasta la cirugía robótica.

7. Dinámica de robots: fuerzas, torques, energía y control.

La dinámica de robots es una rama de la robótica que se enfoca en el estudio de las fuerzas, los torques, la energía y el control de los robots en movimiento. Esta área es esencial para comprender cómo los robots interactúan con su entorno y cómo pueden realizar tareas de manera eficiente y precisa. Aquí hay una descripción general de algunos conceptos clave en la dinámica de robots:

Fuerzas y Torques: En la dinámica de robots, se analizan las fuerzas y los torques que actúan sobre las diferentes partes de un robot. Esto incluye fuerzas externas, como la gravedad y las fuerzas aplicadas por el entorno o las herramientas, así como las fuerzas internas generadas por las articulaciones y los actuadores. Comprender estas fuerzas es fundamental para predecir el comportamiento y la estabilidad del robot.

En la dinámica de robots, se realizan análisis detallados de las fuerzas y los torques que actúan sobre las diferentes partes de un robot. Estos análisis son esenciales para comprender cómo un robot interactúa con su entorno y cómo se mueve de manera controlada. Aquí hay más información sobre este tema:

Fuerzas: Las fuerzas son influencias físicas que pueden empujar o tirar de una parte del robot en una dirección específica. Estas fuerzas pueden ser generadas tanto internamente (por las articulaciones y los actuadores del robot) como externamente (por ejemplo, debido a la gravedad o el contacto con objetos en el entorno).

Torques: Los torques son momentos de fuerza que tienden a hacer girar una parte del robot alrededor de un punto o un eje. Al igual que las fuerzas, los torques pueden ser generados internamente o externamente y son fundamentales para controlar el movimiento y la orientación del robot.

Análisis de Fuerzas y Momentos: En la dinámica de robots, se aplican leyes de la física para analizar cómo las fuerzas y los momentos afectan el movimiento y el equilibrio del robot. Esto incluye el uso de ecuaciones de movimiento para predecir la respuesta de un robot a las fuerzas externas.

Dinámica Inversa: La dinámica inversa implica determinar las fuerzas y los torques que deben aplicarse en las articulaciones de un robot para lograr un movimiento o una tarea específica. Esta información es importante en aplicaciones de control de robots y planificación de movimientos.

Dinámica Directa: La dinámica directa implica predecir el movimiento y las fuerzas resultantes en el extremo del robot en función de las fuerzas y los torques aplicados en sus articulaciones. Esto es útil para simular el comportamiento de un robot bajo diversas condiciones.

Dinámica de Colisiones y Seguridad: La dinámica de robots también se utiliza para analizar las fuerzas que actúan durante colisiones y choques. Este conocimiento es esencial para diseñar sistemas de seguridad y evitar daños al robot y su entorno.

Optimización de Fuerzas y Torques: En algunas aplicaciones, es importante optimizar la distribución de fuerzas y torques para minimizar el esfuerzo en las articulaciones y maximizar la eficiencia en la realización de tareas.

El análisis de fuerzas y torques es fundamental para el diseño y el control de robots en una variedad de aplicaciones, desde la manipulación de objetos en la fabricación hasta la navegación de robots móviles y la cirugía asistida por robots. La comprensión de estas fuerzas es esencial para garantizar un funcionamiento seguro y eficiente de los sistemas robóticos.

Ecuaciones de Movimiento: Las ecuaciones de movimiento describen cómo las fuerzas y los torques afectan el movimiento de un robot. Estas ecuaciones pueden ser altamente complejas y se utilizan para modelar y simular el comportamiento del robot bajo diversas condiciones.

Las ecuaciones de movimiento en la dinámica de robots describen cómo las fuerzas y los torques afectan el movimiento de un robot. Estas ecuaciones son fundamentales para comprender y predecir el comportamiento de un robot en respuesta a las fuerzas externas e internas que actúan sobre él.

Equilibrio Dinámico: Las ecuaciones de movimiento se basan en los principios del equilibrio dinámico. Estos principios establecen que la suma de las fuerzas y los torques que actúan sobre un sistema físico debe ser igual a la tasa de cambio de momento lineal y angular del sistema. En otras palabras, describen cómo las fuerzas y los torques afectan el movimiento y la rotación de un robot.

Leyes de Newton: Las ecuaciones de movimiento se derivan de las leyes del movimiento de Newton. La segunda ley de Newton establece que la fuerza aplicada a un objeto es igual a la tasa de cambio de momento ($F = ma$), y esta ley se aplica a cada parte de un robot.

Cinemática y Cinética: Las ecuaciones de movimiento tienen en cuenta tanto la cinemática (el estudio del movimiento sin considerar las fuerzas) como la cinética (el estudio del movimiento en relación con las fuerzas) del robot. Esto significa que las ecuaciones relacionan la posición, la velocidad, la aceleración, las fuerzas y los torques.

Ecuaciones Diferenciales: En muchas ocasiones, las ecuaciones de movimiento se expresan como ecuaciones diferenciales, lo que permite predecir cómo cambia la posición y la velocidad del robot con el tiempo en función de las fuerzas y torques aplicados.

Modelos de Robot: Las ecuaciones de movimiento son específicas para cada robot y dependen de su estructura mecánica y dinámica. Por lo tanto, se deben desarrollar modelos de robot precisos para aplicar estas ecuaciones a un robot en particular.

Simulación y Control: Las ecuaciones de movimiento son fundamentales para la simulación y el control de robots. Los modelos dinámicos se utilizan para simular el comportamiento del robot en diversas condiciones y para diseñar controladores que regulen su movimiento.

Planificación de Movimiento: En aplicaciones de planificación de movimiento, las ecuaciones de movimiento se utilizan para calcular las trayectorias que permiten al robot alcanzar posiciones y velocidades específicas mientras se minimizan las fuerzas y torques aplicados.

Las ecuaciones de movimiento son una herramienta poderosa para la comprensión y el control de robots en una variedad de aplicaciones. Al aplicar estas ecuaciones, los ingenieros y programadores pueden garantizar que los robots se muevan de manera eficiente, segura y precisa en su entorno.

Cinemática Dinámica: La cinemática dinámica se enfoca en relacionar las configuraciones de las articulaciones de un robot con su movimiento y fuerzas resultantes. Permite comprender cómo las articulaciones y los enlaces del robot interactúan para lograr un movimiento deseado.

La cinemática dinámica es una parte esencial de la dinámica de robots que se enfoca en relacionar las configuraciones de las articulaciones de un robot con su movimiento y las fuerzas resultantes que actúan en el robot. Esta área es fundamental para comprender cómo las articulaciones de un robot afectan su comportamiento dinámico, incluyendo la velocidad, aceleración y las fuerzas involucradas. Aquí hay una descripción más detallada de la cinemática dinámica:

Configuraciones de las Articulaciones: La cinemática dinámica comienza con la descripción de las configuraciones de las articulaciones de un robot. Esto implica conocer los ángulos, posiciones y velocidades de las articulaciones en un momento dado.

Cinemática Directa: A partir de las configuraciones de las articulaciones, la cinemática dinámica permite calcular la cinemática directa, que se refiere a la relación entre las configuraciones de las articulaciones y la posición y orientación resultante de las partes del robot, como el extremo efectivo o una herramienta.

Velocidades y Aceleraciones: La cinemática dinámica también se ocupa de calcular las velocidades y aceleraciones de las partes del robot en función de las velocidades y aceleraciones de las articulaciones. Esto es fundamental para comprender cómo el robot se mueve y cómo varían sus velocidades y aceleraciones en respuesta a cambios en las articulaciones.

Inversa Dinámica: La inversa dinámica es una parte importante de la cinemática dinámica que consiste en calcular las fuerzas y los torques necesarios en las articulaciones para producir un movimiento y una aceleración específicos en el robot. Esto es útil para diseñar sistemas de control que generen las fuerzas requeridas.

Modelos Dinámicos: Para llevar a cabo cálculos en cinemática dinámica, se utilizan modelos dinámicos que describen la relación entre las fuerzas aplicadas y las aceleraciones resultantes en el robot. Estos modelos se basan en principios físicos y se ajustan a la configuración y las propiedades mecánicas del robot.

Planificación de Movimiento: La cinemática dinámica se emplea en la planificación de movimientos, lo que permite determinar cómo el robot debe moverse y cómo deben cambiar sus configuraciones de articulaciones para realizar tareas específicas, minimizando las fuerzas y los torques aplicados.

Control de Robótica: Los controladores de robots a menudo utilizan información generada a través de la cinemática dinámica para regular el movimiento del robot y mantenerlo en un estado controlado.

En resumen, la cinemática dinámica es una herramienta importante en la robótica que relaciona las configuraciones de las articulaciones de un robot con su movimiento, velocidades, aceleraciones y las fuerzas involucradas. Esto es crucial para planificar y controlar el comportamiento de los robots en diversas aplicaciones, incluyendo la robótica industrial, la robótica móvil, la cirugía robótica y muchas otras.

Energía y Potencia: En la dinámica de robots, se calcula la energía y la potencia necesarias para realizar tareas específicas. Esto es importante para dimensionar los actuadores, calcular el consumo de energía y garantizar un funcionamiento eficiente.

En la dinámica de robots, se calcula la energía y la potencia necesarias para realizar tareas específicas. Estos cálculos son esenciales para dimensionar los actuadores, entender el consumo de energía y garantizar un funcionamiento eficiente de los robots. Aquí hay más información sobre el papel de la energía y la potencia en la dinámica de robots:

Energía en Robótica: La energía se refiere a la capacidad de realizar trabajo y es fundamental en la robótica, ya que los robots necesitan energía para funcionar. Los robots pueden consumir energía de fuentes eléctricas, neumáticas, hidráulicas u otras, dependiendo de su diseño y aplicación.

Potencia en Robótica: La potencia es la velocidad a la que se realiza el trabajo, y se expresa en unidades como vatios (W). En el contexto de la robótica, la potencia se utiliza para cuantificar cuán rápido se realiza el trabajo o cuán rápido se consumen recursos energéticos.

Dimensionamiento de Actuadores: Los cálculos de energía y potencia son esenciales para dimensionar los actuadores (como motores eléctricos o sistemas hidráulicos) de un robot. Esto implica asegurarse de que los actuadores tengan la potencia adecuada para realizar las tareas necesarias.

Eficiencia Energética: La eficiencia energética es un factor crítico en el diseño y funcionamiento de robots, especialmente en aplicaciones donde se requiere un consumo de energía eficiente, como robots móviles autónomos y robots alimentados por batería.

Optimización de Movimiento: El cálculo de la energía y la potencia se utiliza en la optimización de movimiento, donde se busca minimizar el consumo de energía mientras se logra un movimiento deseado. Esto es particularmente importante en aplicaciones donde la duración de la batería es un factor crítico.

Control de Potencia: En sistemas robóticos, se implementan controladores para ajustar la potencia suministrada a los actuadores en tiempo real, lo que permite un funcionamiento eficiente y la adaptación a diferentes tareas y condiciones.

Análisis de Carga Mecánica: Los cálculos de energía y potencia también se utilizan para analizar la carga mecánica en las articulaciones y los componentes del robot, lo que contribuye a la durabilidad y a la prevención del desgaste prematuro.

Consumo de Energía a Largo Plazo: En aplicaciones en las que los robots funcionan de manera continua durante largos períodos, como en la robótica industrial, el análisis del consumo de energía a largo plazo es esencial para evaluar los costos operativos y la sostenibilidad.

La consideración de la energía y la potencia en la dinámica de robots es crucial para diseñar, operar y controlar robots de manera eficiente y efectiva en una variedad de aplicaciones. Esto es especialmente importante en la era de la robótica sostenible y la eficiencia energética.

Control Dinámico: El control dinámico implica ajustar las fuerzas y los torques en tiempo real para lograr un movimiento preciso y controlado. Esto puede incluir técnicas de control de retroalimentación, como el control proporcional-integral-derivativo (PID), para mantener el robot en una trayectoria deseada.

El control dinámico en robótica implica el ajuste en tiempo real de las fuerzas y los torques aplicados a un robot para lograr un movimiento preciso y controlado. Esta técnica es fundamental para garantizar que un robot pueda llevar a cabo tareas específicas de manera eficiente y segura. Aquí hay más información sobre el control dinámico en robótica:

Regulación de Movimiento: El control dinámico se utiliza para regular el movimiento de un robot de acuerdo con una trayectoria deseada. Permite que el robot siga una secuencia de posiciones y orientaciones de manera precisa y suave.

Retroalimentación en Tiempo Real: El control dinámico se basa en retroalimentación en tiempo real. Esto implica el uso de sensores que proporcionan información sobre la posición, velocidad, fuerzas y otros parámetros del robot. La información de los sensores se utiliza para ajustar las fuerzas y los torques aplicados.

Control de Articulaciones: En robots manipuladores, el control dinámico se aplica a las articulaciones para garantizar que sigan una trayectoria deseada. Los controladores PID (Proporcional-Integral-Derivativo) y otros algoritmos de control se utilizan para este propósito.

Control de Movimiento de Extremo: En robots móviles y robots con extremos efectores, el control dinámico se aplica para regular el movimiento del extremo. Esto es esencial para tareas como la navegación autónoma y el control de herramientas en aplicaciones de cirugía robótica.

Prevención de Colisiones: El control dinámico también se puede utilizar para evitar colisiones. Los sensores de proximidad y los sistemas de visión se combinan con algoritmos de control para modificar la trayectoria del robot y evitar obstáculos.

Optimización de Control: En algunas aplicaciones, se busca optimizar el control dinámico para minimizar el consumo de energía, reducir el tiempo de ciclo o lograr otros objetivos específicos.

Control de Fuerza: El control dinámico no solo regula el movimiento, sino también la aplicación de fuerza. Esto es crítico en aplicaciones donde el robot debe realizar tareas de contacto, como el ensamblaje o la manipulación de objetos frágiles.

Aplicaciones Clave: El control dinámico se utiliza en una variedad de aplicaciones, incluyendo robótica industrial, cirugía robótica, robótica móvil, aeroespacial y muchas otras.

El control dinámico es una disciplina fundamental en la robótica, ya que permite a los robots funcionar de manera precisa y segura en entornos complejos y cambiantes. Los controladores de robots utilizan información en tiempo real y algoritmos de control para lograr tareas específicas y adaptarse a las condiciones cambiantes, lo que es esencial en una amplia gama de aplicaciones robóticas.

Estabilidad y Seguridad: La dinámica de robots también se utiliza para evaluar la estabilidad y seguridad de un robot mientras realiza una tarea. Esto es especialmente importante en aplicaciones como la cirugía robótica, donde se requiere un control preciso y una alta confiabilidad.

La evaluación de la estabilidad y la seguridad es una parte crítica de la dinámica de robots. Cuando un robot realiza una tarea, es fundamental garantizar que su comportamiento sea estable y seguro, especialmente en aplicaciones donde los robots interactúan con humanos o entornos delicados. Aquí se describen los aspectos clave relacionados con la estabilidad y la seguridad en la dinámica de robots:

Estabilidad en el Equilibrio: La estabilidad se refiere a la capacidad de un robot para mantenerse en equilibrio mientras realiza una tarea. Esto implica que el centro de masa del robot debe estar dentro de su base de apoyo en todo momento. Se utilizan cálculos y análisis de la dinámica para evaluar la estabilidad en diferentes configuraciones.

Evaluación de Puntos de Equilibrio: Se realizan análisis para identificar los puntos de equilibrio en los cuales el robot puede mantenerse estable. Estos puntos pueden cambiar a medida que el robot se mueve y cambia de configuración, por lo que es esencial evaluarlos continuamente.

Análisis de Colisiones: La dinámica de robots se utiliza para evaluar las fuerzas y los torques generados durante colisiones. Esto es crítico para diseñar sistemas de seguridad que minimicen el riesgo de daños al robot, a objetos o, en el caso de robots colaborativos, a los humanos.

Control de Estabilidad en Tiempo Real: En aplicaciones donde la estabilidad es crucial, como la cirugía robótica, los controladores en tiempo real ajustan las fuerzas y los torques para mantener la estabilidad del robot mientras realiza tareas de alta precisión.

Dinámica en Movimiento: La estabilidad y la seguridad también se deben evaluar cuando el robot se mueve. Esto implica considerar cómo cambian las fuerzas, los torques y los momentos a medida que el robot acelera, desacelera o cambia de dirección.

Detección y Prevención de Caídas: En robots móviles y humanoides, se implementan sistemas de detección y prevención de caídas para evitar que el robot se desequilibre y caiga. Estos sistemas utilizan sensores para detectar situaciones de riesgo y tomar medidas correctivas.

Límites de Trabajo Seguro: En entornos colaborativos, se establecen límites de trabajo seguro para limitar las fuerzas y los torques que el robot puede aplicar. Esto se hace para garantizar la seguridad de los humanos que trabajan cerca del robot.

Evaluación de Riesgos: La evaluación de riesgos es un proceso clave en la robótica para identificar y mitigar posibles peligros. La dinámica de robots se utiliza para cuantificar los riesgos asociados con las tareas que el robot realiza.

La evaluación de la estabilidad y la seguridad es esencial en la dinámica de robots, ya que garantiza que los robots puedan funcionar de manera confiable y segura en diversas aplicaciones. Esto es especialmente importante en entornos donde los robots interactúan con humanos, como en la atención médica, la colaboración en la industria y muchas otras áreas.

Dinámica de Manipuladores: En aplicaciones de robótica industrial y ensamblaje, la dinámica de manipuladores se centra en el estudio de cómo los robots manipulan objetos y aplican fuerzas para llevar a cabo tareas como ensamblaje, soldadura o paletización.

La dinámica de manipuladores es una rama de la robótica que se centra en el estudio de cómo los robots manipulan objetos, especialmente en aplicaciones de robótica industrial y ensamblaje. Los manipuladores son robots diseñados para agarrar, transportar y ensamblar objetos en una variedad de entornos de fabricación. Aquí se describen aspectos clave de la dinámica de manipuladores:

Cinemática Directa e Inversa: La dinámica de manipuladores a menudo se basa en la cinemática directa e inversa para relacionar las posiciones y orientaciones del extremo del robot (generalmente una herramienta o pinza) con las configuraciones de sus articulaciones. Esto es esencial para planificar y controlar movimientos precisos.

Análisis de Fuerzas y Torques: La dinámica de manipuladores evalúa cómo se aplican las fuerzas y los torques en las articulaciones y el extremo del robot cuando se manipulan objetos. Esto incluye el análisis de cargas, momentos y tensiones en los componentes del robot.

Planificación de Movimiento: En aplicaciones de ensamblaje y manipulación, la dinámica de manipuladores se utiliza para planificar movimientos que permiten al robot recoger objetos, desplazarlos y colocarlos en ubicaciones específicas. La planificación de trayectorias y el control de movimientos son aspectos clave de esta disciplina.

Interacción con Objetos: La dinámica de manipuladores se centra en cómo los robots interactúan con objetos, incluyendo la forma en que aplican fuerza para agarrar, sujetar y ensamblar componentes. También se estudia cómo adaptar la fuerza para objetos de diferentes tamaños y propiedades.

Control de Fuerza: Los controladores de fuerza se utilizan para regular la cantidad de fuerza ejercida por el robot al interactuar con objetos. Esto es importante para evitar daños a los objetos y garantizar la precisión en la manipulación.

Detección de Objetos: Los sistemas de visión y sensores táctiles se utilizan para detectar objetos, lo que permite al robot identificar la posición y orientación de los objetos a medida que realiza tareas de manipulación.

Ensambles y Ensamblaje: En la dinámica de manipuladores, se abordan temas relacionados con el ensamblaje, donde el robot debe unir piezas de manera precisa y segura. Esto incluye el análisis de las fuerzas involucradas en la unión y la detección de fallas.

Eficiencia y Ciclos de Trabajo: La dinámica de manipuladores también considera la eficiencia en el manejo de objetos y la optimización de los ciclos de trabajo para maximizar la productividad en aplicaciones industriales.

La dinámica de manipuladores es esencial en la robótica industrial, donde se utilizan robots para tareas de montaje, paletización, manipulación de materiales y muchas otras aplicaciones. Comprender cómo se comportan los robots en la manipulación de objetos es crucial para lograr una producción eficiente y de alta calidad en entornos de fabricación.

Dinámica de Robots Móviles: En robots móviles, como vehículos autónomos, la dinámica se utiliza para comprender cómo se mueven y controlan, teniendo en cuenta factores como la fricción, la inercia y las limitaciones de movimiento.

la dinámica de robots móviles es fundamental para comprender cómo se mueven y se controlan estos robots, especialmente en el caso de vehículos autónomos. Aquí hay más información sobre la dinámica de robots móviles y su relación con la fricción, la inercia y las limitaciones de movimiento:

Fricción: La fricción es un factor crítico en la dinámica de robots móviles, ya que afecta la capacidad de un vehículo para moverse. Los modelos de fricción se utilizan para predecir cómo las ruedas o propulsores interactúan con la superficie y cómo se ven afectados los movimientos. La fricción es importante tanto en terrenos lisos como en terrenos irregulares.

Inercia: La inercia se refiere a la tendencia de un objeto a permanecer en su estado actual de movimiento o reposo. En la dinámica de robots móviles, se considera la inercia de las partes del robot y cómo afecta la aceleración y desaceleración del vehículo. El conocimiento de la inercia es esencial para lograr movimientos suaves y precisos.

Limitaciones de Movimiento: Los robots móviles a menudo tienen limitaciones en su movimiento, como las restricciones en las velocidades máximas, las aceleraciones, las capacidades de giro y otros factores que deben considerarse en la planificación y el control de movimientos.

Dinámica en Entornos Variables: Los robots móviles, especialmente los vehículos autónomos, deben lidiar con entornos variables y cambiantes. La dinámica aborda cómo el robot se adapta a cambios en las condiciones del entorno y cómo ajusta sus movimientos en consecuencia.

Control de Movimiento Autónomo: La dinámica de robots móviles es fundamental en el desarrollo de algoritmos y controladores que permiten a los vehículos autónomos tomar decisiones en tiempo real para evitar obstáculos, seguir trayectorias predefinidas y realizar tareas específicas de manera segura y eficiente.

Detección de Obstáculos: Los sensores, como láseres, cámaras y sistemas de navegación, se utilizan en la dinámica de robots móviles para detectar obstáculos y planificar movimientos que eviten colisiones.

Optimización de Rendimiento: La dinámica también se utiliza para optimizar el rendimiento de los vehículos autónomos, incluyendo la eficiencia energética, el tiempo de llegada a destinos y la reducción del desgaste de componentes.

Seguridad en la Conducción: La dinámica de robots móviles juega un papel fundamental en la seguridad de la conducción de vehículos autónomos, ya que ayuda a prever y evitar situaciones de riesgo en la carretera.

La dinámica de robots móviles es una disciplina crucial en la ingeniería de robótica y tiene aplicaciones en una amplia variedad de campos, incluyendo la robótica autónoma, la entrega de paquetes, la agricultura automatizada, la exploración espacial y terrestre, y muchos otros. Comprender la dinámica es esencial para diseñar sistemas móviles confiables y efectivos.

La dinámica de robots es una disciplina fundamental en la robótica, ya que proporciona los fundamentos para diseñar, controlar y operar robots de manera segura y efectiva en una variedad de aplicaciones. El conocimiento de la dinámica permite a los ingenieros y programadores de robots optimizar el rendimiento y la eficiencia de los sistemas robóticos.

8.Control de robots: sistemas, señales, realimentación y estabilidad.

El control de robots es un campo de estudio que se ocupa de diseñar sistemas y algoritmos que permiten a los robots realizar tareas específicas de manera autónoma o bajo la supervisión de un operador humano. Los aspectos clave en el control de robots incluyen sistemas, señales, realimentación y estabilidad.

Sistemas de Control de Robots: Los sistemas de control en robótica se refieren a la combinación de componentes electrónicos, software y mecánica que permiten a un robot interactuar con su entorno y llevar a cabo tareas específicas. Estos sistemas pueden variar desde robots simples con controladores básicos hasta sistemas altamente complejos que utilizan sensores avanzados, actuadores y software de alto nivel.

Los sistemas de control en robótica se refieren a la combinación de componentes electrónicos, mecánicos y software que permiten a un robot funcionar de manera autónoma o bajo la supervisión de un operador humano. Estos sistemas son esenciales para controlar el movimiento y el comportamiento de los robots, permitiéndoles llevar a cabo tareas específicas. A continuación, se describen los componentes clave de los sistemas de control de robots:

Componentes Electrónicos: Estos componentes incluyen microcontroladores,

microprocesadores, circuitos electrónicos, sensores y actuadores. Los microcontroladores y microprocesadores son el "cerebro" del robot y ejecutan el software de control. Los sensores recopilan información del entorno, como la posición, la velocidad, la temperatura o la detección de obstáculos, mientras que los actuadores son responsables de llevar a cabo las acciones físicas, como el movimiento de ruedas, brazos robóticos o la manipulación de herramientas.

Software de Control: El software de control de robots se encarga de procesar la información de los sensores, tomar decisiones y enviar comandos a los actuadores para controlar el comportamiento del robot. Puede variar desde controladores simples basados en reglas hasta sistemas de inteligencia artificial y aprendizaje automático que permiten a los robots adaptarse y aprender de su entorno.

Mecánica y Estructura: La mecánica del robot, incluyendo su estructura y diseño, es esencial para su funcionamiento. La mecánica define cómo el robot se mueve y cómo interactúa con su entorno. Esto puede incluir ruedas, patas, brazos articulados, garras u otras partes físicas del robot.

Interfaz de Usuario: En algunos casos, los sistemas de control de robots también incluyen una interfaz de usuario que permite a un operador humano interactuar con el robot, controlarlo y supervisar su desempeño. Esto es común en aplicaciones como la teleoperación de robots quirúrgicos o drones.

Redes y Comunicación: La comunicación es fundamental en la robótica, ya que permite la interacción entre el robot y otros sistemas, como computadoras, servidores, otros robots o incluso sistemas en la nube. Las redes y protocolos de comunicación son esenciales para la transferencia de datos y comandos.

En conjunto, los sistemas de control de robots permiten a las máquinas realizar una amplia gama de tareas, desde la automatización industrial y la exploración espacial hasta aplicaciones médicas y de servicio. La eficacia y la precisión de estos sistemas son cruciales para el funcionamiento seguro y eficiente de los robots en diversas aplicaciones.

Señales en Control de Robots: Las señales son la base de la información que fluye dentro de un sistema de control de robots. En este contexto, las señales pueden ser datos provenientes de sensores (como cámaras, sensores de proximidad, encoders, etc.) o comandos enviados a actuadores (como motores o brazos robóticos). El procesamiento de estas señales es esencial para que el robot comprenda su entorno y ejecute tareas.

En el control de robots, las señales son fundamentales para que el robot pueda interactuar con su entorno y realizar tareas específicas. Las señales pueden ser de dos tipos principales:

Señales de Entrada (Sensores): Estas señales son datos recopilados por sensores instalados en el robot. Los sensores pueden ser de varios tipos, como cámaras, sensores de proximidad, encoders, acelerómetros, giroscopios, termómetros, y otros dispositivos que capturan información sobre el entorno o el estado del robot. Por ejemplo, las cámaras pueden proporcionar imágenes o videos que permiten al robot "ver" su entorno, los sensores de proximidad pueden detectar obstáculos cercanos, y los encoders pueden medir la posición y velocidad de las articulaciones del robot.

Señales de Salida (Actuadores): Estas señales son comandos generados por el sistema de control del robot y enviados a los actuadores. Los actuadores son dispositivos que realizan acciones físicas en respuesta a las señales de salida. Ejemplos de actuadores incluyen motores que controlan el movimiento de ruedas o articulaciones, brazos robóticos que pueden manipular objetos, y otros dispositivos que realizan acciones específicas. Las señales de salida indican al robot cómo moverse o actuar en función de la información recopilada por los sensores.

La interacción entre las señales de entrada y las señales de salida es lo que permite al robot funcionar de manera autónoma o bajo control humano. El sistema de control del robot procesa las señales de entrada, toma decisiones basadas en esa información y luego genera señales de salida para lograr el comportamiento deseado.

Un aspecto crítico en el control de robots es la capacidad de procesar y analizar eficazmente las señales de entrada para tomar decisiones informadas. Esto a menudo implica algoritmos de procesamiento de imágenes, técnicas de procesamiento de señales, algoritmos de percepción, aprendizaje automático y otras técnicas para interpretar y utilizar los datos de los sensores.

Las señales desempeñan un papel central en el control de robots al permitir que estos interactúen con su entorno y ejecuten tareas específicas en función de la información recopilada por los sensores y las acciones determinadas por los actuadores.

Realimentación en Control de Robots: La realimentación es un concepto fundamental en el control de robots. Implica el uso de la información proveniente de los sensores del robot para ajustar y corregir su comportamiento en tiempo real. La realimentación permite al robot adaptarse a cambios en el entorno o a errores en su movimiento, lo que es crucial para garantizar un funcionamiento preciso y seguro.

La realimentación es un concepto crítico en el control de robots y en la automatización en general. En el contexto de los robots, la realimentación se refiere a la información proporcionada por los sensores del robot que se utiliza para ajustar y corregir su comportamiento en tiempo real. Este proceso de corrección se basa en comparar la información medida con el estado deseado o planificado y tomar medidas para garantizar que el robot se comporte de manera precisa y controlada. A continuación, se explican algunos aspectos clave de la realimentación en el control de robots:

Proceso de Realimentación: En el control de robots, el proceso de realimentación implica constantemente comparar los datos de los sensores (por ejemplo, la posición actual de una articulación o la detección de obstáculos) con la información deseada o planificada (por ejemplo, la posición objetivo o la trayectoria planificada). Esta comparación se realiza en el sistema de control, que calcula las diferencias o errores entre la información medida y la información deseada.

Corrección de Errores: Una vez que se identifican los errores mediante la realimentación, el sistema de control toma medidas para corregirlos. Esto puede implicar ajustar los comandos enviados a los actuadores, como motores, para que el robot se acerque a su objetivo. La realimentación continua permite al robot adaptarse a cambios en el entorno o errores en su movimiento.

Estabilidad: La realimentación es fundamental para la estabilidad de un sistema de control de robots. La corrección de errores a través de la realimentación evita que el robot se desvíe de su objetivo y ayuda a mantener su funcionamiento dentro de los límites deseados. La ausencia de realimentación podría dar lugar a comportamientos incontrolados o inseguros.

Precisión y Robustez: La realimentación mejora la precisión de las acciones del robot al permitir ajustes continuos en función de las condiciones cambiantes. También aumenta la robustez del robot, ya que puede adaptarse a perturbaciones no previstas, como obstáculos inesperados.

Diversidad de Sensores: Los sistemas de control de robots utilizan una variedad de sensores para recopilar información, desde sensores de posición y fuerza hasta sensores de visión y detección de contacto. La elección de los sensores y su integración en el sistema de control depende de la aplicación y los requisitos específicos del robot.

La realimentación en el control de robots es esencial para garantizar que los robots funcionen de manera precisa y controlada. La información de los sensores se utiliza para ajustar continuamente las acciones del robot, lo que permite adaptarse a las condiciones cambiantes y mantener un comportamiento deseado. La realimentación es un principio fundamental que contribuye a la seguridad y eficacia de los robots en diversas aplicaciones.

Estabilidad en Control de Robots: La estabilidad se refiere a la capacidad de un sistema de control de robots para mantener su rendimiento deseado a lo largo del tiempo, incluso en presencia de perturbaciones o variaciones en las condiciones del entorno. La estabilidad es esencial para evitar comportamientos inseguros o impredecibles en los robots, lo que podría ser peligroso en aplicaciones prácticas.

la estabilidad es un concepto crucial en el control de robots y se refiere a la capacidad de un sistema de control para mantener su rendimiento deseado a lo largo del tiempo, incluso cuando se enfrenta a perturbaciones o variaciones en las condiciones del entorno. La estabilidad es fundamental para garantizar el funcionamiento seguro y confiable de los robots. A continuación, se detallan algunos aspectos clave de la estabilidad en el control de robots:

Estabilidad en el Espacio de Estado: En el control de robots, se utiliza un enfoque de espacio de estado para describir el comportamiento del sistema. La estabilidad en el espacio de estado implica que, dado un estado inicial y un conjunto de condiciones iniciales, el sistema convergerá hacia un estado deseado a medida que evoluciona en el tiempo. Esto asegura que el robot alcance y mantenga su posición o comportamiento objetivo.

Estabilidad en Presencia de Perturbaciones: Los robots pueden estar sujetos a perturbaciones externas, como fuerzas inesperadas o cambios en la carga que transportan. Un sistema de control estable debe ser capaz de resistir estas perturbaciones y mantener su desempeño deseado. La realimentación y los algoritmos de control robustos son esenciales para lograr la estabilidad en estas condiciones.

Estabilidad en Control de Trayectoria: Cuando un robot sigue una trayectoria planificada, la estabilidad se refiere a su capacidad para mantenerse en esa trayectoria incluso en presencia de pequeñas desviaciones. Esto es importante en aplicaciones como la navegación autónoma de vehículos o la manipulación de objetos con brazos robóticos.

Estabilidad en Control de Posición: La estabilidad en el control de posición se relaciona con la capacidad de un robot para mantener una posición específica de manera precisa y sostenida. Esto es esencial en tareas de ensamblaje, soldadura, inspección y otras aplicaciones donde la precisión es crítica.

Análisis de Estabilidad: El análisis de estabilidad implica la evaluación de las propiedades matemáticas y dinámicas del sistema de control. Se utilizan herramientas matemáticas y técnicas de análisis para determinar si un sistema es estable y bajo qué condiciones.

La estabilidad es una preocupación importante en el diseño de sistemas de control de robots, ya que garantiza que los robots funcionen de manera predecible y segura, lo que es esencial en aplicaciones que van desde la automatización industrial y la robótica médica hasta la exploración espacial. Un controlador estable puede responder eficazmente a las perturbaciones y mantener un comportamiento deseado, lo que contribuye a la confiabilidad y la seguridad en la operación de los robots.

El control de robots implica la integración de sistemas de hardware y software, la utilización de señales para la toma de decisiones y la retroalimentación continua para garantizar que el robot funcione de manera estable y precisa en su entorno. Este campo es fundamental en aplicaciones como la automatización industrial, la robótica médica, la exploración espacial y muchas otras áreas donde se utilizan robots para tareas específicas.

9.Planificación de movimientos: algoritmos, obstáculos, colisiones y optimización.

La planificación de movimientos es una tarea importante en la robótica y la inteligencia artificial que implica encontrar una secuencia de movimientos para que un agente o robot alcance su objetivo mientras evita obstáculos y colisiones.

Algoritmos de planificación de movimientos:

Algoritmo de Dijkstra: Este algoritmo encuentra el camino más corto en un grafo ponderado. Puede usarse para la planificación de movimientos en entornos discretos, donde los nodos representan posiciones y las aristas representan conexiones entre ellas. El algoritmo de Dijkstra es un algoritmo de búsqueda en grafos utilizado para encontrar el camino más corto desde un nodo de inicio a todos los demás nodos en un grafo ponderado con pesos no negativos. Este algoritmo es ampliamente utilizado en aplicaciones de planificación de movimientos y en sistemas de navegación para encontrar la ruta más corta entre dos puntos en un entorno discreto.

Supongamos que tienes un grafo ponderado con nodos y aristas. Cada arista tiene un peso que representa la distancia, el costo o alguna otra métrica. El objetivo es encontrar el camino más corto desde un nodo de inicio dado a todos los demás nodos en el grafo.

El algoritmo de Dijkstra funciona de la siguiente manera:

Inicializa tres conjuntos de nodos:

Conjunto de nodos no visitados: contiene todos los nodos del grafo.

Conjunto de nodos visitados: inicialmente vacío.

Conjunto de distancias mínimas: inicializado con infinito para todos los nodos, excepto el nodo de inicio, que se inicializa en 0.

Mientras el conjunto de nodos no visitados no esté vacío: a. Encuentra el nodo no visitado con la distancia mínima actual en el conjunto de distancias mínimas. b. Marca este nodo como visitado y mueve lo del conjunto de nodos no visitados al conjunto de nodos visitados. c. Para cada vecino del nodo seleccionado que aún no haya sido visitado: i. Calcula la distancia tentativa desde el nodo de inicio a este vecino a través del nodo seleccionado. ii. Si la distancia tentativa es menor que la distancia mínima actual para el vecino, actualiza la distancia mínima.

Una vez que el conjunto de nodos visitados incluye todos los nodos o el nodo de destino deseado, el algoritmo se detiene, y tienes las distancias mínimas desde el nodo de inicio a todos los demás nodos.

Puedes reconstruir el camino más corto hacia cualquier nodo desde el nodo de inicio siguiendo las distancias mínimas y los nodos visitados.

Es importante destacar que el algoritmo de Dijkstra funciona correctamente solo cuando todos los pesos de las aristas son no negativos. Si hay aristas con pesos negativos, el algoritmo puede no producir el resultado correcto. En tales casos, se suele utilizar el algoritmo de Bellman-Ford, que es más adecuado para grafos con pesos negativos.

Algoritmo A*: Una mejora del algoritmo de Dijkstra que utiliza una heurística para priorizar la exploración de nodos que se espera que estén más cerca del objetivo. Es especialmente útil en entornos con un gran espacio de búsqueda.

RRT (Rapidly Exploring Random Trees): Este algoritmo crea un árbol aleatorio que crece hacia el objetivo, explorando rápidamente el espacio de búsqueda. Es útil para la planificación de movimientos en entornos continuos y con obstáculos. El algoritmo A* (pronunciado "A estrella") es una mejora del algoritmo de Dijkstra que se utiliza comúnmente en problemas de búsqueda de caminos, como la planificación de movimientos en entornos discretos y sistemas de navegación. La principal diferencia entre A* y Dijkstra es que A* utiliza una heurística para priorizar la exploración de nodos que se espera que estén más cerca del objetivo. Esta heurística permite que A* encuentre caminos más cortos de manera más eficiente.

El algoritmo A* funciona de la siguiente manera:

Inicializa un conjunto de nodos abiertos, que contendrá los nodos que deben ser evaluados, y un conjunto de nodos cerrados, que contiene los nodos que ya han sido evaluados.

Inicializa el nodo de inicio y lo agrega al conjunto de nodos abiertos. También se calcula el valor de la función de costo $f(n)$ para este nodo, que es la suma del costo real $g(n)$ desde el nodo de inicio hasta el nodo actual y una estimación heurística $h(n)$ del costo desde el nodo actual hasta el objetivo. Es decir, $f(n)=g(n)+h(n)$.

Mientras el conjunto de nodos abiertos no esté vacío, el algoritmo selecciona el nodo con el valor de $f(n)$ más bajo para su evaluación.

El nodo seleccionado se mueve del conjunto de nodos abiertos al conjunto de nodos cerrados.

Se evalúan los nodos vecinos del nodo seleccionado. Para cada vecino, se calcula su valor $f(n)$ y se compara con los nodos ya evaluados. Si el vecino aún no ha sido evaluado o si tiene un valor de $f(n)$ menor que el valor previamente calculado, se actualiza su valor y se agrega al conjunto de nodos abiertos.

El algoritmo continúa iterando hasta que se encuentra el nodo de destino deseado o hasta que se agoten todas las posibilidades.

Una vez que se alcanza el nodo de destino, el camino se reconstruye siguiendo los nodos desde el nodo de destino hasta el nodo de inicio a través de los padres de cada nodo, ya que el algoritmo ha mantenido un registro de cómo se llegó a cada nodo.

La heurística $h(n)$ es una parte fundamental de A*. Una heurística adecuada puede acelerar significativamente la búsqueda al guiar al algoritmo hacia las áreas más prometedoras del espacio de búsqueda. Sin embargo, es importante que la heurística sea admisible, es decir, que nunca sobreestime el costo real del camino hacia el objetivo. Si la heurística es admisible, A* garantiza encontrar la solución óptima, es decir, el camino más corto.

El algoritmo A* es una técnica de búsqueda eficiente que utiliza una heurística para priorizar la exploración de nodos que se espera que estén más cerca del objetivo, lo que lo convierte en una herramienta poderosa para resolver problemas de búsqueda de caminos en entornos discretos.

Manejo de obstáculos:

Mapas de ocupación: Se utilizan para representar información sobre la ocupación de celdas en un espacio. Pueden ser 2D o 3D y ayudan a identificar obstáculos en el entorno.

Los mapas de ocupación, también conocidos como "mapas de ocupación probabilística" o "mapas de ocupación binaria", son una herramienta fundamental en la robótica y la planificación de movimientos. Estos mapas se utilizan para representar información sobre la ocupación de celdas en un espacio tridimensional o bidimensional y son especialmente útiles para identificar obstáculos en el entorno. Aquí hay algunas características clave de los mapas de ocupación:

Representación Espacial: Los mapas de ocupación dividen el espacio en una cuadrícula 2D o 3D de celdas o voxels. Cada celda o voxel representa una parte del entorno y se asocia con un valor que indica la probabilidad de que esa región esté ocupada por un obstáculo. A menudo, se utiliza una escala de valores entre 0 y 1, donde 0 indica certeza de espacio libre y 1 indica certeza de ocupación.

Adquisición de Datos: La información sobre la ocupación de las celdas en el mapa se adquiere a través de sensores, como cámaras, lidar, sensores de proximidad u otros dispositivos de detección. Estos sensores escanean el entorno y generan información que se utiliza para actualizar el mapa de ocupación.

Detección de Obstáculos: Los mapas de ocupación permiten detectar y representar obstáculos en el entorno del robot. Esto es esencial para la planificación de movimientos, ya que el robot puede utilizar esta información para evitar colisiones y navegar de manera segura.

Actualización Dinámica: Los mapas de ocupación suelen actualizarse de manera dinámica a medida que el robot se mueve a través del entorno o recibe nueva información de sensores. Esto permite al robot adaptarse a cambios en el entorno, como la presencia de personas u obstáculos móviles.

Planificación de Rutas: Los mapas de ocupación se utilizan en combinación con algoritmos de planificación de rutas, como el algoritmo A*, para encontrar el camino más corto y seguro a través del entorno. Los mapas de ocupación ayudan a los robots a evitar obstáculos y tomar decisiones de movimiento informadas.

Aplicaciones: Los mapas de ocupación se utilizan en una amplia gama de aplicaciones, como robótica móvil, vehículos autónomos, sistemas de navegación, robótica médica, automatización industrial y exploración de entornos desconocidos.

Los mapas de ocupación desempeñan un papel crucial en la percepción y navegación de robots, permitiéndoles entender y moverse de manera segura en su entorno. La precisión y la actualización oportuna de estos mapas son esenciales para el funcionamiento eficiente y seguro de los sistemas robóticos en diversos escenarios.

Detección de obstáculos: Los sensores, como cámaras y lidar, se utilizan para detectar obstáculos en tiempo real. Estos datos se pueden utilizar para actualizar el La detección de obstáculos es un componente crítico en la navegación y el control de robots, vehículos autónomos y sistemas automatizados en general. Para llevar a cabo esta tarea, se utilizan sensores como cámaras y lidar (Light Detection and Ranging) para detectar obstáculos en tiempo real. Aquí tienes una explicación de cómo funcionan estos sensores en la detección de obstáculos:

Cámaras:

Principio de Funcionamiento: Las cámaras son dispositivos que capturan imágenes o secuencias de imágenes del entorno. Estas imágenes son representaciones visuales del mundo circundante.

Detección de Obstáculos: La detección de obstáculos con cámaras implica el análisis de las imágenes capturadas para identificar objetos, personas, vehículos u obstáculos en el campo de visión de la cámara. Esto se hace a través de técnicas de procesamiento de imágenes y visión por computadora, como la detección de contornos, detección de objetos, clasificación de objetos y más.

Aplicaciones: Las cámaras se utilizan en una variedad de aplicaciones, desde sistemas de asistencia al conductor en automóviles autónomos hasta robots móviles para la detección de obstáculos en entornos desconocidos.

Lidar:

Principio de Funcionamiento: El lidar utiliza láseres para emitir pulsos de luz en diferentes direcciones y mide el tiempo que tarda en regresar el reflejo de estos pulsos. Esto permite calcular la distancia y la posición de los objetos en el entorno.

Detección de Obstáculos: El lidar escanea su entorno generando un mapa tridimensional de las superficies y objetos detectados. Los objetos en el entorno se representan como puntos en el espacio 3D, y se pueden detectar obstáculos midiendo la distancia entre los puntos de referencia del lidar y evaluando si están lo suficientemente cerca como para ser considerados obstáculos.

Aplicaciones: El lidar es ampliamente utilizado en vehículos autónomos, robótica de exploración, cartografía de terrenos y más, debido a su capacidad para proporcionar datos precisos de detección de obstáculos en 3D.

Ambos tipos de sensores, cámaras y lidar, son importantes en la detección de obstáculos, y su uso puede ser complementario. Por ejemplo, las cámaras son excelentes para la detección de objetos visibles, como personas y señales de tráfico, mientras que el lidar es valioso para la detección de obstáculos físicos, como paredes, árboles y vehículos. La combinación de múltiples sensores y técnicas de fusión sensorial es común en aplicaciones de navegación autónoma y robótica para garantizar una detección confiable de obstáculos y una navegación segura.

Colisiones y detección de colisiones:

Modelos de colisión: Los robots suelen tener modelos geométricos y cinemáticos que describen su forma y capacidad de movimiento. Estos modelos se utilizan para predecir colisiones potenciales con obstáculos. Los modelos de colisión son herramientas esenciales en la planificación de movimientos y la navegación de robots. Estos modelos se utilizan para predecir y evitar colisiones potenciales con obstáculos en el entorno. Los robots suelen tener dos tipos de modelos de colisión: modelos geométricos y modelos cinemáticos.

Modelo Geométrico de Colisión:

Descripción: El modelo geométrico de colisión se enfoca en la representación de la forma física del robot y su entorno. Esto incluye información sobre la geometría del robot, como su contorno, dimensiones y formas, así como la geometría de los obstáculos en el entorno.

Uso: Este modelo se utiliza para determinar si existe una colisión puramente basada en la superposición de geometrías. Si las geometrías del robot y del obstáculo se superponen, se considera que hay una colisión. Los sistemas de detección de colisiones utilizan esta información para tomar decisiones de seguridad y evitar colisiones físicas.

Modelo Cinemático de Colisión:

Descripción: El modelo cinemático de colisión se centra en la capacidad de movimiento del robot. Describe las restricciones cinemáticas del robot, como las velocidades máximas de las articulaciones, las limitaciones de aceleración y las restricciones de movimiento en función de su diseño y características mecánicas.

Uso: Este modelo se utiliza para predecir si el robot podría colisionar con obstáculos durante su movimiento. Si el robot está planeando una trayectoria y las restricciones cinemáticas lo llevarían a una colisión potencial con un obstáculo, el sistema de control debe ajustar la trayectoria o tomar medidas correctivas para evitar la colisión.

Los modelos de colisión son especialmente críticos en entornos de navegación autónoma y robótica móvil, donde los robots deben moverse de manera segura en espacios con obstáculos, como edificios, almacenes o áreas de tráfico. Los algoritmos de planificación de movimiento utilizan estos modelos para generar trayectorias seguras que eviten colisiones.

La precisión y la actualización constante de estos modelos son esenciales, ya que los obstáculos y las restricciones pueden cambiar con el tiempo. En aplicaciones prácticas, se pueden utilizar sensores, como cámaras, lidar y sensores de proximidad, para verificar y validar la información del modelo de colisión en tiempo real, lo que garantiza la seguridad y el rendimiento del robot.

Detección de colisiones: Se utilizan algoritmos para verificar si los modelos de los robots y los obstáculos se superponen. Si se detecta una colisión potencial, se ajusta el plan de movimiento para evitarla.

La detección de colisiones es un proceso fundamental en la planificación de movimientos y la navegación de robots para garantizar que los robots se muevan de manera segura en su entorno. Los algoritmos de detección de colisiones se utilizan para verificar si los modelos de los robots y los obstáculos se superponen en el espacio y el tiempo. Si se detecta una colisión potencial, se toman medidas para evitarla. Aquí tienes una descripción más detallada de cómo funciona este proceso:

Modelos de Robots y Obstáculos: Se utilizan modelos geométricos y cinemáticos de los robots para representar su forma y capacidad de movimiento, así como modelos de obstáculos para representar los objetos en el entorno. Estos modelos se utilizan para prever la posición futura del robot y los obstáculos durante su movimiento.

Predicción de Trayectoria: Los algoritmos de planificación de movimientos generan trayectorias que describen la ruta que el robot debe seguir para alcanzar su destino. Estas trayectorias se basan en la posición y el movimiento previsto del robot y los obstáculos.

Detección de Colisiones: A medida que el robot se desplaza a lo largo de su trayectoria planificada, se ejecutan algoritmos de detección de colisiones para verificar si en algún punto de tiempo, el modelo del robot se superpone con el modelo de un obstáculo. Esto implica comprobar si existe alguna intersección en el espacio o el tiempo entre el robot y los obstáculos.

Acciones para Evitar Colisiones: Si se detecta una colisión potencial, se toman medidas para evitarla. Esto puede incluir detener el robot, ajustar su velocidad, cambiar su dirección o replanificar su trayectoria. El objetivo es garantizar que el robot evite de manera segura los obstáculos y llegue a su destino sin colisiones.

Actualización Constante: La detección de colisiones se realiza continuamente a medida que el robot se mueve, y se actualiza a medida que se obtiene nueva información sobre la posición de los obstáculos y el estado del robot.

Sensores de Detección: Para respaldar la detección de colisiones, los robots suelen estar equipados con sensores, como cámaras, lidar, sensores de proximidad y otros dispositivos de detección que proporcionan información en tiempo real sobre el entorno.

La detección de colisiones es esencial para garantizar la seguridad y la eficacia de los robots en una variedad de aplicaciones, desde vehículos autónomos en carreteras hasta robots industriales en fábricas y robots de servicio en entornos hogareños. La precisión y la velocidad de los algoritmos de detección de colisiones son críticas para tomar decisiones de movimiento informadas y evitar accidentes.

Optimización:

Optimización de trayectoria: Después de generar una trayectoria inicial, se puede aplicar optimización numérica para mejorarla. Esto puede implicar minimizar el tiempo, el esfuerzo o la energía requeridos para seguir la trayectoria.

La optimización de trayectoria es una técnica comúnmente utilizada en la planificación de movimientos de robots y vehículos autónomos para mejorar las trayectorias generadas inicialmente. A pesar de que una trayectoria puede ser planificada de manera eficiente, aún puede haber margen para mejorarla en términos de eficiencia, suavidad, tiempo de ejecución u otros criterios.

Generación de Trayectoria Inicial: El proceso comienza con la generación de una trayectoria inicial que conecta el punto de inicio y el punto de destino del robot. Esta trayectoria puede ser calculada por algoritmos de planificación de movimientos, como A*, RRT (Rapidly-exploring Random Trees) o D* (D-star), y sirve como punto de partida.

Definición de Objetivos de Optimización: Antes de aplicar la optimización, es importante definir claramente los objetivos que se desean lograr. Estos objetivos pueden incluir minimizar la distancia de la trayectoria, reducir el tiempo de ejecución, suavizar la trayectoria para evitar movimientos bruscos, evitar obstáculos adicionales, maximizar la eficiencia energética, entre otros.

Algoritmos de Optimización: Se utilizan algoritmos de optimización numérica para ajustar la trayectoria inicial de manera que cumpla con los objetivos definidos. Algunos algoritmos comunes para la optimización de trayectoria incluyen el método del gradiente descendente, optimización basada en enjambres (como PSO y ACO), algoritmos genéticos y más.

Función de Costo: Para aplicar la optimización, es necesario definir una función de costo que evalúe qué tan bien se cumplen los objetivos. Esta función de costo toma en cuenta factores como la longitud de la trayectoria, el tiempo, la suavidad de los movimientos, la energía consumida y otros criterios específicos.

Iteración: Los algoritmos de optimización iteran para mejorar gradualmente la trayectoria. Durante cada iteración, se ajustan los parámetros de la trayectoria y se recalcula la función de costo. El proceso se repite hasta que se logre una trayectoria que satisfaga los objetivos de optimización.

Validación y Verificación: Después de aplicar la optimización, es importante validar la nueva trayectoria para garantizar que sea segura y eficiente. Esto implica verificar que no haya colisiones con obstáculos y que el robot pueda seguir la trayectoria de manera confiable.

La optimización de trayectoria es especialmente valiosa en entornos complejos o dinámicos, donde las trayectorias generadas inicialmente pueden no ser las más óptimas. Los algoritmos de optimización permiten a los robots y vehículos autónomos adaptar su movimiento de manera más eficiente y segura, lo que es esencial para aplicaciones como la conducción autónoma, la navegación de robots móviles y la automatización industrial.

Algoritmos de optimización: Algunos algoritmos comunes incluyen el método de descenso de gradiente, algoritmos genéticos y algoritmos de optimización basados en enjambres. Existen varios algoritmos de optimización que se utilizan en una variedad de aplicaciones, incluyendo la optimización de trayectorias en robótica y sistemas autónomos.

Método del Descenso de Gradiente: Este es un algoritmo de optimización ampliamente utilizado en problemas de optimización numérica. Se utiliza para encontrar el mínimo de una función ajustando iterativamente los parámetros. El algoritmo sigue la dirección en la que la función disminuye más rápidamente, que está indicada por el gradiente de la función. En la optimización de trayectorias, este enfoque se puede utilizar para ajustar los parámetros de la trayectoria con el objetivo de minimizar una función de costo, como el tiempo o la suavidad.

Algoritmos Genéticos: Los algoritmos genéticos se inspiran en la evolución biológica y se utilizan para la búsqueda y optimización. Funcionan manteniendo una población de soluciones y aplicando operadores de cruce y mutación para generar nuevas soluciones. Estas soluciones compiten en función de su aptitud (evaluación según una función de costo) y evolucionan con el tiempo. Los algoritmos genéticos son útiles para la optimización global y la búsqueda de soluciones en espacios de búsqueda amplios.

Optimización Basada en Enjambres (PSO y ACO):

Optimización de Enjambre de Partículas (PSO): PSO es un algoritmo de optimización inspirado en el comportamiento de enjambres de aves o peces. En PSO, cada "partícula" en el enjambre representa una solución potencial. Las partículas se mueven a través del espacio de búsqueda y ajustan su posición en función del mejor resultado que han encontrado y del mejor resultado del enjambre en su conjunto.

Optimización de Colonias de Hormigas (ACO): ACO se inspira en el comportamiento de las colonias de hormigas en la búsqueda de rutas eficientes. Este algoritmo se utiliza en problemas de optimización combinatoria, como la búsqueda de caminos óptimos en gráficos. Las "hormigas" construyen soluciones de manera incremental y utilizan rastros de feromonas para guiar la exploración del espacio de búsqueda.

Estos son solo algunos ejemplos de algoritmos de optimización utilizados en la planificación de movimientos y la optimización de trayectorias en robótica y sistemas autónomos. La elección del algoritmo adecuado depende de la naturaleza del problema y los objetivos de optimización específicos. En muchos casos, se pueden aplicar múltiples algoritmos en conjunto para obtener soluciones óptimas o cercanas a la óptima.

La planificación de movimientos implica una combinación de algoritmos de búsqueda, detección de obstáculos, manejo de colisiones y optimización para encontrar una ruta segura y eficiente para que los robots y agentes alcancen sus objetivos en entornos complejos. La elección de los algoritmos y técnicas adecuados dependerá de la naturaleza específica del problema y las limitaciones del entorno.

10.Percepción sensorial: visión, sonido, tacto y otros sensores.

La percepción sensorial es la capacidad de los seres vivos para recopilar información del entorno a través de sus sentidos y procesarla para comprender el mundo que les rodea. Los principales sentidos humanos incluyen la visión, el sonido, el tacto, el gusto y el olfato. Aquí te proporcionaré información sobre algunos de los sentidos más importantes:

Visión: La visión es uno de los sentidos más importantes para los humanos. Nos permite percibir la luz y la forma de los objetos en nuestro entorno. La luz entra en el ojo a través de la córnea y el cristalino, se enfoca en la retina y luego se transmite al cerebro a través del nervio óptico. El cerebro procesa esta información visual para crear una imagen tridimensional del mundo que nos rodea.

La visión es, sin duda, uno de los sentidos más cruciales para los seres humanos. A través de la visión, percibimos el mundo que nos rodea y obtenemos información sobre la forma, el color y la ubicación de los objetos. A continuación, se describen los pasos clave en el proceso de la visión:

Entrada de luz: La visión comienza cuando la luz entra en el ojo a través de la córnea, la parte transparente de la superficie frontal del ojo. La córnea desempeña un papel fundamental en la refracción de la luz, ayudando a enfocarla adecuadamente en la retina.

Atravesando el cristalino: Después de pasar por la córnea, la luz continúa su viaje a través del cristalino, una lente convexa natural que se encuentra detrás de la pupila. El cristalino tiene la capacidad de cambiar su forma para enfocar objetos cercanos y lejanos en la retina.

Focalización en la retina: La luz enfocada por la córnea y el cristalino converge en la retina, que es una capa sensible a la luz en la parte posterior del ojo. La retina contiene células fotorreceptoras llamadas conos y bastones, que capturan la luz y la convierten en señales eléctricas.

Transmisión al cerebro: Las señales eléctricas generadas en la retina se transmiten al cerebro a través del nervio óptico, que conecta el ojo con el cerebro. En el cerebro, estas señales se procesan y se interpretan para formar una imagen visual coherente.

Interpretación y percepción: El cerebro interpreta las señales visuales y las combina para crear la percepción visual que experimentamos. Esto incluye la identificación de formas, colores, movimientos y profundidad, lo que nos permite comprender y navegar en nuestro entorno.

La visión es un sentido extraordinariamente complejo y versátil que desempeña un papel fundamental en la percepción y la interacción con el mundo que nos rodea. Cuidar de nuestros ojos y mantener una salud visual adecuada es esencial para preservar este sentido tan valioso.

Sonido: El sentido del sonido nos permite percibir las vibraciones en el aire que se producen cuando objetos emiten ondas sonoras. El oído humano consta del oído externo (pabellón auricular y canal auditivo), el oído medio (tímpano y huesecillos) y el oído interno (cóclea). El sonido se convierte en señales eléctricas que el cerebro interpreta como sonido.

El sentido del sonido, también conocido como audición, es esencial para la percepción y comunicación de sonidos en el entorno. A través del oído, los seres humanos pueden percibir y procesar las vibraciones en el aire que se generan cuando los objetos emiten ondas sonoras. A continuación, se describen los pasos clave en el proceso de audición:

Captación del sonido: El sonido comienza cuando una fuente, como una voz, un instrumento musical o cualquier otro objeto en vibración, emite ondas sonoras. Estas ondas sonoras son perturbaciones de presión en el aire que se propagan en todas direcciones.

Captación por el oído externo: El oído humano consta de tres partes principales: el oído externo, el oído medio y el oído interno. El oído externo incluye el pabellón auricular y el canal auditivo, que dirigen las ondas sonoras hacia el tímpano.

Amplificación en el oído medio: El tímpano, una membrana delgada en el oído medio, vibra cuando las ondas sonoras alcanzan su superficie. Estas vibraciones son transmitidas a través de una serie de pequeños huesos del oído medio llamados martillo, yunque y estribo. Estos huesos amplifican las vibraciones antes de transmitirlas al oído interno.

Transmisión al oído interno: Las vibraciones amplificadas se transmiten al oído interno, que contiene la cóclea. La cóclea es una estructura en forma de caracol llena de líquido y células sensoriales especializadas.

Conversión en señales eléctricas: Dentro de la cóclea, las células sensoriales llamadas células ciliadas convierten las vibraciones en señales eléctricas. Estas señales se envían al nervio auditivo a través de las fibras nerviosas, que a su vez transmiten la información al cerebro.

Procesamiento en el cerebro: En el cerebro, las señales eléctricas se procesan y se interpretan para crear la percepción auditiva. El cerebro es capaz de distinguir entre diferentes frecuencias de sonido, identificar la dirección de la fuente del sonido y reconocer patrones auditivos que se traducen en la percepción de palabras, música y otros sonidos.

La audición desempeña un papel crucial en la comunicación, la percepción del entorno y la seguridad, ya que permite a las personas detectar peligros, disfrutar de la música, hablar y escuchar a otros. Cuidar de la salud auditiva es esencial para mantener este sentido en buen funcionamiento a lo largo de la vida.

Tacto: El sentido del tacto nos permite sentir la presión, la textura, la temperatura y el dolor. Los receptores táctiles se encuentran en la piel y en otras partes del cuerpo. Los receptores de presión y tacto detectan la presión y la textura, mientras que los receptores de temperatura y dolor nos alertan sobre cambios de temperatura o lesiones.

El sentido del tacto es uno de los sentidos fundamentales para los seres humanos y otros seres vivos. A través del tacto, podemos percibir una amplia gama de sensaciones táctiles, como la presión, la textura, la temperatura y el dolor. Este sentido es posible gracias a las terminaciones nerviosas especializadas ubicadas en la piel y en otras partes del cuerpo. Aquí se describen las principales modalidades del sentido del tacto:

Presión: El sentido del tacto nos permite percibir la presión ejercida sobre la piel, lo que nos permite sentir el contacto físico con objetos, personas u otras superficies. La información sobre la presión es esencial para tareas cotidianas como agarrar objetos o sentir el peso de un objeto.

Textura: El tacto nos permite distinguir entre diferentes texturas, como suave, rugoso, áspero o liso. Esto es posible gracias a la capacidad de las terminaciones nerviosas en la piel para detectar las irregularidades y variaciones en la superficie de los objetos que tocamos.

Temperatura: El sentido del tacto nos permite sentir la temperatura de los objetos y del entorno. Las terminaciones nerviosas en la piel pueden detectar si un objeto está frío o caliente, lo que nos ayuda a regular nuestra respuesta al ambiente y a evitar lesiones por quemaduras o congelación.

Dolor: El sentido del dolor es una parte importante del sistema táctil. Las terminaciones nerviosas en la piel son sensibles al dolor y transmiten señales al cerebro cuando se experimenta una lesión o un estímulo doloroso. Esto es esencial para proteger el cuerpo de daños y alertarnos sobre situaciones peligrosas.

El sentido del tacto es esencial para la percepción y la interacción con el entorno, así como para el bienestar general. Gracias a la información táctil, podemos disfrutar del contacto físico, detectar peligros, adaptarnos a las condiciones climáticas y experimentar sensaciones placenteras. El cuidado adecuado de la piel y la atención a la salud física son fundamentales para mantener este sentido en buen estado a lo largo de la vida.

Gusto: El sentido del gusto nos permite detectar diferentes sabores como dulce, salado, ácido y amargo. Los receptores del gusto se encuentran en las papilas gustativas de la lengua y la garganta. Estos receptores envían señales al cerebro que interpretamos como sabores.

El sentido del gusto, también conocido como el sentido gustativo, es esencial para la percepción de los sabores en los alimentos y bebidas que consumimos. A través de las papilas gustativas en la lengua y otras áreas de la cavidad bucal, podemos detectar una variedad de sabores, que generalmente se clasifican en cuatro categorías principales: dulce, salado, ácido y amargo. A continuación, se describen estos sabores en más detalle:

Dulce: La percepción del sabor dulce es agradable y se asocia comúnmente con alimentos y bebidas que contienen azúcares naturales o artificiales. Este sabor suele ser detectado en productos como frutas maduras, miel, caramelos y refrescos azucarados.

Salado: El sabor salado es el resultado de la detección de minerales de sodio en los alimentos. La sensación de salinidad es importante para la función corporal y, en cantidades adecuadas, realza el sabor de muchos alimentos, como las patatas fritas, los alimentos enlatados y los alimentos salados en general.

Ácido: El sabor ácido se asocia con alimentos y bebidas que tienen un nivel significativo de acidez. Ejemplos de alimentos ácidos incluyen los cítricos (limones, naranjas), los yogures y los vinagres. Este sabor puede proporcionar un toque refrescante a las comidas.

Amargo: El sabor amargo se asocia a menudo con compuestos químicos presentes en algunas plantas y alimentos, como el café, el chocolate oscuro, las espinacas y algunas frutas no maduras. Aunque el sabor amargo puede ser desagradable en exceso, desempeña un papel importante en la identificación de alimentos potencialmente tóxicos o peligrosos.

Además de estos cuatro sabores primarios, se ha discutido la existencia de un quinto sabor, conocido como "umami". El umami se asocia con el sabor agradable y sabroso que se encuentra en alimentos ricos en glutamato monosódico, como el queso, el tomate maduro y el caldo.

El sentido del gusto es fundamental para disfrutar de la comida y para la identificación de alimentos seguros o potencialmente peligrosos. El gusto trabaja en conjunto con el sentido del olfato para proporcionar una experiencia completa y rica en sabor. Los cambios en el sentido del gusto pueden estar relacionados con problemas de salud, por lo que mantener una buena salud bucal y general es esencial para preservar este sentido.

Olfato: El sentido del olfato nos permite percibir los olores y aromas del entorno. Los receptores del olfato se encuentran en la nariz y son sensibles a las moléculas químicas transportadas por el aire. Estos receptores envían señales al cerebro que interpretamos como olores.

El sentido del olfato, también conocido como el sentido olfativo, nos permite percibir los olores y aromas del entorno. Es uno de los sentidos más poderosos y evocativos, ya que está estrechamente relacionado con la memoria y las emociones. A través de los receptores olfativos en la nariz, somos capaces de detectar y distinguir una amplia gama de olores. A continuación, se describen los pasos clave en el proceso del sentido del olfato:

Receptores olfativos: El sentido del olfato comienza en la nariz, donde se encuentran los receptores olfativos. Estos receptores son neuronas especializadas que contienen proteínas receptoras que pueden detectar moléculas odoríferas en el aire.

Detección de olores: Cuando una molécula odorífera llega a la nariz al inhalar o al oler algo, se une a los receptores olfativos específicos que coinciden con esa molécula. Cada molécula odorífera tiene su propio conjunto de receptores que reconocen su estructura química única.

Transmisión al cerebro: Una vez que los receptores olfativos detectan una molécula odorífera, envían señales eléctricas al bulbo olfativo, que es una región en la base del cerebro. El bulbo olfativo procesa y codifica esta información.

Identificación y percepción: Las señales olfativas procesadas en el bulbo olfativo se transmiten a otras áreas del cerebro, como el sistema límbico, que está involucrado en la regulación de las emociones y la memoria. Esto significa que los olores pueden evocar recuerdos y emociones de manera poderosa.

El sentido del olfato es fundamental para la identificación de aromas en los alimentos, la detección de olores desagradables o peligrosos, la comunicación entre los seres humanos (como el reconocimiento de feromonas) y la percepción del mundo que nos rodea de una manera única y personal. La pérdida del sentido del olfato, conocida como anosmia, puede afectar significativamente la calidad de vida de una persona y su capacidad para disfrutar de la comida y detectar posibles amenazas ambientales.

Además de estos sentidos básicos, los seres humanos y otros animales tienen otros sensores y receptores especializados que les permiten percibir el equilibrio, la orientación espacial, la temperatura interna, el dolor profundo, la presión arterial y otras señales corporales. La percepción sensorial es fundamental para nuestra supervivencia y nuestra capacidad de interactuar con el mundo que nos rodea.

La percepción sensorial no es exclusiva de los seres humanos. Muchos animales tienen sentidos similares o incluso más desarrollados que los nuestros, lo que les permite sobrevivir y reproducirse en su hábitat natural.

la percepción sensorial no es exclusiva de los seres humanos, y muchos animales tienen sentidos igualmente impresionantes o incluso más desarrollados que los nuestros. Estos sentidos altamente desarrollados son cruciales para la supervivencia y la reproducción de los animales en sus hábitats naturales. Aquí hay algunos ejemplos de sentidos notables en el reino animal:

Visión nocturna: Muchos animales, como los búhos y los gatos, tienen una visión nocturna mucho más aguda que la de los humanos. Esto se debe a la presencia de células especializadas en la retina, como los bastones, que les permiten detectar la luz en condiciones de poca luminosidad.

Olfato: Los perros, por ejemplo, tienen un sentido del olfato extremadamente desarrollado y son capaces de detectar olores a distancias sorprendentes. Se utilizan en una variedad de aplicaciones, desde la detección de drogas y explosivos hasta la búsqueda y rescate.

Electrorecepción: Algunos peces, como los tiburones y las rayas, son capaces de detectar campos eléctricos generados por otros seres vivos. Esto les permite localizar presas, navegar y comunicarse en aguas oscuras.

Sentido del equilibrio: Las aves, como los halcones, tienen un sentido del equilibrio altamente desarrollado que les permite mantenerse estables mientras vuelan a velocidades extremadamente altas y cazan presas en el aire.

Detección de infrasonidos y ultrasonidos: Algunos mamíferos, como los elefantes y los delfines, pueden comunicarse mediante infrasonidos (por debajo del rango auditivo humano) o ultrasonidos (por encima del rango auditivo humano). Los murciélagos también utilizan la ecolocalización, que implica emitir ultrasonidos para detectar objetos y presas en la oscuridad.

Termorrecepción: Algunos reptiles, como las serpientes, pueden detectar las diferencias de temperatura en su entorno. Esto les ayuda a localizar presas y a mantenerse a salvo de los depredadores.

La variedad de sentidos y la agudeza sensorial en el reino animal son impresionantes y demuestran cómo diferentes especies han evolucionado para adaptarse a sus entornos específicos. Estos sentidos desempeñan un papel fundamental en la supervivencia, la caza, la reproducción y la navegación en la naturaleza.

Además, la robótica es una disciplina que se inspira en la biología para diseñar y construir máquinas capaces de percibir y actuar sobre el entorno. Los robots pueden estar equipados con sensores artificiales que imitan los receptores sensoriales naturales, como cámaras, micrófonos, sensores de temperatura o sensores de proximidad. Estos sensores permiten a los robots obtener información sobre su posición, orientación, velocidad, distancia a los obstáculos o características de los objetos. Los robots también pueden tener sistemas de procesamiento y control que analizan y utilizan la información sensorial para realizar tareas específicas, como navegar por un laberinto, seguir una línea o evitar colisiones. Este enfoque, conocido como biomimética o bioinspiración, busca imitar las características y las estrategias observadas en la naturaleza para mejorar el diseño y el funcionamiento de los robots. Algunos ejemplos de cómo la robótica se ha inspirado en la biología incluyen:

Locomoción inspirada en animales: Los robots terrestres, aéreos y acuáticos a menudo se diseñan para moverse imitando la locomoción de animales como insectos, aves o peces. Esto puede resultar en máquinas más eficientes en términos de energía y adaptadas a entornos específicos.

Visión inspirada en el sistema visual de los animales: Los sistemas de visión de los robots a menudo se inspiran en la anatomía y la funcionalidad de los ojos de los animales. Esto puede permitir a los robots detectar objetos, seguir rutas o incluso reconocer patrones de una manera similar a la de los seres vivos.

Sensores táctiles inspirados en la piel animal: Los robots pueden estar equipados con sensores táctiles que imitan la sensibilidad y la capacidad de detección táctil de la piel de los animales. Esto les permite interactuar de manera segura y efectiva con su entorno.

Algoritmos de control basados en comportamientos naturales: Los algoritmos de control de robots a menudo se inspiran en los comportamientos observados en la naturaleza. Esto incluye la observación de cómo los animales evitan obstáculos, buscan comida o realizan tareas colaborativas.

Robótica blanda inspirada en organismos flexibles: La robótica blanda se basa en la creación de robots con estructuras flexibles y adaptables, como tentáculos o músculos artificiales, inspirados en la biomecánica de los animales.

La bioinspiración en la robótica busca aprovechar la eficiencia y la adaptabilidad que se encuentran en la naturaleza para crear máquinas más versátiles y capaces de funcionar en una amplia gama de situaciones. Esta interacción entre la biología y la robótica ha dado lugar a avances significativos en campos como la robótica médica, la exploración espacial, la automatización industrial y la inteligencia artificial.

La percepción sensorial es un fenómeno complejo y fascinante que nos conecta con el mundo y nos permite adaptarnos a él.

la percepción sensorial es un fenómeno complejo y fascinante que nos conecta con el mundo que nos rodea y nos permite adaptarnos a él. A través de nuestros sentidos, podemos recopilar información sobre el entorno, interpretarla y tomar decisiones basadas en esa información. La percepción sensorial es esencial para nuestra supervivencia, nuestra comunicación y nuestra experiencia personal. Algunos aspectos clave de la percepción sensorial incluyen:

Interacción con el entorno: Nuestros sentidos nos permiten detectar estímulos como la luz, el sonido, el tacto, el olor y el sabor. Esta información sensorial se recopila constantemente a medida que interactuamos con el mundo.

Procesamiento de información: Una vez que los estímulos sensoriales se recopilan, se transmiten al sistema nervioso para su procesamiento. Esto incluye la interpretación y la integración de múltiples señales sensoriales para formar una imagen completa de la realidad.

Percepción y conciencia: La percepción es el resultado de procesar y dar sentido a la información sensorial. A través de la percepción, somos conscientes de nuestro entorno y de nuestra propia experiencia.

Adaptación y toma de decisiones: Basándonos en lo que percibimos, tomamos decisiones y acciones. Nuestra percepción sensorial influye en cómo interactuamos con el mundo y cómo respondemos a situaciones específicas.

Variabilidad individual: La percepción sensorial puede variar significativamente de una persona a otra. La forma en que percibimos el mundo está influenciada por factores genéticos, experiencias pasadas y estados emocionales, entre otros.

La percepción sensorial es un campo de estudio importante en la psicología y la neurociencia, ya que nos ayuda a comprender cómo funciona la mente humana y cómo interactuamos con nuestro entorno. Además, la percepción sensorial también desempeña un papel fundamental en la tecnología y la robótica, donde se busca replicar y mejorar los sentidos humanos en máquinas y sistemas autónomos.

11.Procesamiento de imágenes: adquisición, filtrado, segmentación y reconocimiento.

El procesamiento de imágenes es un campo de la informática que se ocupa de manipular imágenes digitales para mejorar su calidad, extraer información útil o realizar tareas específicas. A menudo, se divide en varias etapas, que incluyen la adquisición, el filtrado, la segmentación y el reconocimiento. Aquí te proporciono una breve descripción de cada una de estas etapas:

Adquisición de imágenes: Esta etapa implica la captura de imágenes utilizando dispositivos como cámaras digitales, escáneres u otros sensores. La calidad de la adquisición es fundamental, ya que afecta directamente a la calidad de las imágenes que se procesarán posteriormente. Pueden ser imágenes en 2D o incluso imágenes tridimensionales en el caso de la visión estereoscópica.

La adquisición de imágenes es una etapa fundamental en el proceso de tratamiento de imágenes y desempeña un papel crucial en la calidad y utilidad de las imágenes resultantes. Aquí hay más detalles sobre la adquisición de imágenes:

Dispositivos de adquisición: Los dispositivos utilizados para la adquisición de imágenes pueden incluir cámaras digitales, escáneres, cámaras de video, cámaras de teléfonos móviles y una variedad de sensores especializados, como cámaras infrarrojas o cámaras médicas.

Resolución: La resolución se refiere a la cantidad de detalle que una imagen puede capturar. Se mide en píxeles y se expresa como la cantidad de píxeles a lo largo de la longitud y la altura de la imagen. Cuanto mayor sea la resolución, más detalle podrá capturarse, pero también ocupará más espacio en memoria o almacenamiento.

Formato de archivo: Las imágenes se pueden adquirir en varios formatos de archivo, como JPEG, PNG, TIFF, RAW, entre otros. El formato elegido puede influir en la calidad y la compresión de la imagen, así como en su capacidad de edición posterior.

Configuración de la cámara: La configuración de la cámara, como la velocidad de obturación, la apertura y la sensibilidad ISO, afecta la calidad de la imagen y su exposición a la luz. Estos ajustes pueden influir en la nitidez, el ruido y otros aspectos de la imagen.

Calibración y corrección: En algunas aplicaciones, como la visión por computadora o la fotografía científica, es importante calibrar y corregir las imágenes para eliminar distorsiones y asegurarse de que los colores sean precisos.

Iluminación: La iluminación adecuada es esencial para obtener imágenes de alta calidad. La luz puede influir en la exposición, el contraste, la saturación del color y la claridad de la imagen. La elección de la fuente de luz y su disposición son aspectos críticos de la adquisición de imágenes.

Enfoque: El enfoque adecuado es esencial para obtener imágenes nítidas y claras. Esto es particularmente importante en la fotografía y la visión por computadora, donde el enfoque incorrecto puede resultar en imágenes borrosas.

La calidad de la adquisición de imágenes es esencial para garantizar que las imágenes sean útiles para su posterior procesamiento, análisis y uso. La elección de los dispositivos, la configuración, la iluminación y otros factores influyen en la calidad de las imágenes capturadas y, por lo tanto, en su aplicabilidad en una variedad de campos, desde la medicina y la investigación científica hasta la fotografía artística y la industria.

Filtrado de imágenes: El filtrado de imágenes se utiliza para mejorar la calidad de las imágenes o resaltar características específicas en ellas. Esto se logra aplicando filtros que modifican los valores de los píxeles de la imagen. Los filtros pueden ser utilizados para eliminar ruido, mejorar el contraste, suavizar o resaltar bordes, entre otros.

El filtrado de imágenes es una técnica fundamental en el procesamiento de imágenes que se utiliza para mejorar la calidad de las imágenes o para destacar características específicas en ellas. Este proceso implica la aplicación de filtros, que son operadores matemáticos o máscaras que se utilizan para modificar los valores de los píxeles de la imagen original. Los filtros pueden tener varios propósitos, entre ellos:

Mejora de la calidad de la imagen: Los filtros de suavizado o de reducción de ruido se utilizan para eliminar imperfecciones y mejorar la claridad de una imagen. Estos filtros pueden ayudar a eliminar ruido electrónico, granulación o irregularidades en la imagen.

Realce de características: Los filtros de realce se utilizan para resaltar características específicas en una imagen. Por ejemplo, los filtros de realce de bordes pueden acentuar las transiciones de intensidad en la imagen, lo que ayuda a destacar contornos y detalles.

Detección de características: Algunos filtros se utilizan para detectar características particulares en una imagen, como puntos de interés, líneas, formas o patrones. Estos filtros son esenciales en aplicaciones de visión por computadora y procesamiento de imágenes médicas.

Corrección de color: Los filtros de corrección de color pueden ajustar la saturación, el equilibrio de blancos y otros aspectos del color en una imagen para mejorar la apariencia y la consistencia del color.

Reducción de ruido: Los filtros de reducción de ruido son comunes en aplicaciones de fotografía digital y procesamiento de imágenes médicas. Ayudan a eliminar el ruido no deseado y a suavizar la imagen.

Mejora de contraste: Los filtros de mejora de contraste pueden ajustar el rango dinámico de una imagen, resaltando áreas oscuras y claras y mejorando la visibilidad de los detalles.

Aplicación artística: Algunos filtros se utilizan con fines creativos para dar a las imágenes una apariencia artística o estilizada. Estos filtros pueden incluir efectos de desenfoque, texturas y otros.

Los filtros de imagen se aplican mediante operaciones de convolución, donde se realiza una operación matemática en cada píxel de la imagen original utilizando la máscara del filtro. Los resultados varían según la máscara utilizada y el propósito del filtrado.

El filtrado de imágenes es una parte esencial del procesamiento de imágenes digitales y se utiliza en una amplia variedad de aplicaciones, desde la mejora de fotografías hasta el análisis de imágenes médicas y la visión por computadora en la automatización industrial. La elección del filtro adecuado depende de los objetivos específicos de procesamiento de imágenes.

Segmentación de imágenes: La segmentación es el proceso de dividir una imagen en regiones o componentes con características similares. Esto puede ser útil para aislar objetos de interés en una imagen o para identificar áreas con características específicas. La segmentación puede basarse en propiedades de intensidad, color, textura, forma u otras características.

La segmentación de imágenes es una etapa crítica en el procesamiento de imágenes que implica dividir una imagen en regiones o componentes más pequeños con características similares. El objetivo principal de la segmentación es simplificar la representación de una imagen, facilitar la extracción de información y permitir un análisis más detallado de las diferentes partes de la imagen. Aquí hay más detalles sobre la segmentación de imágenes:

Objetivos de la segmentación: La segmentación se puede realizar con varios objetivos en mente, como identificar y separar objetos de interés, delimitar contornos, aislar áreas con características similares (como colores o texturas), o incluso dividir una imagen en regiones homogéneas para su posterior análisis.

Métodos de segmentación: Existen diversos métodos y técnicas para llevar a cabo la segmentación de imágenes. Algunos de los enfoques más comunes incluyen el umbralado (thresholding), que separa píxeles en función de su nivel de intensidad, y la segmentación basada en la detección de bordes, que identifica los límites de los objetos en la imagen. También se utilizan técnicas de agrupación de píxeles, como la segmentación por crecimiento de regiones y el uso de algoritmos de clustering, como el algoritmo de K-means.

Segmentación semántica: En aplicaciones más avanzadas, como la visión por computadora, la segmentación semántica busca asignar etiquetas a cada píxel de una imagen, identificando áreas correspondientes a objetos específicos o clases de objetos (por ejemplo, segmentar una imagen de carretera para identificar coches, árboles y aceras).

Evaluación de la segmentación: La calidad de la segmentación se puede evaluar utilizando métricas como la precisión y la exhaustividad, que miden la precisión de la segmentación en comparación con una verdad fundamental (ground truth) y la capacidad de detectar todos los elementos de interés en la imagen.

Aplicaciones de la segmentación: La segmentación de imágenes se utiliza en una amplia variedad de aplicaciones, que incluyen la medicina (para la identificación de estructuras anatómicas), la visión por computadora (para el reconocimiento de objetos y escenas), el procesamiento de imágenes satelitales (para la detección de características geográficas) y la industria (para la inspección de productos y la automatización de procesos).

La segmentación de imágenes es una etapa fundamental en el procesamiento de imágenes, ya que permite descomponer una imagen en partes más manejables y específicas para su posterior análisis, interpretación y toma de decisiones. La elección del método de segmentación adecuado depende de la naturaleza de la imagen y de los objetivos específicos de procesamiento.

Reconocimiento de imágenes: El reconocimiento de imágenes implica la identificación de objetos o patrones dentro de una imagen. Puede ser una tarea compleja que involucra la clasificación de objetos o la detección de características específicas. El reconocimiento de patrones y el aprendizaje automático son técnicas comunes utilizadas en esta etapa.

El reconocimiento de imágenes es una tarea fundamental en el campo del procesamiento de imágenes y la visión por computadora. Implica la identificación y clasificación de objetos, patrones o características dentro de una imagen, con el objetivo de comprender y extraer información relevante de las imágenes digitales. Aquí hay más información sobre el reconocimiento de imágenes:

Detección y clasificación: El reconocimiento de imágenes puede dividirse en dos tareas principales. La detección de objetos implica identificar la ubicación y el contorno de objetos específicos en una imagen. La clasificación de objetos se refiere a asignar una etiqueta o categoría a un objeto o región detectada.

Características y descriptores: Para llevar a cabo el reconocimiento de imágenes, se extraen características y descriptores de las regiones de interés en la imagen. Estos pueden incluir características como colores, texturas, formas, tamaños y patrones. Los descriptores son representaciones numéricas que capturan estas características y se utilizan para la clasificación.

Aprendizaje automático: El reconocimiento de imágenes se beneficia de técnicas de aprendizaje automático, como redes neuronales convolucionales (CNN), máquinas de vectores de soporte (SVM) y algoritmos de clasificación basados en árboles de decisión. Estos modelos se entrenan en conjuntos de datos etiquetados para aprender a reconocer objetos y patrones.

Aplicaciones: El reconocimiento de imágenes tiene numerosas aplicaciones, como el reconocimiento de caracteres en documentos, la identificación de rostros en fotografías, la detección de objetos en aplicaciones de visión por computadora, el diagnóstico médico basado en imágenes y la automatización industrial para la inspección de productos.

Reconocimiento de patrones: El reconocimiento de imágenes también se relaciona con el reconocimiento de patrones, que implica identificar relaciones y similitudes en datos visuales. Esto se utiliza en aplicaciones como la minería de datos y la inteligencia artificial para analizar grandes conjuntos de datos de imágenes.

Evaluación y precisión: La precisión del reconocimiento de imágenes se evalúa mediante métricas como la tasa de verdaderos positivos, la tasa de falsos positivos y la tasa de falsos negativos. La elección de las métricas y la evaluación de un sistema de reconocimiento dependen de la aplicación específica.

El reconocimiento de imágenes es una tecnología en constante evolución y desempeña un papel cada vez más importante en la automatización, la seguridad, la atención médica, la investigación y muchas otras áreas. Los avances en el aprendizaje profundo y la visión por computadora han permitido un rendimiento excepcional en tareas de reconocimiento de imágenes, lo que ha impulsado su adopción en una amplia variedad de aplicaciones.

Es importante destacar que estas etapas no siempre se realizan de forma lineal y secuencial. En muchos casos, el procesamiento de imágenes es un proceso iterativo en el que se aplican varias técnicas en conjunto para lograr los resultados deseados. Además, el campo del procesamiento de imágenes es muy amplio y abarca una variedad de aplicaciones, desde el procesamiento de imágenes médicas hasta la visión por computadora en la industria de la robótica y la inteligencia artificial.

12.Procesamiento de señales: análisis, filtrado, espectro y transformadas.

El procesamiento de señales es una disciplina fundamental en la ingeniería eléctrica y en campos relacionados como la ingeniería de telecomunicaciones, la ingeniería biomédica, la acústica, la robótica y muchas otras áreas. Implica el análisis, la modificación y la extracción de información útil de señales, que pueden ser representaciones de fenómenos físicos como el sonido, la imagen, la temperatura, la presión, la velocidad, entre otros.

Aquí se describen algunos conceptos clave relacionados con el procesamiento de señales:

Análisis de señales: El análisis de señales implica estudiar las características de una señal para entender su comportamiento. Esto puede incluir la detección de características importantes como picos, tendencias, ciclos, y la identificación de patrones.

El análisis de señales es un proceso fundamental en diversas disciplinas, como la ingeniería, la física, la matemática, la informática, la biología y muchas otras. Su objetivo principal es estudiar y comprender el comportamiento de las señales, que pueden ser datos en forma de señales de tiempo, como señales de audio, señales biomédicas, señales electromagnéticas, entre otras. Aquí hay una descripción más detallada de los aspectos clave del análisis de señales:

Adquisición de señales: Antes de analizar una señal, es necesario adquirirla. Esto puede implicar la medición y registro de datos en forma de señales a través de sensores, instrumentos de medición o dispositivos electrónicos.

Preprocesamiento de señales: En muchas ocasiones, las señales adquiridas pueden estar contaminadas por ruido o ser difíciles de interpretar directamente. El preprocesamiento incluye tareas como filtrado para eliminar ruido, normalización y corrección de errores, entre otros.

Transformación de señales: A menudo, es útil transformar una señal en un dominio diferente para resaltar ciertas características. Por ejemplo, la transformada de Fourier se utiliza para representar una señal en el dominio de la frecuencia, lo que puede revelar componentes espectrales importantes.

Detección de características: La detección de características implica identificar eventos o puntos importantes en una señal. Esto puede incluir la identificación de picos, umbrales, cambios abruptos, máximos, mínimos, etc. Dependiendo del tipo de señal y el problema en cuestión, las características relevantes pueden variar.

Análisis de tendencias y patrones: A menudo, el análisis de señales busca identificar tendencias y patrones a lo largo del tiempo. Esto puede involucrar el uso de métodos estadísticos, técnicas de aprendizaje automático o análisis de series temporales para descubrir comportamientos sistemáticos.

Análisis espectral: En el caso de señales periódicas o estacionarias, el análisis espectral es importante para descomponer la señal en sus componentes de frecuencia. Esto se logra utilizando técnicas como la transformada de Fourier o la transformada de Wavelet.

Identificación de eventos y clasificación de señales: En algunas aplicaciones, es importante identificar eventos específicos o clasificar señales en categorías. Esto se logra mediante algoritmos de clasificación que utilizan características extraídas de las señales.

Visualización y presentación de resultados: La visualización desempeña un papel esencial en el análisis de señales. Gráficos, espectrogramas, diagramas de dispersión y otros métodos visuales ayudan a comunicar los resultados de manera efectiva.

Interpretación y toma de decisiones: Una vez que se han realizado análisis y procesamiento, es importante interpretar los resultados y tomar decisiones basadas en la información obtenida. Esto puede tener aplicaciones en la toma de decisiones clínicas, control de procesos, diagnóstico de fallas, entre otros.

En resumen, el análisis de señales es un proceso crucial para comprender y extraer información valiosa de las señales en una amplia variedad de campos. Las técnicas y enfoques utilizados dependerán de la naturaleza de las señales y los objetivos específicos del análisis.

Filtrado de señales: El filtrado es el proceso de modificar una señal al pasarla a través de un filtro. Los filtros se utilizan para eliminar o atenuar ciertas frecuencias en una señal, lo que puede ser útil para eliminar ruido o resaltar componentes específicas de una señal.

El análisis de señales es un proceso fundamental en diversas disciplinas, como la ingeniería, la física, la matemática, la informática, la biología y muchas otras. Su objetivo principal es estudiar y comprender el comportamiento de las señales, que pueden ser datos en forma de señales de tiempo, como señales de audio, señales biomédicas, señales electromagnéticas, entre otras. Aquí hay una descripción más detallada de los aspectos clave del análisis de señales:

Adquisición de señales: Antes de analizar una señal, es necesario adquirirla. Esto puede implicar la medición y registro de datos en forma de señales a través de sensores, instrumentos de medición o dispositivos electrónicos.

Preprocesamiento de señales: En muchas ocasiones, las señales adquiridas pueden estar contaminadas por ruido o ser difíciles de interpretar directamente. El preprocesamiento incluye tareas como filtrado para eliminar ruido, normalización y corrección de errores, entre otros.

Transformación de señales: A menudo, es útil transformar una señal en un dominio diferente para resaltar ciertas características. Por ejemplo, la transformada de Fourier se utiliza para representar una señal en el dominio de la frecuencia, lo que puede revelar componentes espectrales importantes.

Detección de características: La detección de características implica identificar eventos o puntos importantes en una señal. Esto puede incluir la identificación de picos, umbrales, cambios abruptos, máximos, mínimos, etc. Dependiendo del tipo de señal y el problema en cuestión, las características relevantes pueden variar.

Análisis de tendencias y patrones: A menudo, el análisis de señales busca identificar tendencias y patrones a lo largo del tiempo. Esto puede involucrar el uso de métodos estadísticos, técnicas de aprendizaje automático o análisis de series temporales para descubrir comportamientos sistemáticos.

Análisis espectral: En el caso de señales periódicas o estacionarias, el análisis espectral es importante para descomponer la señal en sus componentes de frecuencia. Esto se logra utilizando técnicas como la transformada de Fourier o la transformada de Wavelet.

Identificación de eventos y clasificación de señales: En algunas aplicaciones, es importante identificar eventos específicos o clasificar señales en categorías. Esto se logra mediante algoritmos de clasificación que utilizan características extraídas de las señales.

Visualización y presentación de resultados: La visualización desempeña un papel esencial en el análisis de señales. Gráficos, espectrogramas, diagramas de dispersión y otros métodos visuales ayudan a comunicar los resultados de manera efectiva.

Interpretación y toma de decisiones: Una vez que se han realizado análisis y procesamiento, es importante interpretar los resultados y tomar decisiones basadas en la información obtenida. Esto puede tener aplicaciones en la toma de decisiones clínicas, control de procesos, diagnóstico de fallas, entre otros.

El análisis de señales es un proceso crucial para comprender y extraer información valiosa de las señales en una amplia variedad de campos. Las técnicas y enfoques utilizados dependerán de la naturaleza de las señales y los objetivos específicos del análisis.

Espectro de señales: El espectro de una señal es una representación de la distribución de sus componentes de frecuencia. Se puede obtener utilizando transformadas matemáticas como la Transformada de Fourier. El espectro muestra cuánta energía o potencia hay en diferentes frecuencias dentro de la señal.

El espectro de una señal es una representación de la distribución de sus componentes de frecuencia. Proporciona información sobre las frecuencias presentes en una señal, sus amplitudes y fases. La obtención del espectro se realiza comúnmente a través de transformadas matemáticas, siendo la Transformada de Fourier una de las más utilizadas. Aquí se explica con más detalle el concepto del espectro de señales:

Transformada de Fourier: La Transformada de Fourier es una técnica matemática utilizada para descomponer una señal en sus componentes de frecuencia. Existen varias variantes de la Transformada de Fourier, como la Transformada de Fourier Discreta (DFT), la Transformada Rápida de Fourier (FFT) y la Transformada de Fourier Continua (CFT). La elección de la transformada depende de si se trata de una señal continua o discreta, y de si se desea realizar el análisis en el dominio del tiempo o de la frecuencia.

Dominio de la frecuencia: Cuando una señal se transforma al dominio de la frecuencia a través de la Transformada de Fourier, se obtiene un espectro que muestra las amplitudes y fases de las componentes de frecuencia que componen la señal. El espectro se representa generalmente en un gráfico en el que el eje horizontal representa las frecuencias y el eje vertical representa las amplitudes o las fases.

Espectro de magnitud y fase: El espectro de magnitud muestra las amplitudes de las componentes de frecuencia en función de la frecuencia, lo que permite identificar las frecuencias dominantes en la señal. El espectro de fase, por otro lado, muestra las diferencias de fase de las componentes de frecuencia en función de la frecuencia.

Aplicaciones del espectro de señales:

Análisis de señales: El espectro se utiliza para comprender la composición de una señal y las frecuencias dominantes en ella.

Filtrado de señales: Al conocer el espectro de una señal, es posible diseñar filtros para atenuar o eliminar ciertas frecuencias no deseadas.

Modulación y demodulación: En telecomunicaciones, el espectro se utiliza para modulación y demodulación de señales.

Procesamiento de imágenes y señales de audio: En aplicaciones de procesamiento de imágenes y audio, el espectro se utiliza para aplicar efectos, compresión y análisis de contenido.

Espectrograma: En señales de tiempo discreto, como señales de audio, se utiliza el espectrograma para representar cómo cambia el espectro en el tiempo. Esto es útil para identificar cambios en la señal a lo largo del tiempo, como variaciones en el tono de una voz o en la frecuencia de una señal.

El análisis del espectro de señales es una herramienta poderosa para comprender y manipular señales en diversas aplicaciones, desde telecomunicaciones y procesamiento de señales hasta procesamiento de imágenes y sonido. La representación del espectro proporciona información valiosa sobre las características frecuenciales de una señal, lo que facilita su análisis y procesamiento.

Transformadas de señales: Las transformadas son herramientas matemáticas que permiten cambiar la representación de una señal de un dominio a otro. Algunas de las transformadas comunes en procesamiento de señales incluyen:

Transformada de Fourier: Convierte una señal del dominio del tiempo al dominio de frecuencia, revelando sus componentes de frecuencia.

La Transformada de Fourier es una técnica matemática fundamental que se utiliza para analizar y representar señales en el dominio de la frecuencia. Su principal función es convertir una señal del dominio del tiempo en el dominio de la frecuencia, lo que permite revelar las componentes de frecuencia que componen esa señal. Aquí hay una descripción más detallada de la Transformada de Fourier:

Dominio del tiempo y dominio de frecuencia: En el dominio del tiempo, una señal se representa en función del tiempo, y su forma puede ser una onda compleja o una función no periódica. Sin embargo, no siempre es evidente cuáles son las frecuencias presentes en la señal cuando se observa en el dominio del tiempo. La Transformada de Fourier proporciona una representación en el dominio de la frecuencia, que muestra las componentes de frecuencia de la señal.

Componentes de frecuencia: La Transformada de Fourier descompone una señal en sus componentes de frecuencia, mostrando cuánta energía hay en cada frecuencia. En el espectro resultante, se pueden identificar las frecuencias fundamentales, armónicos y otras características frecuenciales.

Transformada de Fourier discreta (DFT): La DFT se utiliza para señales discretas o muestreadas en el tiempo. Convierte una secuencia de valores discretos en una representación en el dominio de la frecuencia, generalmente expresada en forma de coeficientes complejos que indican las amplitudes y fases de las componentes de frecuencia.

Transformada de Fourier continua (CFT): La CFT se aplica a señales continuas en el tiempo y se utiliza para representar señales continuas en el dominio de la frecuencia. Se expresa mediante una integral y proporciona una descripción completa de la señal en el dominio de la frecuencia.

Transformada rápida de Fourier (FFT): La FFT es un algoritmo eficiente para calcular la DFT. Permite realizar la transformación de señales discretas en el dominio de la frecuencia de manera rápida y eficiente, lo que es crucial en aplicaciones prácticas y de tiempo real.

Aplicaciones de la Transformada de Fourier:

En procesamiento de señales: para el análisis de señales de audio, imágenes, señales electromagnéticas y más.

En telecomunicaciones: para la modulación y demodulación de señales.

En análisis de espectro: para analizar el contenido de frecuencia de señales y determinar la calidad de la señal.

Espectro de frecuencia: El resultado de la Transformada de Fourier se conoce como el espectro de frecuencia de la señal, que muestra las frecuencias presentes y sus amplitudes y fases respectivas.

En resumen, la Transformada de Fourier es una herramienta matemática esencial que permite analizar señales en el dominio de la frecuencia, revelando las componentes de frecuencia que las componen. Es ampliamente utilizada en diversas disciplinas, incluyendo el procesamiento de señales, la ingeniería, la física y las telecomunicaciones. La información proporcionada por la Transformada de Fourier es valiosa para comprender y manipular señales en una variedad de aplicaciones.

Transformada de Laplace: Utilizada en el análisis de sistemas lineales y para estudiar la estabilidad de sistemas.

La Transformada de Laplace es una técnica matemática fundamental utilizada en el análisis de sistemas lineales y en la resolución de ecuaciones diferenciales, especialmente en sistemas de tiempo continuo. Esta transformada es ampliamente aplicada en ingeniería, física, matemáticas, y otras disciplinas para estudiar la respuesta y la estabilidad de sistemas dinámicos. Aquí se explican sus características y aplicaciones más importantes:

Dominio de Laplace y dominio del tiempo: La Transformada de Laplace convierte una función de tiempo, típicamente una señal en el dominio del tiempo, en una función en el dominio de Laplace. Este dominio, representado por la variable compleja "s", permite una simplificación de las ecuaciones diferenciales lineales y su análisis.

Sistemas lineales: La Transformada de Laplace se utiliza principalmente para analizar sistemas lineales, donde el principio de superposición es aplicable. Esto significa que la respuesta del sistema a una entrada es la suma de las respuestas a cada componente de entrada individual.

Transformación de ecuaciones diferenciales: Una de las aplicaciones más comunes de la Transformada de Laplace es la transformación de ecuaciones diferenciales lineales en ecuaciones algebraicas, lo que simplifica su resolución. Después de resolver en el dominio de Laplace, se puede realizar una transformada inversa para recuperar la solución en el dominio del tiempo.

Estabilidad de sistemas: La Transformada de Laplace es fundamental para el análisis de la estabilidad de sistemas. Permite analizar la ubicación de los polos (raíces del denominador en el dominio de Laplace) para determinar si un sistema es estable, críticamente estable o inestable.

Respuesta en frecuencia: La Transformada de Laplace permite analizar la respuesta en frecuencia de sistemas lineales. Mediante el estudio de la función de transferencia en el dominio de Laplace, es posible determinar cómo el sistema responde a diferentes frecuencias de entrada.

Control y teoría de sistemas: La Transformada de Laplace es una herramienta crucial en el diseño y análisis de sistemas de control. Permite evaluar el rendimiento y la estabilidad de sistemas de control, diseñar controladores y sintonizar sistemas para cumplir con ciertos requisitos.

Resolución de ecuaciones integro-diferenciales: La Transformada de Laplace también se aplica en la resolución de ecuaciones integro-diferenciales, que son ecuaciones que involucran tanto derivadas como integrales.

Circuitos eléctricos y sistemas mecánicos: En ingeniería eléctrica y mecánica, la Transformada de Laplace se utiliza para analizar circuitos eléctricos y sistemas mecánicos, lo que facilita la predicción de su comportamiento en condiciones diversas.

En resumen, la Transformada de Laplace es una herramienta poderosa que facilita el análisis y la resolución de sistemas lineales, ecuaciones diferenciales, y sistemas de control. Su aplicación es fundamental en la ingeniería, física y matemáticas, y juega un papel crucial en el estudio de la estabilidad y la respuesta en frecuencia de sistemas dinámicos.

Transformada Z: Utilizada en el análisis de sistemas discretos y procesamiento de señales digitales.

La Transformada Z es una herramienta matemática importante utilizada en el análisis de sistemas discretos y el procesamiento de señales digitales. Similar a la Transformada de Laplace para sistemas continuos, la Transformada Z se aplica a sistemas discretos en el dominio discreto o secuencial. A continuación, se describen sus características y aplicaciones más destacadas:

Dominio discreto: A diferencia de la Transformada de Laplace, que se aplica a señales y sistemas continuos en el tiempo, la Transformada Z se utiliza para analizar señales y sistemas discretos en el dominio discreto. Esto es esencial en aplicaciones que involucran sistemas de tiempo discreto, como procesamiento de señales digitales y sistemas de control digitales.

Transformación de secuencias: La Transformada Z transforma una secuencia discreta, como una señal de tiempo discreto o una respuesta impulsiva, en una función compleja en el plano Z. La variable Z representa una variable compleja con componentes reales e imaginarias.

Resolución de ecuaciones en diferencias: La Transformada Z se utiliza para resolver ecuaciones en diferencias, que son la versión discreta de las ecuaciones diferenciales. Convierte ecuaciones en diferencias en ecuaciones algebraicas en el dominio de Z, lo que facilita su solución.

Análisis de sistemas discretos: La Transformada Z se utiliza para analizar la respuesta en frecuencia y la estabilidad de sistemas discretos, como sistemas de control digital, sistemas de filtrado digital y sistemas de procesamiento de señales digitales.

Filtrado digital: Es especialmente útil en el diseño y análisis de filtros digitales. La Transformada Z permite representar y analizar la respuesta en frecuencia de filtros digitales, lo que es esencial para filtrar señales digitales y eliminar componentes no deseadas.

Teoría de señales y sistemas: La Transformada Z es un componente clave en la teoría de señales y sistemas discretos. Se utiliza para el análisis de sistemas de tiempo discreto y para estudiar la relación entre el dominio del tiempo y el dominio de frecuencia en sistemas digitales.

Muestreo y cuantificación de señales: En aplicaciones de procesamiento de señales digitales, como el audio digital, la Transformada Z se utiliza para comprender cómo el muestreo y la cuantificación afectan una señal analógica continua cuando se convierte en una señal digital discreta.

Control digital: La Transformada Z es esencial en el análisis y diseño de sistemas de control digital. Permite el análisis de la respuesta en frecuencia de sistemas de control discretos y la implementación de controladores digitales.

La Transformada Z es una herramienta matemática fundamental en el análisis de sistemas discretos y el procesamiento de señales digitales. Su aplicación se extiende a una amplia gama de campos, desde ingeniería de control hasta procesamiento de señales, y desempeña un papel crucial en el estudio y diseño de sistemas y algoritmos en el dominio discreto.

Algunas aplicaciones del procesamiento de señales incluyen:

Procesamiento de señales de audio: Por ejemplo, para eliminar ruido, comprimir audio o analizar señales musicales.

El procesamiento de señales de audio es una disciplina que involucra el análisis, manipulación y transformación de señales de audio con el objetivo de mejorar la calidad del sonido, extraer información útil o realizar diversas tareas específicas. Algunas de las aplicaciones más comunes del procesamiento de señales de audio incluyen:

Eliminación de ruido: El ruido no deseado en las señales de audio puede ser eliminado o atenuado mediante técnicas de filtrado. Los algoritmos de reducción de ruido se utilizan para eliminar ruidos de fondo no deseados, como zumbidos, ruido blanco, ruido de viento, entre otros.

Compresión de audio: La compresión de audio reduce la cantidad de datos necesarios para almacenar o transmitir señales de audio. Los códecs de audio, como MP3, AAC y Ogg Vorbis, son ampliamente utilizados para comprimir archivos de audio sin una pérdida significativa de calidad.

Codificación y decodificación: La codificación de audio se utiliza para convertir una señal de audio en un formato digital, mientras que la decodificación permite convertir la señal de vuelta al formato original. Estas técnicas son fundamentales en la transmisión y reproducción de audio digital.

Análisis de música y audio: El procesamiento de señales de audio se aplica para el análisis de música, como la detección de notas musicales, acordes y patrones rítmicos. También se utiliza en la clasificación de géneros musicales, la extracción de características musicales y la generación automática de música.

Síntesis de audio: Se utilizan técnicas de procesamiento de señales de audio para sintetizar sonidos y crear música electrónica. La síntesis de audio puede ser substractiva, aditiva, granular o basada en modelos físicos.

Procesamiento de voz: Se aplica en reconocimiento de voz para convertir señales de audio de voz en texto. También se utiliza en síntesis de voz para crear voces artificiales en aplicaciones como asistentes virtuales y sistemas de navegación por voz.

Mejora de calidad de audio: El procesamiento de señales de audio se utiliza para mejorar la calidad de grabaciones antiguas, eliminar clics y ruidos, corregir problemas de sincronización y mejorar la calidad general del audio.

Efectos de audio: Se aplican efectos de audio, como reverberación, eco, flanger y chorus, para alterar intencionadamente el sonido y crear efectos artísticos en la música y el audio.

Mezcla y masterización de audio: En la producción musical, se utiliza el procesamiento de señales de audio para mezclar pistas individuales en una canción y masterizar la mezcla final para obtener una calidad de audio óptima.

Procesamiento en tiempo real: En aplicaciones en tiempo real, como videoconferencias y procesamiento de audio en dispositivos móviles, se emplea el procesamiento de señales de audio para eliminar eco, mejorar la claridad de la voz y aplicar efectos en tiempo real.

El procesamiento de señales de audio es una disciplina en constante evolución con una amplia gama de aplicaciones en diversas industrias, que van desde la música y el entretenimiento hasta la comunicación, la medicina y la automatización. Las técnicas y algoritmos utilizados en el procesamiento de señales de audio continúan mejorando y adaptándose a las necesidades cambiantes de la tecnología y la sociedad.

Procesamiento de imágenes: Para mejorar la calidad de imágenes, detectar objetos en imágenes o realizar análisis de patrones.

El procesamiento de imágenes es una disciplina fundamental en la informática y la visión por computadora que se enfoca en la adquisición, manipulación y análisis de imágenes digitales. Esta área se aplica en una amplia gama de aplicaciones, desde mejorar la calidad de las imágenes hasta detectar objetos, realizar análisis de patrones y mucho más. A continuación, se describen algunas de las aplicaciones más comunes del procesamiento de imágenes:

Mejora de la calidad de imágenes: El procesamiento de imágenes se utiliza para mejorar la calidad de imágenes digitales mediante la eliminación de ruido, corrección de contraste, eliminación de artefactos y mejora de la nitidez. Estas técnicas son útiles en aplicaciones como la fotografía digital y la restauración de imágenes históricas.

Segmentación de imágenes: La segmentación implica dividir una imagen en regiones o objetos distintos. Se utiliza para identificar objetos de interés en una imagen y separarlos de su fondo. Es fundamental en aplicaciones como la detección de objetos y la visión por computadora.

Detección de bordes y contornos: El procesamiento de imágenes se utiliza para detectar bordes y contornos en una imagen, lo que es esencial en tareas de seguimiento de objetos, reconocimiento de formas y segmentación de objetos.

Reconocimiento de patrones: Las técnicas de procesamiento de imágenes se aplican en el reconocimiento de patrones para identificar y clasificar objetos en imágenes. Esto se utiliza en aplicaciones como reconocimiento facial, identificación de huellas dactilares y clasificación de objetos en imágenes médicas.

Detección de movimiento: Se utiliza para detectar el movimiento de objetos en secuencias de imágenes, lo que es fundamental en aplicaciones de vigilancia, seguimiento de objetos y animación por computadora.

Realidad aumentada y realidad virtual: El procesamiento de imágenes se utiliza en la superposición de información digital en el mundo real (realidad aumentada) y la creación de entornos virtuales (realidad virtual).

Medicina y diagnóstico médico: En medicina, se aplica para analizar imágenes médicas, como radiografías, imágenes de resonancia magnética (RM) y tomografías computarizadas (TC) para el diagnóstico y el seguimiento de enfermedades.

Análisis de imágenes satelitales: El procesamiento de imágenes se utiliza para analizar imágenes satelitales y aéreas en aplicaciones como la cartografía, la detección de cambios en el terreno y la vigilancia ambiental.

Procesamiento de imágenes en tiempo real: Se utiliza en aplicaciones en tiempo real, como sistemas de visión en vehículos autónomos para detectar obstáculos y señales de tráfico.

Autenticación y seguridad: Se emplea para verificar la autenticidad de documentos y objetos a través de técnicas de procesamiento de imágenes, como la autenticación de billetes y la verificación de documentos de identidad.

El procesamiento de imágenes es una disciplina interdisciplinaria que combina técnicas de matemáticas, estadísticas, informática y visión por computadora. Las aplicaciones son diversas y siguen evolucionando con los avances tecnológicos, lo que hace que esta área sea fundamental en muchas industrias y campos de investigación.

Procesamiento de señales biomédicas: Como el análisis de señales de electrocardiogramas (ECG) para detectar anomalías cardíacas.

El procesamiento de señales biomédicas es una rama especializada del procesamiento de señales que se centra en la adquisición, análisis y procesamiento de señales provenientes del cuerpo humano. Se utiliza para extraer información valiosa de diversas señales biomédicas, lo que es fundamental en aplicaciones médicas y de investigación. Algunas de las aplicaciones más importantes del procesamiento de señales biomédicas incluyen:

Electrocardiografía (ECG): El análisis de señales de ECG se utiliza para detectar anomalías cardíacas y evaluar la función cardíaca. Puede identificar arritmias, infartos de miocardio, bloqueos cardíacos y otras afecciones cardíacas.

Electroencefalografía (EEG): Se aplica en el estudio de señales de EEG para el diagnóstico de trastornos neurológicos y la investigación en neurociencia. Puede detectar epilepsia, enfermedades neurodegenerativas y otros trastornos cerebrales.

Señales de electromiografía (EMG): El procesamiento de señales EMG se utiliza para evaluar la actividad eléctrica de los músculos. Se emplea en el diagnóstico de trastornos neuromusculares y en aplicaciones de rehabilitación.

Señales de presión arterial: Se utilizan para monitorear la presión arterial y detectar hipertensión, hipotensión y otros trastornos relacionados con la presión arterial.

Señales de oximetría de pulso: El análisis de señales de oximetría de pulso se utiliza para medir la saturación de oxígeno en la sangre y detectar trastornos respiratorios y cardíacos.

Señales de imagen médica: El procesamiento de señales biomédicas también se aplica en imágenes médicas, como tomografías computarizadas (TC), resonancias magnéticas (RM) y ultrasonidos. Permite la detección y el diagnóstico de enfermedades, la segmentación de órganos y la mejora de la calidad de las imágenes.

Monitoreo y telemetría médica: En aplicaciones de monitoreo continuo, como unidades de cuidados intensivos, el procesamiento de señales biomédicas se utiliza para detectar cambios en el estado de salud de los pacientes y emitir alarmas en caso de anomalías.

Procesamiento de señales en tiempo real: El procesamiento en tiempo real de señales biomédicas se aplica en dispositivos portátiles y sistemas de telemedicina para el monitoreo constante de la salud del paciente.

Análisis de patrones y aprendizaje automático: Se aplican técnicas de análisis de patrones y aprendizaje automático para clasificar y diagnosticar enfermedades basándose en las señales biomédicas, como la detección de cáncer en imágenes de mamografía.

Biomecánica y análisis de movimiento: El procesamiento de señales biomédicas también se aplica en el análisis de movimiento y la biomecánica para evaluar la función musculoesquelética, la marcha y el rendimiento atlético.

En resumen, el procesamiento de señales biomédicas desempeña un papel esencial en el diagnóstico médico, la investigación biomédica y la atención médica personalizada. Permite extraer información valiosa de una amplia variedad de señales relacionadas con el cuerpo humano, lo que contribuye significativamente al campo de la medicina y la salud.

Comunicaciones: Para el diseño de sistemas de modulación y demodulación de señales, así como la corrección de errores en la transmisión de datos.

El procesamiento de señales es una disciplina fundamental que se utiliza en una amplia variedad de aplicaciones para analizar, filtrar, transformar y extraer información de señales, lo que permite comprender mejor el mundo que nos rodea y desarrollar tecnologías avanzadas en diversas áreas.

El procesamiento de señales juega un papel fundamental en el campo de las comunicaciones, donde se utiliza para el diseño, la transmisión y la recepción de señales de información. Algunas de las aplicaciones más importantes del procesamiento de señales en el ámbito de las comunicaciones incluyen:

Modulación y demodulación: La modulación es el proceso de superponer una señal de información (como voz o datos) en una portadora de alta frecuencia para su transmisión. La demodulación es el proceso inverso, que separa la señal de información de la portadora en el receptor. El procesamiento de señales se utiliza en el diseño de técnicas de modulación y demodulación para sistemas de comunicación, como modulación de amplitud, modulación de frecuencia, modulación de fase y técnicas digitales como la modulación por desplazamiento de fase (PSK) y la modulación de amplitud en cuadratura (QAM).

Codificación y corrección de errores: En la transmisión de datos, se utilizan códigos de corrección de errores para detectar y corregir errores que pueden ocurrir durante la transmisión. El procesamiento de señales se aplica en el diseño y la implementación de algoritmos de corrección de errores, como códigos de Hamming, códigos Reed-Solomon y códigos convolucionales.

Filtrado y equalización: En sistemas de comunicación, se emplean filtros y técnicas de equalización para mejorar la calidad de la señal recibida y reducir la interferencia. Esto es especialmente importante en sistemas inalámbricos y de comunicación por fibra óptica.

Sincronización de reloj: La sincronización de reloj es esencial en sistemas de comunicación para garantizar que los emisores y receptores estén sincronizados en términos de tiempo y frecuencia. El procesamiento de señales se utiliza para implementar algoritmos de sincronización de reloj precisos.

Modulación adaptativa: En entornos de comunicación variables, como canales inalámbricos, se utiliza la modulación adaptativa para ajustar automáticamente la tasa de transmisión y el esquema de modulación según las condiciones del canal. Esto mejora la eficiencia de la transmisión y la calidad de la señal.

Redes de comunicación: En el diseño y funcionamiento de redes de comunicación, como redes de telefonía, redes de datos y redes móviles, se aplica el procesamiento de señales para encaminar, conmutar y gestionar el tráfico de información.

Compresión de datos: La compresión de datos se utiliza para reducir el ancho de banda necesario para transmitir información, lo que es crucial en aplicaciones como la transmisión de video y audio a través de redes.

Transmisión digital: En las comunicaciones modernas, la transmisión digital es la norma. El procesamiento de señales se utiliza para la digitalización de señales analógicas y la transmisión de información en formato digital, lo que permite una transmisión más robusta y eficiente.

Seguridad en comunicaciones: La criptografía y la seguridad en las comunicaciones dependen del procesamiento de señales para cifrar y descifrar datos, garantizando la confidencialidad y la autenticidad de la información transmitida.

Redes de área local (LAN) y redes de área amplia (WAN): El procesamiento de señales se aplica en el diseño y funcionamiento de LAN y WAN para la transmisión eficiente de datos en entornos empresariales y de telecomunicaciones.

El procesamiento de señales desempeña un papel esencial en la infraestructura de comunicaciones moderna, permitiendo la transmisión confiable de datos y voz en una variedad de aplicaciones, desde redes inalámbricas hasta comunicaciones por satélite y comunicaciones.

13.Inteligencia artificial para la robótica: aprendizaje, razonamiento, decisión y comunicación.

La inteligencia artificial (IA) desempeña un papel fundamental en la robótica moderna, permitiendo que los robots sean más autónomos, adaptables y capaces de realizar una variedad de tareas en entornos cambiantes. Los cuatro aspectos clave de la IA que mencionaste: aprendizaje, razonamiento, toma de decisiones y comunicación son elementos esenciales en la construcción de robots inteligentes.

Aprendizaje: El aprendizaje automático es una rama crucial de la IA que permite a los robots adquirir conocimientos y habilidades a través de la experiencia. Los algoritmos de aprendizaje automático, como las redes neuronales, pueden utilizarse para entrenar a los robots en la percepción de su entorno, el reconocimiento de objetos, la navegación y la interacción con objetos y personas.

El aprendizaje automático es, en efecto, una rama fundamental de la inteligencia artificial (IA) que se centra en desarrollar algoritmos y modelos que permiten a las máquinas, como robots o programas de computadora, aprender y mejorar su desempeño a través de la experiencia. A diferencia de la programación tradicional, donde las reglas y las instrucciones son escritas explícitamente por humanos, en el aprendizaje automático, los sistemas son capaces de aprender de datos y ajustar su comportamiento de manera autónoma.

El proceso de aprendizaje automático implica los siguientes elementos clave:

Datos: Los algoritmos de aprendizaje automático requieren datos para aprender. Estos datos pueden ser de diversos tipos, como imágenes, texto, números, etc.

Modelo de aprendizaje: Se construye un modelo matemático que representa una aproximación del sistema que se quiere aprender. Este modelo se entrena con los datos disponibles para aprender patrones y relaciones en los datos.

Entrenamiento: Durante esta etapa, el modelo se ajusta iterativamente a los datos, refinando sus parámetros para minimizar errores o diferencias entre las predicciones del modelo y los datos reales. La retroalimentación constante es fundamental.

Prueba y evaluación: Una vez que el modelo ha sido entrenado, se prueba en datos que no ha visto previamente para evaluar su capacidad de generalización y su precisión.

Despliegue en aplicaciones reales: Después de un entrenamiento satisfactorio y evaluación, el modelo se utiliza en aplicaciones del mundo real para realizar tareas específicas, como reconocimiento de patrones, toma de decisiones, recomendaciones, entre otras.

El aprendizaje automático se utiliza en una amplia gama de aplicaciones, desde la visión por computadora y el procesamiento de lenguaje natural hasta la automatización de procesos y la toma de decisiones en tiempo real. Los algoritmos de aprendizaje automático pueden ser supervisados, no supervisados o de refuerzo, dependiendo de la naturaleza de los datos y el tipo de tarea que se busca resolver.

En resumen, el aprendizaje automático es esencial para permitir a las máquinas adquirir conocimientos y habilidades a través de la experiencia, lo que las hace capaces de mejorar su rendimiento y adaptarse a situaciones cambiantes sin intervención humana constante.

Razonamiento: El razonamiento es la capacidad de los robots para procesar información y extraer conclusiones lógicas a partir de ella. Los sistemas de razonamiento pueden utilizarse para planificar rutas de navegación, resolver problemas complejos y tomar decisiones informadas en tiempo real.

El razonamiento es un componente crucial en la inteligencia artificial y la robótica. Se refiere a la capacidad de un sistema, como un robot o una máquina, para procesar información de manera lógica y llegar a conclusiones basadas en datos y reglas predefinidas. El razonamiento es una parte fundamental de la toma de decisiones y la resolución de problemas en entornos diversos.

El razonamiento en inteligencia artificial se puede dividir en varias categorías:

Razonamiento deductivo: En este enfoque, se aplican reglas lógicas para llegar a conclusiones a partir de premisas. Si se tienen declaraciones verdaderas y reglas lógicas válidas, el razonamiento deductivo garantiza la obtención de conclusiones correctas. Por ejemplo, si sabemos que "todos los hombres son mortales" y "Sócrates es un hombre", podemos deducir que "Sócrates es mortal".

Razonamiento inductivo: En contraste con el razonamiento deductivo, el razonamiento inductivo implica extraer conclusiones generales a partir de observaciones específicas. Estas conclusiones pueden no ser absolutamente ciertas, pero se basan en la probabilidad y en la generalización de patrones observados. Por ejemplo, si observamos que todos los individuos que hemos visto hasta ahora son zurdos, podríamos inducir que "la mayoría de las personas son zurdas".

Razonamiento abductivo: Este tipo de razonamiento se utiliza para generar explicaciones lógicas y posibles a partir de observaciones o evidencias limitadas. Es un tipo de razonamiento más orientado a la generación de hipótesis. Por ejemplo, si encontramos un charco de agua en el suelo y la ropa de alguien está mojada, podríamos abducir que "probablemente llovió y esa persona se mojó".

Razonamiento probabilístico: En muchos casos, el razonamiento en la inteligencia artificial se basa en la probabilidad. Esto implica evaluar la probabilidad de que ciertos eventos ocurran y tomar decisiones en función de esas probabilidades.

El razonamiento es esencial en la toma de decisiones, la planificación y la resolución de problemas en robots y sistemas de inteligencia artificial. Los sistemas de IA a menudo combinan diferentes formas de razonamiento para abordar tareas complejas y adaptarse a situaciones cambiantes. El razonamiento es una parte esencial de cómo los robots y otros sistemas automatizados interactúan con su entorno y toman decisiones informadas.

Toma de decisiones: Los robots deben ser capaces de tomar decisiones autónomas en función de la información que recopilan y su capacidad de razonamiento. Esto implica evaluar múltiples opciones y elegir la más adecuada en función de los objetivos y las restricciones del robot.

La capacidad de tomar decisiones autónomas es un aspecto fundamental de la robótica y la inteligencia artificial, y está estrechamente relacionada con el razonamiento que mencionamos anteriormente. Los robots autónomos deben ser capaces de procesar información de su entorno, analizarla y tomar decisiones informadas basadas en esa información. Aquí hay algunos puntos clave relacionados con la toma de decisiones en robots:

Sensores y percepción: Los robots utilizan sensores, como cámaras, micrófonos, láseres, y otros dispositivos, para recopilar información sobre su entorno. Esto puede incluir datos visuales, auditivos, táctiles y más. La percepción es fundamental para que los robots entiendan su entorno.

Procesamiento de datos: Una vez que los robots recopilan información, deben procesar estos datos para extraer características relevantes y comprender el contexto. Esto puede implicar el uso de algoritmos de visión por computadora, procesamiento de lenguaje natural u otros enfoques de procesamiento de datos.

Razonamiento y toma de decisiones: El razonamiento, como se mencionó anteriormente, es esencial para evaluar la información disponible y determinar las acciones a tomar. Los robots pueden utilizar lógica, algoritmos de aprendizaje automático, reglas predefinidas y otros métodos de razonamiento para llegar a decisiones.

Planificación y control: Una vez que se ha tomado una decisión, el robot necesita planificar las acciones necesarias para llevar a cabo esa decisión y controlar sus actuadores (como motores y brazos robóticos) para ejecutar esas acciones de manera efectiva.

Feedback y adaptación: La toma de decisiones no es un proceso estático. Los robots deben estar preparados para recibir retroalimentación de su entorno y ajustar sus decisiones y acciones en función de la información actual. Esto implica una capacidad de adaptación y aprendizaje continuo.

Consideración de la ética y la seguridad: En situaciones donde los robots interactúan con humanos o están involucrados en entornos críticos, la toma de decisiones también debe tener en cuenta consideraciones éticas y de seguridad. Los robots autónomos deben ser programados o entrenados para tomar decisiones que sean seguras y éticas.

La toma de decisiones autónomas es particularmente relevante en aplicaciones como la robótica móvil, los vehículos autónomos, la automatización industrial y la robótica de asistencia. En estas aplicaciones, la capacidad de tomar decisiones rápidas y precisas es esencial para garantizar un funcionamiento eficiente y seguro de los robots en entornos cambiantes y a menudo impredecibles.

Comunicación: La comunicación es esencial para que los robots interactúen con otros robots y con seres humanos de manera efectiva. Esto puede implicar la comunicación a través de voz, gestos, señales visuales o datos intercambiados entre robots. La comunicación también es fundamental para la coordinación en entornos de múltiples robots.

La comunicación es, sin duda, un componente esencial en la interacción efectiva de los robots con otros robots y con seres humanos. La capacidad de comunicarse permite a los robots compartir información, recibir instrucciones, colaborar en tareas y funcionar de manera más inteligente y adaptable en diversos entornos. Aquí hay algunas formas en que la comunicación es esencial en la robótica:

Comunicación entre robots: En entornos donde varios robots trabajan juntos, la comunicación entre ellos es vital. Pueden compartir datos sobre su estado, sus observaciones y coordinar sus acciones. Por ejemplo, en una fábrica automatizada, los robots pueden comunicarse para evitar colisiones, sincronizar sus movimientos y colaborar en la producción.

Interacción humano-robot: Los robots a menudo están diseñados para interactuar con seres humanos. La comunicación efectiva es clave para que los robots comprendan las necesidades y preferencias de las personas y para que las personas comprendan las intenciones y acciones de los robots. Esto es especialmente importante en aplicaciones como la robótica de asistencia, donde los robots pueden ayudar a las personas mayores o discapacitadas en la vida diaria.

Comunicación de datos sensoriales: Los robots suelen utilizar sensores para recopilar información sobre su entorno. Esta información se puede comunicar a través de datos sensoriales para que otros sistemas o personas puedan comprender lo que está sucediendo. Por ejemplo, un robot de exploración en Marte puede transmitir datos sobre la superficie del planeta a científicos en la Tierra.

Comunicación verbal y gestual: En muchos casos, los robots pueden comunicarse verbalmente a través del habla sintetizada o la comprensión del lenguaje natural. También pueden utilizar gestos, expresiones faciales y otros medios visuales o auditivos para comunicar emociones o intenciones. Esto es importante en la interacción humano-robot, donde la comunicación no verbal es relevante.

Comunicación en tiempo real: En entornos dinámicos, la comunicación en tiempo real es esencial. Los robots deben poder intercambiar información de manera rápida y eficiente para tomar decisiones y responder a cambios en su entorno de manera oportuna.

Seguridad y protocolos de comunicación: En aplicaciones críticas, como la cirugía asistida por robots o vehículos autónomos, los protocolos de comunicación segura son fundamentales para garantizar la seguridad de las operaciones. Esto implica la protección de la información y la prevención de ataques cibernéticos.

La comunicación desempeña un papel fundamental en la robótica al permitir la colaboración, la interacción y la toma de decisiones efectivas en una variedad de aplicaciones. Los avances en tecnologías de comunicación, como la inteligencia artificial aplicada al procesamiento del lenguaje natural y la visión por computadora, continúan mejorando la capacidad de los robots para comunicarse de manera más natural y útil en entornos diversos.

La combinación de estos aspectos de la IA permite crear robots que pueden realizar una amplia gama de tareas, desde la fabricación automatizada en entornos industriales hasta la asistencia en el hogar, la exploración espacial y la atención médica. A medida que la tecnología de IA avanza, es probable que veamos robots cada vez más sofisticados y versátiles que pueden llevar a cabo tareas cada vez más complejas en una variedad de entornos.

14.Aprendizaje automático para la robótica: supervisado, no supervisado, reforzado y profundo.

El aprendizaje automático es una rama de la inteligencia artificial que se utiliza ampliamente en la robótica para permitir que los robots adquieran habilidades y tomen decisiones basadas en datos. Aquí tienes una descripción de los diferentes enfoques de aprendizaje automático utilizados en la robótica:

Aprendizaje Supervisado:

En el aprendizaje supervisado, los algoritmos se entrenan utilizando un conjunto de datos etiquetado, donde cada entrada se asocia con una etiqueta o una respuesta conocida.

El aprendizaje supervisado es uno de los enfoques más comunes en el aprendizaje automático, donde los algoritmos se entrenan utilizando un conjunto de datos etiquetado. En este proceso de entrenamiento, cada entrada de datos se asocia con una etiqueta o respuesta conocida, lo que permite al algoritmo aprender a hacer predicciones o clasificaciones basadas en ejemplos previos.

Conjunto de datos etiquetado: En el aprendizaje supervisado, se requiere un conjunto de datos que contenga ejemplos de entrada junto con las respuestas correctas asociadas. Estas respuestas se conocen como etiquetas o salidas deseadas. Por ejemplo, si estás entrenando un modelo de clasificación de imágenes para reconocer gatos y perros, cada imagen en el conjunto de datos contendría una etiqueta que indica si la imagen representa un gato o un perro.

Entrenamiento del modelo: Durante la fase de entrenamiento, el algoritmo utiliza este conjunto de datos etiquetado para aprender a realizar predicciones. El objetivo es que el algoritmo encuentre patrones y relaciones entre las entradas y las etiquetas de manera que, una vez entrenado, pueda generalizar y hacer predicciones precisas para nuevas entradas no vistas en el conjunto de entrenamiento.

Evaluación del modelo: Después del entrenamiento, se evalúa el modelo utilizando un conjunto de datos separado, conocido como conjunto de datos de prueba o validación. Este conjunto de datos también contiene ejemplos con etiquetas, pero el modelo no ha visto estos ejemplos durante el entrenamiento. La evaluación determina la capacidad del modelo para hacer predicciones precisas y generalizar a nuevos datos.

Uso en aplicaciones reales: Una vez que el modelo ha sido entrenado y evaluado con éxito, se puede utilizar para hacer predicciones en aplicaciones del mundo real. Por ejemplo, un modelo de clasificación de correo electrónico podría haber sido entrenado en datos de correo electrónico etiquetados como "spam" o "no spam" y luego se utilizaría para filtrar automáticamente el correo no deseado.

El aprendizaje supervisado se utiliza en una amplia variedad de aplicaciones, como clasificación, regresión, reconocimiento de patrones, procesamiento de lenguaje natural y más. La calidad de los resultados depende en gran medida de la calidad y la cantidad de datos etiquetados disponibles, así como de la elección del algoritmo de aprendizaje adecuado.

En el contexto de la robótica, esto podría implicar entrenar a un robot para reconocer objetos en su entorno o para realizar tareas específicas, como la clasificación de objetos o la navegación, utilizando datos etiquetados para el entrenamiento.

En el contexto de la robótica, el aprendizaje supervisado es una técnica fundamental que se utiliza para entrenar a los robots en una variedad de tareas. Algunos ejemplos de cómo se aplica el aprendizaje supervisado en la robótica incluyen:

Reconocimiento de objetos: Los robots pueden ser entrenados para reconocer objetos en su entorno utilizando conjuntos de datos etiquetados que contienen imágenes o datos sensoriales junto con etiquetas que indican qué objetos se encuentran en esas imágenes. Esto es esencial para la percepción y la interacción de los robots con objetos en su entorno.

Clasificación de objetos: Los robots pueden ser entrenados para clasificar objetos en diferentes categorías o clases. Por ejemplo, un robot en un almacén podría ser entrenado para clasificar productos en categorías específicas o para identificar objetos defectuosos en una línea de producción.

Navegación autónoma: En aplicaciones de robótica móvil, como vehículos autónomos y drones, el aprendizaje supervisado se utiliza para entrenar a los robots en la navegación. Los robots se entrenan para reconocer señales de tráfico, peatones, obstáculos y señales de navegación, lo que les permite tomar decisiones seguras de conducción y navegación.

Manipulación de objetos: Los robots industriales y de servicio pueden ser entrenados para realizar tareas de manipulación de objetos, como ensamblaje, embalaje o recolección de productos. El aprendizaje supervisado permite a los robots aprender a agarrar y manipular objetos de manera efectiva.

Interacción humano-robot: En aplicaciones de asistencia y cuidado de la salud, los robots pueden ser entrenados para interactuar con seres humanos de manera segura y efectiva. Esto incluye la comprensión del lenguaje humano y la detección de gestos para una comunicación eficaz.

El aprendizaje supervisado proporciona a los robots la capacidad de tomar decisiones basadas en la información que han adquirido durante el entrenamiento. A medida que los robots recopilan más datos y se enfrentan a una variedad de situaciones en el mundo real, su capacidad de realizar tareas específicas mejora, lo que los hace más versátiles y útiles en diversas aplicaciones.

Aprendizaje No Supervisado:

En el aprendizaje no supervisado, los algoritmos se utilizan para encontrar patrones y estructuras ocultas en los datos sin etiquetar.

El aprendizaje no supervisado es una rama del aprendizaje automático en la cual los algoritmos se utilizan para encontrar patrones y estructuras en los datos sin etiquetar. A diferencia del aprendizaje supervisado, donde los datos están etiquetados con respuestas conocidas, en el aprendizaje no supervisado, los datos no tienen etiquetas predefinidas, y el objetivo principal es descubrir información oculta, relaciones o estructuras dentro de esos datos. Hay dos tipos comunes de aprendizaje no supervisado:

Agrupamiento (Clustering): En esta modalidad, los algoritmos buscan agrupar los datos en conjuntos o clústeres de manera que los elementos dentro de un mismo clúster sean más similares entre sí que con elementos en otros clústeres. El agrupamiento puede revelar patrones naturales o grupos en los datos que pueden ser útiles para tareas posteriores. Algunos algoritmos de agrupamiento populares incluyen el K-means y el agrupamiento jerárquico.

Reducción de dimensionalidad (Dimensionality Reduction): En lugar de agrupar datos, los algoritmos de reducción de dimensionalidad se utilizan para reducir la complejidad de los datos al proyectarlos en un espacio de menor dimensión mientras se conservan las características importantes. Esto es útil para simplificar los datos, eliminar el ruido y destacar características relevantes. El análisis de componentes principales (PCA) y el t-SNE son ejemplos de técnicas de reducción de dimensionalidad.

El aprendizaje no supervisado se aplica en una variedad de dominios, incluyendo la visión por computadora, el procesamiento de lenguaje natural y la minería de datos. Algunos ejemplos de aplicaciones prácticas incluyen la segmentación de clientes en marketing, la detección de anomalías en seguridad cibernética, la comprensión de patrones de comportamiento de usuarios en redes sociales y la organización de grandes conjuntos de datos para facilitar su análisis.

Una característica importante del aprendizaje no supervisado es que a menudo se utiliza como un paso previo en el análisis de datos antes de aplicar el aprendizaje supervisado. Puede ayudar a identificar características relevantes, estructuras subyacentes y reducir la complejidad de los datos, lo que puede mejorar el rendimiento de los modelos de aprendizaje supervisado.

En robótica, esto puede aplicarse para la segmentación de objetos en una escena, la agrupación de objetos similares o la creación de mapas de entorno sin la necesidad de etiquetas previas. El aprendizaje no supervisado se aplica de varias formas para abordar tareas relacionadas con la percepción y la comprensión del entorno.

Segmentación de objetos en una escena: Los robots pueden utilizar técnicas de aprendizaje no supervisado para identificar y segmentar objetos en una escena. Esto implica la detección de bordes, la agrupación de píxeles o regiones de imagen similares y la separación de objetos del fondo sin la necesidad de etiquetas previas. Esto es fundamental para la percepción visual en robots, lo que les permite reconocer y comprender su entorno.

Agrupación de objetos similares: Los algoritmos de agrupamiento no supervisado son útiles para agrupar objetos similares o elementos en una escena. Por ejemplo, un robot podría utilizar técnicas de agrupamiento para organizar los objetos que detecta en categorías basadas en su similitud visual, lo que facilita la identificación y el seguimiento de objetos en el entorno.

Creación de mapas de entorno: En la navegación autónoma, los robots pueden utilizar algoritmos de reducción de dimensionalidad o agrupamiento para crear mapas del entorno sin etiquetas previas. Esto implica la identificación de características clave en los datos sensoriales, como la detección de obstáculos, la identificación de pasillos o la agrupación de regiones de interés en un mapa tridimensional.

Detección de anomalías: Los robots también pueden utilizar técnicas de aprendizaje no supervisado para detectar anomalías o eventos inusuales en su entorno. Esto es valioso en aplicaciones de seguridad y supervisión, como la detección de intrusiones en entornos industriales o la identificación de comportamientos anómalos en sistemas autónomos.

En todos estos casos, el aprendizaje no supervisado permite a los robots explorar y comprender su entorno de manera autónoma, sin depender de etiquetas o anotaciones previas. Esto es especialmente importante en entornos dinámicos y desconocidos donde los robots deben adaptarse a situaciones cambiantes y aprender de manera continua. El aprendizaje no supervisado es una herramienta esencial para la percepción y la toma de decisiones autónomas en la robótica.

Aprendizaje por Refuerzo:

El aprendizaje por refuerzo se utiliza para entrenar a los robots para tomar decisiones secuenciales basadas en el entorno y las acciones previas.

El aprendizaje por refuerzo es un enfoque fundamental en el aprendizaje automático y la robótica que se utiliza para entrenar a los robots y sistemas autónomos para tomar decisiones secuenciales basadas en su interacción con el entorno y las acciones previas. En lugar de recibir datos etiquetados como en el aprendizaje supervisado, en el aprendizaje por refuerzo, un agente (que podría ser un robot) aprende a través de prueba y error, explorando su entorno y tomando decisiones con el objetivo de maximizar una recompensa acumulativa.

Aquí hay algunos conceptos clave en el aprendizaje por refuerzo:

Agente: El agente es el robot o sistema autónomo que toma decisiones en un entorno dado. Su objetivo es aprender a tomar acciones que maximicen su recompensa a lo largo del tiempo.

Entorno: El entorno es el contexto en el que opera el agente. Puede ser un mundo virtual o físico en el que el agente interactúa. El entorno proporciona retroalimentación en forma de recompensas o penalizaciones en función de las acciones tomadas por el agente.

Recompensa: La recompensa es una señal numérica que indica cuán bueno o malo fue el resultado de una acción tomada por el agente en un estado particular. El agente busca aprender a tomar acciones que maximicen la recompensa acumulativa a lo largo del tiempo.

Política: La política es una estrategia que el agente sigue para tomar decisiones en función de su conocimiento actual. El objetivo es aprender una política óptima que maximice las recompensas a largo plazo.

Exploración vs. Explotación: El agente enfrenta un dilema entre explorar nuevas acciones para descubrir estrategias más efectivas y explotar las acciones que cree que son las mejores en función de su experiencia previa. En el aprendizaje por refuerzo, se busca un equilibrio entre la exploración y la explotación.

Proceso de aprendizaje: El agente aprende iterativamente a través de la interacción con el entorno. A medida que toma acciones y recibe recompensas, ajusta su política para mejorar su desempeño con el tiempo. Algunos algoritmos comunes utilizados en el aprendizaje por refuerzo incluyen Q-learning, SARSA, y métodos de aprendizaje profundo, como el DDPG y el PPO.

El aprendizaje por refuerzo se aplica en una amplia gama de aplicaciones robóticas, como la navegación autónoma, el control de brazos robóticos, la toma de decisiones en tiempo real y la optimización de tareas complejas. Permite a los robots adaptarse a entornos dinámicos y aprender estrategias efectivas para resolver problemas secuenciales y dinámicos.

Los robots aprenden a través de la interacción con su entorno, recibiendo recompensas o penalizaciones en función de sus acciones. Aprenden a maximizar la recompensa acumulada a lo largo del tiempo.

en el aprendizaje por refuerzo, los robots y otros agentes de inteligencia artificial aprenden a través de la interacción con su entorno, y esta interacción se rige por el concepto de recompensa. Los agentes toman decisiones, realizan acciones y reciben recompensas o penalizaciones en función de esas acciones. El objetivo fundamental del agente es aprender una política que le permita maximizar la recompensa acumulada a lo largo del tiempo.

Observación del entorno: El agente recopila información sobre el entorno a través de sus sensores. Esto podría incluir datos visuales, datos sensoriales táctiles, información sobre su ubicación, etc.

Elección de acciones: Con base en su observación del entorno y su conocimiento actual, el agente decide qué acción tomar. La elección de la acción se realiza de acuerdo con su política, que es una estrategia que guía sus decisiones.

Realización de acciones: El agente ejecuta la acción elegida en el entorno.

Obtención de recompensas: Luego de realizar una acción, el agente recibe una recompensa o una penalización del entorno. La recompensa refleja cuán beneficiosa o perjudicial fue la acción en términos de los objetivos del agente.

Actualización de la política: El agente utiliza la recompensa para evaluar la bondad de sus acciones pasadas y ajustar su política. El objetivo es aprender a tomar acciones que maximicen la recompensa acumulada a lo largo del tiempo.

Iteración continua: El proceso de observación, elección de acciones, realización de acciones, obtención de recompensas y actualización de la política se repite en un ciclo continuo. Con el tiempo, el agente mejora su política y aprende a tomar decisiones más efectivas.

Este ciclo de interacción y aprendizaje continúa hasta que el agente desarrolla una política que le permite tomar decisiones óptimas o casi óptimas en su entorno. El aprendizaje por refuerzo es ampliamente utilizado en la robótica y en una variedad de aplicaciones, incluyendo la navegación autónoma, el control de robots manipuladores y la toma de decisiones en entornos complejos y dinámicos.

Esto se usa en tareas como la navegación autónoma, la manipulación de objetos y el control de robots en entornos dinámicos.

El aprendizaje por refuerzo se utiliza en una amplia variedad de tareas de robótica, incluyendo:

Navegación Autónoma: Los robots móviles, como vehículos autónomos o drones, utilizan el aprendizaje por refuerzo para aprender a navegar de manera segura y eficiente en entornos desconocidos. Esto implica la toma de decisiones en tiempo real para evitar obstáculos, seguir rutas, y optimizar la navegación.

Manipulación de Objetos: En la robótica de manipulación, los robots utilizan el aprendizaje por refuerzo para aprender a agarrar, mover y manipular objetos de manera efectiva. Pueden adaptarse a objetos de diferentes formas y tamaños, así como aprender estrategias de manipulación óptimas.

Control de Robots en Entornos Dinámicos: En entornos industriales y de logística, los robots a menudo deben lidiar con situaciones cambiantes y dinámicas. El aprendizaje por refuerzo se utiliza para que los robots se adapten a estas circunstancias y tomen decisiones óptimas en tiempo real.

Aprendizaje de Tareas Complejas: Los robots pueden aprender tareas complejas secuenciales, como la fabricación automatizada, el ensamblaje de productos, la recolección y la organización de objetos, a través del aprendizaje por refuerzo. Esto les permite adaptarse a diferentes situaciones y lograr eficiencia en la realización de tareas.

El aprendizaje por refuerzo es especialmente útil en situaciones en las que las acciones de un robot tienen un impacto directo en su entorno y en las que las estrategias de toma de decisiones pueden ser adaptativas. A través de la interacción continua y la optimización de la recompensa acumulada, los robots pueden aprender a realizar tareas complejas de manera autónoma y eficiente. Este enfoque es fundamental para lograr la autonomía en la robótica y en la creación de robots capaces de operar en una variedad de entornos y realizar tareas diversas.

Aprendizaje Profundo:

El aprendizaje profundo, también conocido como redes neuronales profundas, se utiliza en la robótica para procesar datos sensoriales complejos, como imágenes y datos de sensores, y para tomar decisiones más sofisticadas.

El aprendizaje profundo, también conocido como deep learning o redes neuronales profundas, es una técnica ampliamente utilizada en la robótica para procesar datos sensoriales complejos y tomar decisiones sofisticadas. Las redes neuronales profundas son un tipo de modelo de aprendizaje automático que se compone de múltiples capas de neuronas artificiales, lo que les permite aprender representaciones jerárquicas y complejas de datos.

Aquí hay algunas formas en las que el aprendizaje profundo se aplica en la robótica:

Visión por Computadora: En aplicaciones de visión por computadora, las redes neuronales profundas se utilizan para procesar imágenes y videos capturados por cámaras montadas en robots. Pueden detectar objetos, reconocer patrones, rastrear objetos en movimiento, y realizar tareas de segmentación de imágenes.

Procesamiento de Lenguaje Natural: En robótica con interacción humano-robot, las redes neuronales profundas se aplican para comprender y generar lenguaje natural. Esto permite a los robots comprender comandos verbales, responder preguntas, traducir idiomas y mantener conversaciones más naturales con los usuarios.

Control de Robots: Las redes neuronales profundas se utilizan en el control de robots para aprender políticas de control que son más precisas y eficientes en la realización de tareas, ya sea en la navegación autónoma, la manipulación de objetos o el control de drones.

Aprendizaje por Refuerzo: El aprendizaje profundo se combina a menudo con el aprendizaje por refuerzo para capacitar a robots en la toma de decisiones secuenciales y en la adaptación a entornos complejos. Los agentes de refuerzo utilizan redes neuronales profundas para aprender políticas óptimas basadas en observaciones del entorno y recompensas.

Percepción Multimodal: En entornos robóticos, los sensores pueden proporcionar información en múltiples modalidades, como visión, audio y datos táctiles. El aprendizaje profundo se usa para fusionar y procesar estos datos multimodales y permitir a los robots comprender su entorno de manera más completa.

Autonomía: En general, el aprendizaje profundo se utiliza para aumentar la autonomía de los robots al permitirles tomar decisiones más complejas, adaptarse a situaciones cambiantes y aprender de manera continua.

El aprendizaje profundo ha revolucionado la robótica al permitir a los robots comprender y actuar en entornos más complejos y dinámicos. Estos modelos de aprendizaje automático han demostrado ser especialmente efectivos en tareas de procesamiento de datos sensoriales y toma de decisiones en tiempo real, lo que los hace esenciales para la creación de robots más avanzados y versátiles.

Las redes neuronales profundas son especialmente útiles en tareas de percepción, como la visión por computadora, la detección de objetos y la segmentación de imágenes en entornos robóticos.

Las redes neuronales profundas son especialmente útiles en tareas de percepción en entornos robóticos, como la visión por computadora, la detección de objetos y la segmentación de imágenes. Aquí hay más información sobre cómo se aplican en estas tareas específicas:

Visión por Computadora: Las redes neuronales profundas han transformado la visión por computadora en robótica. Estas redes pueden aprender a identificar patrones visuales en imágenes, lo que es esencial para la percepción visual de los robots. Pueden detectar objetos, reconocer caras, seguir trayectorias y realizar muchas otras tareas relacionadas con la visión.

Detección de Objetos: En la detección de objetos, las redes neuronales profundas se utilizan para localizar y clasificar objetos en imágenes o videos. Los robots pueden usar esta capacidad para identificar objetos de interés en su entorno, lo que es útil en aplicaciones como la automatización industrial, la logística y la robótica de servicio.

Segmentación de Imágenes: La segmentación de imágenes implica dividir una imagen en regiones o píxeles que corresponden a diferentes objetos o partes de un objeto. Las redes neuronales profundas son efectivas para esta tarea, ya que pueden aprender a diferenciar entre objetos y su entorno o entre diferentes partes de un objeto. Esto es útil para la percepción detallada y la interacción precisa con el entorno.

Reconocimiento de Patrones: Las redes neuronales profundas también son excelentes para el reconocimiento de patrones, lo que incluye la identificación de características y estructuras en datos visuales. Esto es fundamental para la interpretación de mapas, la detección de rutas y la navegación autónoma en entornos complejos.

Interpretación de Datos Sensoriales Multimodales: En entornos robóticos, los sensores pueden proporcionar datos en varias modalidades, como visión, audio y táctil. Las redes neuronales profundas se pueden utilizar para fusionar y procesar estos datos multimodales, lo que permite a los robots comprender su entorno de manera más rica y completa.

En resumen, las redes neuronales profundas son esenciales en la percepción robótica, ya que permiten a los robots "ver" y "entender" su entorno de manera más sofisticada y precisa. Esto les brinda la capacidad de interactuar de manera más efectiva con su entorno, realizar tareas específicas y tomar decisiones basadas en datos sensoriales complejos, lo que es crucial en una amplia gama de aplicaciones robóticas.

También se pueden usar en combinación con el aprendizaje por refuerzo para aprender políticas de control más complejas.

Cierto, el aprendizaje profundo y el aprendizaje por refuerzo se utilizan en combinación para aprender políticas de control más complejas en robótica. Esta combinación se conoce como "aprendizaje profundo por refuerzo" (Deep Reinforcement Learning, DRL) y ha demostrado ser efectiva en una variedad de aplicaciones donde los robots necesitan tomar decisiones secuenciales y adaptarse a entornos cambiantes. Aquí hay algunos ejemplos de cómo se utilizan en conjunto:

Navegación Autónoma: Los robots móviles, como vehículos autónomos y drones, pueden utilizar el aprendizaje profundo por refuerzo para aprender políticas de control que les permitan navegar de manera segura y eficiente en entornos desconocidos. Aprenden a tomar decisiones de movimiento, como acelerar, frenar y girar, en función de su percepción del entorno y su objetivo, como llegar a un destino.

Manipulación de Objetos: En la robótica de manipulación, los robots pueden combinar el aprendizaje profundo con el aprendizaje por refuerzo para aprender a realizar tareas de manipulación de objetos de manera más eficiente y precisa. Por ejemplo, un robot puede aprender a agarrar objetos de diferentes formas y tamaños, y a realizar movimientos de ensamblaje o clasificación de objetos.

Juegos de Robots: En entornos simulados, se pueden utilizar ambientes de juego (simulaciones) para entrenar a robots en tareas complejas. El aprendizaje profundo por refuerzo se ha utilizado para entrenar robots a jugar juegos de mesa como ajedrez y Go, así como videojuegos más complejos, como Dota 2.

Robótica de Servicio: En aplicaciones de robótica de servicio, como robots de entrega o asistentes personales, el aprendizaje profundo por refuerzo puede ser utilizado para que los robots aprendan a interactuar de manera efectiva con los usuarios y tomar decisiones basadas en el contexto y las preferencias del usuario.

La ventaja de la combinación de aprendizaje profundo y aprendizaje por refuerzo es que las redes neuronales profundas pueden aprender representaciones complejas a partir de datos sensoriales, lo que permite a los robots captar información detallada de su entorno. Luego, el aprendizaje por refuerzo se utiliza para aprender políticas de control que aprovechan estas representaciones para tomar decisiones inteligentes y adaptarse a situaciones cambiantes. Esta combinación ha demostrado ser especialmente poderosa en aplicaciones de robótica que requieren adaptabilidad y toma de decisiones en tiempo real.

En la robótica, a menudo se combinan estos diferentes enfoques de aprendizaje automático para permitir que los robots sean más versátiles y capaces de realizar una amplia gama de tareas. Por ejemplo, un robot autónomo puede usar el aprendizaje supervisado para reconocer objetos, el aprendizaje por refuerzo para aprender a navegar en un entorno desconocido y el aprendizaje profundo para procesar datos sensoriales y tomar decisiones de control precisas.

15.Redes neuronales para la robótica: perceptrón, multicapa,
convolucional y recurrente.

Las redes neuronales son una parte fundamental de la robótica moderna, ya que permiten a los robots procesar información sensorial, tomar decisiones y realizar tareas de manera más inteligente. Aquí te proporciono una breve descripción de algunos tipos de redes neuronales utilizadas en robótica:

Perceptrón:

El perceptrón como unidad básica de una red neuronal: El perceptrón es, de hecho, una unidad fundamental en una red neuronal, pero en la mayoría de las aplicaciones modernas, se utilizan versiones más avanzadas y complejas de neuronas artificiales, como las neuronas en redes neuronales multicapa (también conocidas como redes neuronales feedforward). Estas neuronas pueden realizar tareas más complejas que el perceptrón básico.

Tareas de clasificación binaria: Los perceptrones son adecuados para tareas de clasificación binaria donde se requiere tomar una decisión simple sobre si una entrada pertenece a una clase o no. Sin embargo, en la práctica, la mayoría de las aplicaciones de aprendizaje automático y redes neuronales utilizan arquitecturas más complejas para abordar tareas de clasificación y regresión en una variedad de categorías.

Entradas ponderadas y función de activación: Esto es correcto. Un perceptrón consiste en un conjunto de entradas ponderadas, que se multiplican por pesos, y luego se suman. El resultado se pasa a través de una función de activación, que determina si la neurona dispara o no. En un perceptrón básico, la función de activación es una función de paso, que produce una salida binaria. Sin embargo, en redes neuronales más complejas, se utilizan funciones de activación no lineales, como la función sigmoide o ReLU (Rectified Linear Unit).

En resumen, el perceptrón es una unidad fundamental en las redes neuronales, pero en aplicaciones más avanzadas, se utilizan redes neuronales multicapa con neuronas más complejas para abordar una variedad de tareas de aprendizaje automático, incluyendo la clasificación y la regresión en problemas más complejos que una simple clasificación binaria.

Redes Neuronales Multicapa (MLP):

Las MLP son una extensión de los perceptrones y consisten en múltiples capas de neuronas.

Se utilizan en una variedad de aplicaciones de robótica, incluyendo la visión por computadora y el procesamiento de lenguaje natural.

Cada capa de neuronas se conecta completamente con la capa siguiente, lo que permite modelar relaciones más complejas en los datos.

MLP como extensión de los perceptrones: Las redes neuronales multicapa (MLP) son, de hecho, una extensión de los perceptrones. Mientras que un perceptrón consta de una sola capa de neuronas que se conectan directamente con las salidas, las MLP incluyen múltiples capas de neuronas, incluyendo capas de entrada, capas ocultas y capas de salida. Estas capas adicionales permiten a las MLP aprender representaciones jerárquicas y más complejas de los datos.

Aplicaciones en robótica: Las redes neuronales multicapa se utilizan en una variedad de aplicaciones de robótica, incluyendo la visión por computadora y el procesamiento de lenguaje natural, como mencionaste. También se aplican en tareas como el control de robots, el reconocimiento de patrones, la navegación autónoma y la toma de decisiones basadas en datos sensoriales.

Conexiones completas entre capas: En una MLP, cada neurona en una capa se conecta completamente con cada neurona en la capa siguiente. Esto se conoce como una conexión completamente conectada o densa. Esta arquitectura permite a las MLP modelar relaciones más complejas en los datos y aprender representaciones de alto nivel.

Sin embargo, es importante mencionar que, en muchas aplicaciones de aprendizaje profundo, las redes neuronales utilizan capas adicionales, como capas de normalización, capas de atención, y otros módulos especializados, para mejorar su desempeño y eficiencia. Las redes neuronales profundas, que incluyen muchas capas ocultas, se utilizan comúnmente en aplicaciones modernas de aprendizaje automático y robótica para modelar relaciones extremadamente complejas en los datos. Estas arquitecturas pueden incluir cientos o incluso miles de capas y millones de parámetros entrenables.

Redes Convolucionales (CNN):

Las CNN están diseñadas específicamente para procesar datos con estructura de cuadrícula, como imágenes y datos de sensores 2D.

Son ampliamente utilizadas en robótica para tareas de visión por computadora, como reconocimiento de objetos, seguimiento de objetos y detección de obstáculos.

Las capas convolucionales aplican filtros a las entradas para capturar características locales.

Diseñadas para procesar datos con estructura de cuadrícula: Las CNN están específicamente diseñadas para procesar datos que tienen una estructura de cuadrícula, como imágenes en 2D y datos de sensores con esta misma estructura. Su arquitectura se adapta de manera eficiente a la información espacial presente en estas clases de datos.

Ampliamente utilizadas en robótica para tareas de visión por computadora: Las CNN se han convertido en una herramienta fundamental en la robótica para tareas de visión por computadora, como reconocimiento de objetos, seguimiento de objetos, detección de obstáculos, navegación autónoma, y más. Esto se debe a su capacidad para extraer características relevantes de las imágenes y datos de sensores 2D.

Capas convolucionales para capturar características locales: Las CNN utilizan capas convolucionales para aplicar filtros a las entradas con el fin de capturar características locales en las imágenes. Estos filtros, conocidos como kernels o filtros convolucionales, se deslizan sobre la imagen y permiten que la red detecte patrones y características locales, como bordes, texturas y otros detalles, lo que es crucial en tareas de visión por computadora.

Las CNN han revolucionado la percepción visual en robótica, permitiendo a los robots analizar e interpretar imágenes y datos de sensores de manera más eficiente y precisa. Esto ha impulsado avances significativos en áreas como la navegación autónoma, la robótica de servicio, la industria y la automatización, así como en la interacción entre humanos y robots. Las CNN son un componente clave en la creación de sistemas robóticos capaces de "ver" y comprender su entorno.

Redes Recurrentes (RNN):

Las RNN son adecuadas para datos secuenciales o temporales, como series de tiempo y datos de sensores de movimiento.

Son útiles en robótica para tareas que requieren memoria a corto plazo, como la navegación y la planificación de movimiento.

Las RNN tienen conexiones recurrentes que les permiten mantener un estado interno y procesar secuencias de datos de manera secuencial.

Adecuadas para datos secuenciales o temporales: Las RNN son especialmente adecuadas para datos secuenciales o temporales, como series de tiempo, datos de sensores de movimiento y texto. Están diseñadas para procesar información que se presenta en una secuencia, donde el orden de los datos es importante.

Utilidad en robótica para tareas con memoria a corto plazo: Las RNN son útiles en robótica para tareas que requieren memoria a corto plazo, como la navegación y la planificación de movimiento. Permiten a los robots recordar información reciente y tomar decisiones basadas en eventos pasados en la secuencia de datos.

Conexiones recurrentes para mantener un estado interno: Las RNN tienen conexiones recurrentes, lo que significa que pueden mantener un estado interno o memoria a medida que procesan secuencias de datos de manera secuencial. Esta capacidad de mantener información previa es lo que les permite lidiar con datos secuenciales y comprender el contexto temporal en aplicaciones de robótica.

Las RNN se utilizan en una variedad de aplicaciones en robótica, como el control de movimiento, la generación de texto en lenguaje natural, el procesamiento de señales de sensores temporales y la predicción de series de tiempo. Son una herramienta poderosa para lidiar con datos que evolucionan en el tiempo y son esenciales en la creación de sistemas robóticos que pueden tomar decisiones y realizar acciones en función de secuencias de datos dinámicos.

En la robótica moderna, es común utilizar combinaciones de estas arquitecturas de redes neuronales para abordar problemas complejos. Por ejemplo, se pueden usar CNN para procesar datos de cámaras a bordo de un robot, MLP para tomar decisiones basadas en la percepción y RNN para controlar el movimiento del robot en función de las decisiones tomadas. Estas redes neuronales ayudan a los robots a comprender su entorno, planificar acciones y ejecutar tareas de manera autónoma.

16. Visión artificial para la robótica: detección, seguimiento, localización y mapeo

La visión artificial desempeña un papel fundamental en la robótica moderna al proporcionar a los robots la capacidad de percibir y comprender su entorno. La detección, seguimiento, localización y mapeo (SLAM, por sus siglas en inglés) son componentes esenciales de esta tecnología. Aquí te proporciono una breve descripción de cada uno de estos aspectos:

Detección:

La detección se refiere a la capacidad de un robot para identificar objetos o características en su entorno a partir de datos visuales. Esto puede incluir la detección de objetos, personas, obstáculos, señales de tráfico, etc. La detección en robótica se refiere a la capacidad de un robot o sistema autónomo para identificar y localizar objetos, características o patrones en su entorno a partir de datos visuales o sensoriales. Esto es fundamental para que los robots puedan comprender su entorno y tomar decisiones informadas. La detección puede aplicarse a una variedad de contextos y tareas, incluyendo:

Detección de Objetos: Los robots pueden utilizar algoritmos de detección de objetos para identificar y localizar objetos específicos en su entorno. Esto es útil en aplicaciones como la logística, donde los robots deben encontrar y recoger objetos en un almacén.

Detección de Personas: La detección de personas es esencial en la interacción humano-robot y en aplicaciones de seguridad, como la vigilancia y el seguimiento de personas en entornos públicos.

Detección de Obstáculos: En la navegación autónoma, los robots deben detectar obstáculos en su camino para evitar colisiones. La detección de obstáculos se utiliza en vehículos autónomos, drones y robots móviles.

Detección de Señales de Tráfico: En aplicaciones de conducción autónoma, los robots deben detectar y reconocer señales de tráfico, como señales de stop o señales de velocidad máxima.

Detección de Anomalías: Los robots pueden utilizar la detección para identificar anomalías en su entorno, como la detección de objetos inusuales en aplicaciones de seguridad.

La detección se basa en algoritmos de visión por computadora y procesamiento de imágenes que analizan datos visuales o sensores para identificar patrones específicos. Los avances en el aprendizaje profundo y las redes neuronales convolucionales han mejorado significativamente la precisión de la detección en robótica, permitiendo a los robots realizar tareas de percepción de manera más eficiente y efectiva.

Las técnicas de detección pueden basarse en algoritmos de procesamiento de imágenes que identifican patrones, colores, formas u otras características visuales. Las técnicas de detección en robótica pueden basarse en una variedad de algoritmos de procesamiento de imágenes que se utilizan para identificar patrones, colores, formas y otras características visuales en los datos capturados por las cámaras u otros sensores visuales de los robots. Estos algoritmos pueden incluir:

Detección de Características Visuales: Estos algoritmos identifican características visuales específicas en una imagen o secuencia de imágenes. Por ejemplo, pueden buscar bordes, esquinas, puntos de interés o cualquier característica previamente definida que sea relevante para la tarea de detección.

Segmentación de Imágenes: La segmentación de imágenes implica dividir una imagen en regiones o píxeles que corresponden a diferentes objetos o partes de un objeto. Los algoritmos de segmentación pueden basarse en propiedades como el color, el contraste y la textura.

Detección de Objetos y Clasificación: Estos algoritmos buscan y reconocen objetos específicos en imágenes o secuencias de imágenes. Pueden utilizar técnicas de aprendizaje profundo, como redes neuronales convolucionales (CNN), para realizar tareas de detección y clasificación en tiempo real.

Detección de Movimiento: La detección de movimiento se utiliza para identificar objetos en movimiento en una secuencia de imágenes. Puede ser fundamental en aplicaciones de seguimiento de objetos o en sistemas de vigilancia.

Reconocimiento de Patrones: Los algoritmos de reconocimiento de patrones buscan patrones o estructuras específicas en imágenes, como números, letras, rostros humanos, o cualquier otro patrón que se desee identificar.

Detección de Colores: Estos algoritmos identifican áreas de una imagen que coinciden con colores específicos o rangos de colores. Esta técnica se utiliza en aplicaciones como el seguimiento de objetos por colores.

Detección de Texto: Los algoritmos de detección de texto se utilizan para identificar texto en imágenes, lo que es útil en aplicaciones de reconocimiento óptico de caracteres (OCR) y en la interpretación de texto en imágenes.

Estos algoritmos pueden funcionar de manera independiente o en combinación para lograr una detección más precisa y robusta. La elección de la técnica de detección adecuada depende de la aplicación específica y de las características de los datos visuales que se deben analizar.

Las redes neuronales convolucionales (CNN) son especialmente eficaces en tareas de detección y han demostrado un gran éxito en aplicaciones de visión artificial en robótica. Las redes neuronales convolucionales (CNN) han demostrado ser extremadamente efectivas en tareas de detección y han tenido un gran éxito en aplicaciones de visión artificial en robótica y en una amplia gama de campos. Las CNN son especialmente adecuadas para tareas de detección debido a sus propiedades de procesamiento de imágenes. Aquí hay algunas razones por las que las CNN son eficaces en la detección:

Extracción de Características Jerárquicas: Las CNN son capaces de aprender automáticamente y de manera jerárquica características visuales complejas a partir de datos de entrada. Esto les permite capturar patrones a diferentes niveles de abstracción, desde bordes simples hasta características más complejas como partes de objetos y objetos completos.

Convolución y Pooling: Las capas convolucionales de las CNN aplican filtros a las imágenes para capturar características locales, lo que es fundamental en la detección de objetos. Las capas de pooling reducen la dimensionalidad y preservan características relevantes.

Capacidad de Generalización: Las CNN pueden generalizar patrones aprendidos en un conjunto de datos de entrenamiento a nuevas imágenes, lo que las hace efectivas en la detección de objetos no vistos previamente.

Capacidad de Procesar Datos en Cuadrícula: Las CNN están diseñadas para procesar datos con estructura de cuadrícula, como imágenes, lo que las hace ideales para tareas de detección en visión por computadora.

Aprendizaje Profundo: El aprendizaje profundo en CNN implica la optimización de numerosos parámetros, lo que les permite adaptarse y aprender representaciones precisas de datos visuales complejos.

Las aplicaciones en robótica donde las CNN se utilizan con éxito incluyen la detección de objetos, la detección de personas, la navegación autónoma, la clasificación de objetos y muchas otras tareas de percepción visual. Estas redes han mejorado significativamente la capacidad de los robots para comprender y tomar decisiones basadas en datos visuales, lo que ha impulsado avances en la autonomía y la interacción entre humanos y robots.

Seguimiento:

Una vez que un robot ha detectado un objeto o una característica en su entorno, el seguimiento se refiere a la capacidad de rastrear y mantener un registro de ese objeto a medida que se mueve a lo largo del tiempo.

El seguimiento puede ser esencial en aplicaciones como la navegación autónoma, donde el robot debe seguir objetos en movimiento, como personas o vehículos.

Seguimiento después de la detección: Una vez que un robot ha detectado un objeto o una característica en su entorno, el seguimiento se refiere a la capacidad de rastrear y mantener un registro de ese objeto a medida que se mueve a lo largo del tiempo. Esto es fundamental para seguir objetos en movimiento y mantener un conocimiento continuo de su ubicación y trayectoria.

Aplicaciones en la navegación autónoma: El seguimiento es esencial en aplicaciones como la navegación autónoma, donde el robot debe seguir objetos en movimiento, como personas, vehículos u otros robots. Por ejemplo, en la conducción autónoma, el seguimiento de vehículos que están delante es necesario para mantener una distancia segura y evitar colisiones.

El seguimiento en robótica implica el uso de algoritmos y técnicas de procesamiento de imágenes y sensores para mantener un objeto en seguimiento a medida que cambia de posición y se mueve en el entorno. Puede ser una tarea compleja debido a las variaciones en la apariencia del objeto, cambios en la iluminación y la presencia de otros objetos en movimiento en el entorno. El éxito en el seguimiento es esencial para que los robots puedan interactuar de manera segura y efectiva con objetos y personas en movimiento en su entorno.

Localización:

Seguimiento después de la detección: Una vez que un robot ha detectado un objeto o una característica en su entorno, el seguimiento se refiere a la capacidad de rastrear y mantener un registro de ese objeto a medida que se mueve a lo largo del tiempo. Esto es fundamental para seguir objetos en movimiento y mantener un conocimiento continuo de su ubicación y trayectoria.

Aplicaciones en la navegación autónoma: El seguimiento es esencial en aplicaciones como la navegación autónoma, donde el robot debe seguir objetos en movimiento, como personas, vehículos u otros robots. Por ejemplo, en la conducción autónoma, el seguimiento de vehículos que están delante es necesario para mantener una distancia segura y evitar colisiones.

El seguimiento en robótica implica el uso de algoritmos y técnicas de procesamiento de imágenes y sensores para mantener un objeto en seguimiento a medida que cambia de posición y se mueve en el entorno. Puede ser una tarea compleja debido a las variaciones en la apariencia del objeto, cambios en la iluminación y la presencia de otros objetos en movimiento en el entorno. El éxito en el seguimiento es esencial para que los robots puedan interactuar de manera segura y efectiva con objetos y personas en movimiento en su entorno.

Para la localización, los robots a menudo utilizan sensores como cámaras, sistemas de navegación por satélite (GPS), sensores de odometría, láseres o sensores de profundidad para estimar su posición en tiempo real.

La localización se refiere a la capacidad de un robot para estimar su posición en tiempo real en relación con un sistema de coordenadas o un mapa de su entorno. Para lograr esto, los robots utilizan una variedad de sensores que incluyen:

Cámaras: Las cámaras capturan imágenes del entorno del robot y se utilizan para tareas de percepción visual, como la detección de objetos y la navegación visual. También se pueden utilizar para la estimación de la posición mediante la identificación de puntos de referencia visuales o la comparación de características en las imágenes con un mapa previamente conocido.

Sistemas de Navegación por Satélite (GPS): Los receptores GPS se utilizan para la localización en exteriores y proporcionan coordenadas de latitud y longitud. El GPS es especialmente útil para robots móviles que operan en entornos al aire libre.

Sensores de Odometría: Los sensores de odometría miden el movimiento del robot, como la rotación de ruedas o las distancias recorridas. Estos datos se utilizan para estimar la posición del robot en función de su movimiento previo. Sin embargo, la odometría tiende a acumular errores con el tiempo.

Láseres: Los escáneres láser, como los LIDAR, emiten láseres para medir la distancia a objetos en el entorno. Estos sensores se utilizan para generar mapas de entornos y para la localización simultánea y mapeo (SLAM).

Sensores de Profundidad: Los sensores de profundidad, como el sensor Kinect o las cámaras 3D, capturan información tridimensional sobre el entorno. Estos sensores son útiles en la detección de obstáculos y la estimación de la posición, especialmente en entornos en 3D.

La localización precisa es esencial para la navegación autónoma de robots móviles y su capacidad para operar de manera segura y efectiva en entornos dinámicos. Los algoritmos de localización pueden combinar datos de múltiples sensores para mejorar la precisión y la robustez en diferentes tipos de entornos, ya sea en interiores o exteriores.

Mapeo:

El mapeo se refiere a la construcción de un mapa del entorno en el que se encuentra el robot. Esto implica la recopilación y la representación de información espacial sobre obstáculos, características y estructuras en el ambiente.el mapeo en robótica se refiere a la construcción de un mapa del entorno en el que se encuentra el robot. Esto implica la recopilación y la representación de información espacial sobre obstáculos, características y estructuras en el ambiente. El objetivo principal del mapeo es permitir que el robot comprenda su entorno y pueda navegar de manera efectiva en él.

Tipos de Mapas: En robótica, se pueden utilizar varios tipos de mapas, como mapas topológicos, mapas de ocupación y mapas 3D. Los mapas topológicos se centran en las relaciones espaciales y de conectividad entre ubicaciones, mientras que los mapas de ocupación indican la probabilidad de que una región del entorno esté ocupada por obstáculos. Los mapas 3D son representaciones tridimensionales de entornos complejos.

Sensores para el Mapeo: Los robots utilizan una variedad de sensores para el mapeo, que pueden incluir cámaras, láseres, sensores de profundidad, GPS y sensores inerciales. Estos sensores recopilan datos sobre el entorno que se utilizan para construir el mapa.

Técnicas de Mapeo: Para la construcción de mapas, se utilizan técnicas como la localización y mapeo simultáneos (SLAM), que permite al robot crear un mapa a medida que se mueve y estima su propia posición en tiempo real. También se utilizan técnicas de fusión sensorial para combinar datos de múltiples sensores en un único mapa.

Aplicaciones del Mapeo: El mapeo es fundamental en la navegación autónoma de robots, como vehículos autónomos y drones. También se aplica en la robótica de servicio, la robótica industrial y la exploración de entornos no estructurados, como en la exploración de cuevas o la búsqueda y rescate.

La construcción precisa y actualización de mapas es esencial para permitir que los robots se muevan de manera segura y eviten obstáculos, y también es útil en la planificación de rutas y en la toma de decisiones autónomas en tiempo real. Los avances en algoritmos de mapeo y sensores han mejorado significativamente la capacidad de los robots para crear representaciones precisas de sus entornos.

En aplicaciones de robótica móvil, como vehículos autónomos o robots de servicio, el mapeo es esencial para la planificación de rutas y la toma de decisiones. En aplicaciones de robótica móvil, como vehículos autónomos y robots de servicio, el mapeo es esencial para la planificación de rutas y la toma de decisiones efectivas. Aquí hay algunas razones clave por las que el mapeo desempeña un papel fundamental en estas aplicaciones:

Planificación de Rutas: El mapeo proporciona al robot información sobre la estructura y la disposición del entorno, lo que es fundamental para planificar rutas seguras y eficientes. Los robots pueden utilizar mapas para identificar obstáculos, caminos disponibles y ubicaciones de interés, lo que les permite tomar decisiones informadas sobre cómo navegar de un punto a otro.

Evitación de Obstáculos: Los mapas de ocupación permiten a los robots identificar áreas ocupadas por obstáculos y tomar medidas para evitar colisiones. Esto es esencial para garantizar la seguridad del robot y de las personas en su entorno.

Localización Precisa: Los mapas también pueden ser utilizados en conjunto con técnicas de localización para permitir que el robot sepa su posición en tiempo real en el mapa. Esto es importante para garantizar que el robot esté en la ubicación correcta mientras sigue una ruta planificada.

Interacción con el Entorno: Los robots de servicio, como los asistentes personales autónomos, utilizan mapas para comprender la disposición de una casa u oficina, lo que les permite realizar tareas como la entrega de objetos, la navegación en espacios interiores y la interacción con humanos.

Optimización de Recursos: El conocimiento del entorno a través del mapeo puede ayudar a los robots a optimizar su comportamiento y uso de recursos. Por ejemplo, pueden encontrar atajos, evitar áreas congestionadas o realizar tareas de manera más eficiente.

El mapeo es una herramienta fundamental en la robótica móvil para habilitar la autonomía y la capacidad de toma de decisiones de los robots. Proporciona información espacial crítica que es esencial para la navegación segura y eficiente en una variedad de aplicaciones, desde vehículos autónomos que operan en carreteras hasta robots de servicio que se mueven en entornos interiores complejos.

La combinación de la localización y el mapeo se conoce como SLAM (Simultaneous Localization and Mapping), y es un enfoque fundamental en la robótica para permitir que los robots creen mapas de su entorno y al mismo tiempo estimen su propia posición en tiempo real. El SLAM es esencial en situaciones en las que un robot se mueve en un entorno desconocido o en evolución, como en la navegación autónoma y la exploración.

Estimación Conjunta: En SLAM, el robot realiza una estimación conjunta de su posición y del mapa del entorno. Esto implica que el robot utiliza datos sensoriales, como lecturas de sensores de odometría, láser, cámaras o cualquier otro sensor relevante, para actualizar tanto su posición como el mapa a medida que se mueve.

Tipos de SLAM: Hay diferentes enfoques y variantes de SLAM, como SLAM visual (que utiliza cámaras para la percepción), SLAM basado en láser (que utiliza escáneres láser) y SLAM híbrido que combina múltiples sensores.

Desafíos de SLAM: El SLAM puede ser desafiante debido a la necesidad de lidiar con la incertidumbre en los datos de sensores y las limitaciones computacionales. Los algoritmos de SLAM deben ser capaces de manejar la acumulación de errores y la corrección de estimaciones anteriores.

Aplicaciones de SLAM: SLAM se utiliza en una amplia variedad de aplicaciones, desde la navegación autónoma de vehículos y drones hasta la robótica de servicio en interiores, como la limpieza de robots, y en campos como la exploración de entornos desconocidos y la búsqueda y rescate.

Desarrollo de Software y Hardware: El SLAM a menudo requiere tanto el desarrollo de software avanzado, como algoritmos de mapeo y localización, como sensores especializados y hardware de procesamiento para llevar a cabo tareas de SLAM de manera efectiva.

En resumen, SLAM es una técnica esencial que permite a los robots construir y actualizar mapas de su entorno mientras determinan su propia posición en tiempo real. Esto habilita la navegación autónoma y la toma de decisiones informadas en una amplia variedad de aplicaciones robóticas.

La visión artificial desempeña un papel crítico en la detección, seguimiento, localización y mapeo en robótica. Estos componentes permiten que los robots perciban y comprendan su entorno, lo que es esencial para una amplia gama de aplicaciones, desde la fabricación automatizada hasta la exploración espacial y la navegación autónoma en vehículos terrestres y aéreos.

17.Robótica colaborativa: cooperación, coordinación, comunicación y negociación.

La robótica colaborativa se refiere a la interacción y colaboración entre robots y humanos o entre varios robots para realizar tareas de manera conjunta y eficiente. En este contexto, la cooperación, coordinación, comunicación y negociación son elementos clave que permiten que los robots trabajen de manera efectiva en equipo.

Cooperación:

La cooperación implica que los robots trabajen juntos hacia un objetivo común. Esto significa que pueden realizar tareas complementarias o interdependientes para lograr un resultado deseado.

La cooperación en robótica se refiere a la capacidad de varios robots o sistemas robóticos para trabajar juntos hacia un objetivo común. Implica que estos robots pueden realizar tareas complementarias o interdependientes para lograr un resultado deseado de manera más eficiente y efectiva que si operaran de manera independiente. La cooperación en robótica es importante en una variedad de aplicaciones y entornos, y aquí hay algunos aspectos clave relacionados con este concepto:

Tareas Complementarias: Los robots pueden ser programados para realizar tareas que se complementan entre sí. Por ejemplo, en una fábrica, un robot puede ser responsable de la carga de materiales, mientras que otro se encarga del ensamblaje. Esta cooperación puede aumentar la productividad y la eficiencia.

Tareas Interdependientes: En algunas situaciones, los robots deben realizar tareas interdependientes en las que el éxito de una tarea depende del éxito de la otra. Por ejemplo, en una misión de exploración espacial, un robot puede tener que recolectar muestras de rocas mientras que otro realiza análisis químicos. La cooperación es esencial para lograr el objetivo de la misión.

Comunicación entre Robots: La cooperación a menudo implica que los robots puedan comunicarse entre sí para coordinar sus acciones. Esto puede incluir la transmisión de información sobre el progreso de una tarea o la coordinación de movimientos.

Planificación Conjunta: Los sistemas de planificación y control se utilizan para coordinar las acciones de los robots. Esto implica desarrollar estrategias conjuntas para alcanzar un objetivo y ajustar las acciones en función del entorno y las acciones de otros robots.

Ejemplos de Aplicaciones: La cooperación en robótica se utiliza en aplicaciones que van desde la logística y la cadena de suministro, donde los robots colaboran en el movimiento y la gestión de inventario, hasta la agricultura, donde los robots agrícolas pueden trabajar juntos en la cosecha de cultivos.

Beneficios de la Cooperación: La cooperación entre robots puede ofrecer beneficios como una mayor eficiencia, una distribución más equitativa de la carga de trabajo y una mayor robustez en situaciones impredecibles.

La cooperación entre robots se ha convertido en un área de investigación activa en robótica y es esencial para abordar desafíos en la automatización industrial, la exploración de entornos hostiles y la prestación de servicios en sectores como la salud y la atención al cliente. La colaboración efectiva entre robots puede mejorar la capacidad de los sistemas robóticos para enfrentar tareas complejas y dinámicas.

En la cooperación, los robots deben dividir el trabajo de manera eficiente, compartir recursos si es necesario y adaptarse a las acciones y decisiones de los demás miembros del equipo.

División de Tareas: Los robots deben ser capaces de dividir las tareas en función de su conjunto de habilidades y capacidades. Esto implica asignar responsabilidades específicas a cada robot para evitar duplicaciones de esfuerzo y garantizar que se cubran todas las tareas necesarias para alcanzar el objetivo común.

Coordinación de Movimientos: En entornos donde varios robots están en movimiento, es esencial que puedan coordinar sus movimientos para evitar colisiones y optimizar la eficiencia. Esto puede requerir algoritmos de planificación de rutas y comunicación entre robots.

Compartir Recursos: En algunas situaciones, los robots pueden necesitar compartir recursos, como datos, energía o herramientas. La cooperación implica garantizar que estos recursos se compartan de manera justa y eficiente entre los miembros del equipo.

Comunicación Efectiva: La comunicación entre robots es clave para la cooperación exitosa. Los robots deben ser capaces de intercambiar información relevante, como el estado de las tareas, las intenciones y los obstáculos encontrados.

Adaptación a Decisiones y Acciones: Los robots deben ser capaces de adaptarse a las decisiones y acciones de los demás miembros del equipo. Esto incluye la capacidad de cambiar de tarea o ajustar su comportamiento en función de las circunstancias cambiantes.

Inteligencia Colectiva: En algunos casos, la cooperación puede dar lugar a lo que se conoce como "inteligencia colectiva", donde la combinación de habilidades y capacidades de varios robots supera con creces lo que cada robot podría lograr individualmente.

La cooperación efectiva en robótica es un campo de investigación en constante evolución que involucra aspectos de la planificación, el control, el aprendizaje automático y la comunicación entre robots. Se utiliza en una variedad de aplicaciones, desde la logística y la fabricación hasta la exploración de entornos hostiles y la atención médica. La colaboración entre robots es esencial para abordar tareas complejas que requieren la participación de múltiples agentes robóticos.

Coordinación:

La coordinación se refiere a la capacidad de los robots para sincronizar sus acciones y movimientos de manera que no interfieran entre sí y, al mismo tiempo, contribuyan al logro del objetivo conjunto. La coordinación es esencial cuando múltiples robots trabajan juntos en tareas colaborativas para evitar colisiones, redundancias o conflictos y para maximizar la eficiencia del equipo. Aquí hay algunas consideraciones clave relacionadas con la coordinación en robótica:

Planificación de Movimientos: Los robots deben planificar sus movimientos de manera que eviten colisiones entre ellos y con otros obstáculos en el entorno. Esto implica la generación de trayectorias que tengan en cuenta la posición y el movimiento de los demás robots.

Comunicación entre Robots: La comunicación efectiva entre robots es esencial para coordinar movimientos y acciones. Los robots pueden intercambiar información sobre sus intenciones, ubicaciones y estados para evitar conflictos.

Control de Tráfico: En aplicaciones de logística y transporte, la coordinación implica establecer reglas de tráfico y prioridades para evitar congestiones y garantizar un flujo de movimiento suave.

División de Tareas: La coordinación implica asignar a cada robot una tarea específica que contribuya al objetivo conjunto. Esto puede requerir algoritmos de asignación de tareas que tengan en cuenta las habilidades y capacidades de cada robot.

Robots Heterogéneos: En equipos de robots con diferentes capacidades y características, la coordinación puede ser más desafiante. Los robots deben adaptar sus acciones para trabajar eficazmente con otros robots que pueden ser diferentes en términos de velocidad, tamaño o capacidad de carga.

Algoritmos de Control: Los algoritmos de control y planificación juegan un papel fundamental en la coordinación, ya que determinan cómo los robots deben ajustar sus movimientos en función de la información recibida y de las reglas de coordinación establecidas.

Colaboración en Tareas Complejas: La coordinación es especialmente relevante en tareas complejas en las que varios robots deben trabajar juntos para alcanzar un objetivo común, como la construcción de estructuras, la búsqueda y rescate, o la exploración de entornos desconocidos.

La coordinación eficiente es fundamental para aprovechar al máximo el potencial de equipos de robots trabajando juntos. Las estrategias de coordinación pueden ser desarrolladas tanto a nivel de software como de hardware, y son un componente clave en la realización de tareas robóticas colaborativas de manera segura y efectiva.

La coordinación puede implicar la planificación de trayectorias, la asignación de tareas, la sincronización de movimientos y la gestión de recursos compartidos, como espacio de trabajo o herramientas. La coordinación en robótica puede implicar una serie de aspectos clave, como la planificación de trayectorias, la asignación de tareas, la sincronización de movimientos y la gestión de recursos compartidos. Aquí está un desglose más detallado de estos elementos:

Planificación de Trayectorias: La planificación de trayectorias es esencial para garantizar que los robots puedan moverse de manera segura y eficiente en el entorno. En situaciones de coordinación, los robots deben planificar sus trayectorias de manera que eviten colisiones entre sí y con obstáculos en el entorno. Esto puede requerir algoritmos de planificación de movimiento que tengan en cuenta la posición y el movimiento de otros robots.

Asignación de Tareas: La asignación de tareas implica decidir qué robot realizará cada tarea específica. Esto puede basarse en la habilidad, la disponibilidad y las capacidades de cada robot. Los algoritmos de asignación de tareas ayudan a determinar cómo se deben distribuir las tareas entre los miembros del equipo.

Sincronización de Movimientos: La sincronización de movimientos se refiere a la coordinación de acciones en términos de tiempo y espacio. Los robots deben coordinar sus movimientos para evitar interferencias y conflictos. La comunicación entre robots es crucial para lograr una sincronización efectiva.

Gestión de Recursos Compartidos: En situaciones de coordinación, los robots pueden necesitar compartir recursos como espacio de trabajo o herramientas. La gestión de estos recursos compartidos es importante para garantizar que los robots puedan acceder a lo que necesitan sin conflictos.

Algoritmos de Control y Planificación: La coordinación en robótica suele requerir el desarrollo de algoritmos de control y planificación específicos que permitan a los robots llevar a cabo sus acciones de manera coordinada. Estos algoritmos pueden abordar la planificación de rutas, la asignación de tareas y otros aspectos de coordinación.

Aplicaciones Variadas: La coordinación se aplica en una amplia variedad de situaciones, desde la logística y la fabricación hasta la robótica de servicio y la exploración. Por ejemplo, en la robótica de fabricación, los robots pueden coordinar sus movimientos para ensamblar productos de manera eficiente.

La coordinación efectiva es esencial para permitir que múltiples robots trabajen juntos de manera segura y eficiente. Los avances en algoritmos de coordinación y en la comunicación entre robots han permitido a los equipos de robots abordar tareas cada vez más complejas en una variedad de aplicaciones.

Comunicación:

La comunicación es esencial para que los robots colaboren de manera efectiva. Puede ser tanto inter-robot (comunicación entre robots) como humano-robot (comunicación entre robots y operadores humanos):

Comunicación Inter-Robot: Esto se refiere a la comunicación entre robots, donde los robots se comunican entre sí para coordinar sus acciones y compartir información relevante. La comunicación inter-robot es fundamental en situaciones en las que varios robots trabajan juntos en una tarea común. Puede implicar la transmisión de datos de estado, intenciones, ubicación, objetivos y otros parámetros necesarios para la coordinación.

Comunicación Humano-Robot: En esta modalidad, los robots se comunican con operadores humanos u otros seres humanos en su entorno. Esto es esencial en aplicaciones de robótica de servicio, como asistentes personales autónomos o robots de atención médica, donde la comunicación efectiva con los humanos es crucial. Puede incluir el procesamiento del lenguaje natural, la respuesta a comandos de voz, la expresión facial y la interacción de gestos.

La comunicación efectiva entre robots y con seres humanos es fundamental para la cooperación y la coordinación. Aquí hay algunas formas en las que la comunicación beneficia a la colaboración robótica:

Coordinación: Los robots pueden usar la comunicación para coordinar sus movimientos y acciones. Pueden informar a otros robots sobre sus intenciones, compartir información sobre obstáculos o enviar señales de advertencia en situaciones de peligro.

Toma de Decisiones: En entornos dinámicos y cambiantes, la comunicación permite a los robots compartir información crítica que influye en la toma de decisiones. Esto es especialmente importante en aplicaciones como la navegación autónoma y la búsqueda y rescate.

Optimización de Tareas: La comunicación entre robots puede ayudar a optimizar la distribución de tareas y recursos. Los robots pueden compartir información sobre su progreso en tareas específicas y ajustar su comportamiento en consecuencia.

Seguridad: La comunicación efectiva también es fundamental para garantizar la seguridad en entornos compartidos con humanos. Los robots pueden comunicar sus intenciones y recibir retroalimentación de los humanos para evitar situaciones peligrosas.

Interacción con Humanos: En aplicaciones de servicio y atención al cliente, la comunicación humano-robot es esencial para una interacción satisfactoria. Los robots deben ser capaces de comprender y responder a comandos, preguntas o necesidades de los humanos.

La investigación y el desarrollo en el campo de la comunicación en robótica han llevado a avances significativos en la interacción eficiente entre robots y entre robots y humanos, lo que ha ampliado las posibilidades de aplicaciones de colaboración robótica en una variedad de industrias y entornos.

La comunicación inter-robot puede ser a través de redes de sensores, sistemas de transmisión de datos o protocolos de comunicación específicos que permiten a los robots compartir información relevante, como ubicación, estado y objetivos.

Redes de Sensores: Los robots pueden estar equipados con sensores que les permiten detectar y comunicar información relevante entre sí. Estos sensores pueden incluir cámaras, escáneres láser, sensores de proximidad y otros dispositivos. La información capturada por los sensores puede compartirse a través de una red de sensores que conecta a los robots.

Sistemas de Transmisión de Datos: Los robots pueden utilizar sistemas de transmisión de datos, como Wi-Fi, Bluetooth, Zigbee u otros protocolos de comunicación inalámbrica, para compartir información entre ellos. Esto permite la transferencia de datos en tiempo real entre los robots, lo que es esencial para la coordinación y la colaboración.

Protocolos de Comunicación Específicos: En aplicaciones de robótica, se pueden utilizar protocolos de comunicación específicos que definen cómo los robots deben intercambiar información. Estos protocolos pueden estar diseñados para abordar requisitos de seguridad, eficiencia y coordinación específicos para la tarea en cuestión.

La información compartida entre robots puede incluir detalles sobre la ubicación actual de cada robot, su estado operativo, sus objetivos y otras variables relevantes para la tarea que están realizando. Esto permite a los robots tomar decisiones informadas y coordinar sus acciones para lograr un objetivo común. La comunicación inter-robot es esencial en situaciones en las que varios robots deben trabajar juntos de manera coordinada, como en la navegación autónoma, la construcción de equipos robóticos y la exploración de entornos desconocidos.

La comunicación humano-robot implica que los robots puedan comprender y responder a comandos o instrucciones humanas, lo que es fundamental en entornos de trabajo colaborativo: la comunicación humano-robot es esencial en entornos de trabajo colaborativo y en aplicaciones de robótica de servicio, donde los robots interactúan directamente con operadores humanos y necesitan comprender y responder a comandos o instrucciones humanas. Algunos aspectos importantes de la comunicación humano-robot incluyen:

Comprensión del Lenguaje Natural: Los robots deben estar equipados con capacidades de procesamiento del lenguaje natural para comprender comandos verbales o escritos emitidos por humanos. Esto puede incluir la capacidad de reconocer el habla, analizar el texto escrito y comprender el significado de las instrucciones humanas.

Respuesta a Comandos: Una vez que un robot ha comprendido un comando humano, debe ser capaz de tomar medidas apropiadas en respuesta a esa instrucción. Esto podría implicar realizar una tarea específica, moverse a una ubicación designada o proporcionar información solicitada.

Interacción Multimodal: La comunicación humano-robot puede incluir interacciones multimodales, que involucran no solo el procesamiento del lenguaje, sino también la comprensión de gestos, expresiones faciales y otros aspectos de la comunicación no verbal.

Feedback y Aclaraciones: En ocasiones, los humanos pueden proporcionar comandos ambiguos o incorrectos. Los robots pueden necesitar la capacidad de solicitar aclaraciones o proporcionar retroalimentación sobre la ejecución de comandos para garantizar una comunicación efectiva.

Interacción Social: En entornos donde los robots interactúan con personas, la interacción social es importante. Los robots pueden ser programados para seguir las normas de cortesía y respeto en sus interacciones con humanos.

Personalización: La comunicación humano-robot también puede incluir la capacidad de adaptarse a las preferencias y necesidades individuales de los usuarios. Los robots pueden ser personalizados para brindar un servicio más específico.

Seguridad y Confianza: Los aspectos de seguridad y confianza son fundamentales en la comunicación humano-robot. Los robots deben ser capaces de comunicar información importante relacionada con la seguridad y garantizar que los humanos se sientan cómodos al interactuar con ellos.

La comunicación humano-robot es relevante en una amplia gama de aplicaciones, desde asistentes personales autónomos que interactúan con los usuarios en entornos domésticos hasta robots de atención médica que colaboran con profesionales de la salud en entornos clínicos. La investigación en esta área se centra en mejorar la comprensión y la respuesta de los robots a las instrucciones y necesidades humanas, lo que permite una interacción más efectiva y natural entre humanos y robots.

Negociación:

La negociación se refiere a la capacidad de los robots para tomar decisiones conjuntas cuando existen conflictos o necesidades compartidas. Esto implica que los robots puedan llegar a acuerdos sobre cómo realizar una tarea en particular. Esta habilidad es esencial en situaciones en las que varios robots o agentes tienen objetivos que pueden entrar en conflicto o cuando es necesario tomar decisiones cooperativas para lograr un objetivo común. Aquí hay algunas consideraciones clave sobre la negociación en robótica:

Conflictos de Recursos: Los conflictos pueden surgir cuando varios robots requieren acceso a recursos limitados, como espacio de trabajo, energía o herramientas. La negociación permite a los robots llegar a acuerdos para compartir o asignar estos recursos de manera justa.

Decisiones Conjuntas: La negociación puede implicar la toma de decisiones conjuntas. Los robots deben colaborar para llegar a decisiones que satisfagan los intereses de todos los involucrados. Esto puede requerir la capacidad de compromiso y cooperación.

Comunicación y Compatibilidad: La comunicación efectiva es fundamental en el proceso de negociación. Los robots deben ser capaces de expresar sus necesidades y preferencias, comprender las de los demás y buscar soluciones compatibles.

Modelado de Preferencias: Para negociar con éxito, los robots deben ser capaces de modelar y comprender las preferencias y restricciones de los demás agentes. Esto puede incluir la estimación de las utilidades o valoraciones de diferentes resultados.

Algoritmos de Negociación: En robótica, se han desarrollado algoritmos específicos para la negociación, que pueden variar desde enfoques basados en subastas hasta métodos de compromiso. Estos algoritmos ayudan a los robots a tomar decisiones basadas en la información compartida y los objetivos de todos los agentes.

Contexto de Aplicación: La negociación se aplica en una variedad de contextos, desde la coordinación de robots en la producción hasta la planificación de rutas en la navegación autónoma. En aplicaciones de atención médica, por ejemplo, los robots pueden negociar sobre la asignación de recursos en función de las necesidades del paciente.

Resolución de Conflictos: La negociación también se utiliza para resolver conflictos en entornos donde múltiples agentes deben compartir recursos limitados o donde surgen desacuerdos en la toma de decisiones.

La investigación en negociación en robótica se enfoca en desarrollar algoritmos y estrategias que permitan a los robots tomar decisiones efectivas en situaciones de conflicto o cooperación. Estas capacidades son fundamentales para lograr una colaboración efectiva entre robots y otros agentes en una variedad de aplicaciones.

La negociación puede implicar la asignación de recursos, la resolución de conflictos de trayectorias o la toma de decisiones conjuntas en situaciones de alta complejidad.

Asignación de Recursos: Cuando varios robots requieren acceso a recursos compartidos, como espacio de trabajo, tiempo de procesamiento o sensores, la negociación es esencial para determinar cómo se asignan estos recursos de manera justa y eficiente.

Resolución de Conflictos de Trayectorias: En entornos donde múltiples robots se mueven, es común que surjan conflictos de trayectorias, es decir, situaciones en las que dos o más robots pueden colisionar si siguen sus trayectorias actuales. La negociación puede ayudar a resolver estos conflictos, ya sea ajustando las trayectorias de los robots o asignando prioridades.

Toma de Decisiones Conjuntas: En situaciones de alta complejidad, como la planificación de rutas en entornos congestionados o la toma de decisiones en equipos robóticos, la negociación permite que los robots colaboren para tomar decisiones conjuntas que maximicen la eficiencia y satisfagan los objetivos de todos los agentes.

Coordinación de Tareas: Cuando varios robots trabajan juntos en una tarea compleja, la coordinación y la asignación de tareas pueden ser un desafío. La negociación puede ayudar a determinar quién realizará qué tarea y cómo se distribuirán las responsabilidades.

Satisfacción de Preferencias y Restricciones: La negociación se utiliza para satisfacer las preferencias y restricciones de los diferentes agentes involucrados. Esto implica encontrar soluciones que sean aceptables para todos los participantes.

Algoritmos de Negociación Adaptativos: En entornos dinámicos, los algoritmos de negociación pueden ser adaptativos, lo que significa que los robots pueden ajustar sus estrategias de negociación en función de la situación actual y las preferencias de los demás agentes.

La negociación en robótica es un campo de investigación en crecimiento que se centra en desarrollar algoritmos y estrategias que permitan a los robots tomar decisiones colaborativas y resolver conflictos de manera efectiva. Estas capacidades son cruciales en una variedad de aplicaciones, desde la navegación autónoma hasta la robótica de manufactura, donde múltiples robots deben coordinar sus acciones en entornos complejos y dinámicos.

La robótica colaborativa se utiliza en una variedad de aplicaciones, como la fabricación avanzada, la atención médica, la logística y la exploración espacial, donde la interacción efectiva entre robots y humanos o entre múltiples robots es esencial.

18.Robótica móvil: locomoción, navegación, localización y mapeo.

Locomoción: La locomoción se refiere al movimiento físico de un robot móvil. Los robots móviles pueden moverse de diversas maneras, como ruedas, patas, alas o incluso nadar, dependiendo de su diseño y aplicación. La locomoción eficiente es esencial para que un robot móvil pueda desplazarse de manera efectiva en su entorno.

Navegación: La navegación se ocupa de la planificación de rutas y el control del movimiento de un robot móvil para alcanzar un destino específico en su entorno. Esto implica la toma de decisiones en tiempo real para evitar obstáculos, sortear obstáculos y seguir una trayectoria segura hacia el objetivo. Los sistemas de navegación pueden utilizar sensores, como cámaras, láseres o sensores de ultrasonidos, para percibir el entorno y tomar decisiones informadas.

La navegación en robótica se ocupa de la planificación de rutas y el control del movimiento de un robot móvil para que pueda alcanzar un destino específico en su entorno de manera segura y eficiente. Esto implica una serie de desafíos, especialmente en entornos dinámicos y desconocidos. Aquí hay algunas consideraciones clave sobre la navegación robótica:

Localización: Antes de poder navegar hacia un destino, un robot debe conocer su propia ubicación en el entorno. La localización puede lograrse mediante sensores, como cámaras, láseres o sensores de odometría, y técnicas como la localización simultánea y el mapeo (SLAM).

Mapeo del Entorno: Para navegar de manera efectiva, el robot debe tener un mapa del entorno en el que se encuentra. Esto puede ser un mapa previamente construido o generado en tiempo real utilizando técnicas de SLAM. El mapa permite al robot planificar rutas y evitar obstáculos.

Planificación de Rutas: La planificación de rutas implica determinar la mejor trayectoria desde la posición actual del robot hasta un destino deseado. Los algoritmos de planificación de rutas consideran obstáculos, restricciones de movimiento y objetivos para encontrar una ruta segura y eficiente.

Control del Movimiento: Una vez que se ha planificado una ruta, el robot debe controlar su movimiento para seguir esa ruta. Esto implica el control de la velocidad, la dirección y otros aspectos del movimiento del robot para que siga la trayectoria planificada.

Detección y Evitación de Obstáculos: Durante la navegación, el robot debe ser capaz de detectar obstáculos en su camino y tomar medidas para evitar colisiones. Esto puede implicar el uso de sensores, como cámaras y láseres, para detectar objetos y ajustar la ruta en consecuencia.

Navegación Autónoma: La navegación autónoma implica que el robot sea capaz de tomar decisiones de navegación por sí mismo sin intervención humana. Los sistemas de navegación autónoma son esenciales en aplicaciones como vehículos autónomos y robots de servicio.

Navegación en Entornos Dinámicos: En entornos donde otros objetos o agentes se mueven, como vehículos o personas, la navegación se vuelve más compleja. El robot debe ser capaz de predecir los movimientos de estos objetos y adaptar su navegación en consecuencia.

Sistemas de Control y Retroalimentación: La navegación a menudo implica sistemas de control y retroalimentación que permiten al robot ajustar su movimiento en tiempo real en función de la información sensorial y el progreso hacia el objetivo.

La navegación es un campo de investigación activo en robótica y tiene aplicaciones en una amplia gama de industrias, desde la logística y la fabricación hasta la exploración de entornos hostiles y la asistencia en la atención médica. Los avances en algoritmos de planificación, sensores y sistemas de control han permitido a los robots navegar de manera efectiva en una variedad de entornos y situaciones.

Localización: La localización se refiere a la capacidad de un robot para determinar su posición en un entorno desconocido o en movimiento. Para lograr esto, se utilizan sensores y algoritmos que combinan la información de los sensores con un mapa previamente conocido o con la información de referencia para estimar la posición del robot con precisión. Uno de los métodos más comunes para la localización es la localización simultánea y mapeo (SLAM, por sus siglas en inglés), que permite que el robot cree un mapa mientras se localiza en ese mapa.

La localización en robótica se refiere a la capacidad de un robot para determinar con precisión su posición y orientación en un entorno desconocido o en movimiento. Esta es una habilidad fundamental para la navegación y para que los robots puedan realizar tareas de manera efectiva. La localización puede lograrse a través de varios métodos y técnicas, y aquí hay algunos aspectos clave:

Sensores de Localización: Los robots utilizan una variedad de sensores para ayudar en la localización. Estos sensores pueden incluir sistemas de posicionamiento por satélite (como GPS), cámaras, sensores láser, sensores de odometría (que miden el movimiento de las ruedas), sensores inerciales y otros dispositivos que capturan datos del entorno y del propio robot.

Localización Relativa: Algunos robots determinan su posición relativa en relación con un punto de referencia conocido. Por ejemplo, pueden utilizar marcadores visuales o señales de infrarrojos para calcular su posición en relación con objetos o puntos de referencia específicos en el entorno.

Localización Absoluta: La localización absoluta se refiere a la capacidad de un robot para determinar su posición en coordenadas geográficas o absolutas. Esto es fundamental en aplicaciones de vehículos autónomos y navegación al aire libre, donde se requiere un alto grado de precisión.

Fusión de Sensores: Para lograr una localización precisa, los robots a menudo fusionan datos de múltiples sensores. Esto se conoce como fusión de sensores y permite al robot combinar información de diferentes fuentes para obtener una estimación más precisa de su posición.

Algoritmos de Localización: Los algoritmos desempeñan un papel fundamental en la localización. Algoritmos como el filtro de Kalman, el filtro de partículas y el SLAM (Localización Simultánea y Mapeo) se utilizan para procesar datos de sensores y estimar la posición del robot en tiempo real.

Localización Simultánea y Mapeo (SLAM): El SLAM es una técnica que permite que un robot construya un mapa del entorno mientras se localiza dentro de ese mapa. Es particularmente valioso en entornos desconocidos o en movimiento, donde el robot debe determinar su posición y mapear el entorno al mismo tiempo.

Precisión y Robustez: La precisión y la robustez en la localización son críticas, especialmente en aplicaciones de navegación autónoma. Los errores de localización pueden llevar a colisiones o a la incapacidad del robot para completar sus tareas.

La localización efectiva es esencial para que los robots sean capaces de navegar de manera segura y precisa en una variedad de entornos, desde fábricas y almacenes hasta entornos al aire libre. La investigación en este campo se centra en mejorar la precisión y la confiabilidad de los sistemas de localización para una amplia gama de aplicaciones robóticas.

Mapeo: El mapeo se refiere a la creación y actualización de un mapa del entorno en el que opera el robot. El robot utiliza sus sensores para recopilar datos sobre obstáculos, características del entorno y cualquier otro elemento relevante, y luego utiliza estos datos para construir y actualizar un mapa. Esto es esencial para que el robot pueda tomar decisiones informadas durante la navegación y evitar colisiones.,La localización en robótica se refiere a la capacidad de un robot para determinar con precisión su posición y orientación en un entorno desconocido o en movimiento. Esta es una habilidad fundamental para la navegación y para que los robots puedan realizar tareas de manera efectiva. La localización puede lograrse a través de varios métodos y técnicas, y aquí hay algunos aspectos clave:

Sensores de Localización: Los robots utilizan una variedad de sensores para ayudar en la localización. Estos sensores pueden incluir sistemas de posicionamiento por satélite (como GPS), cámaras, sensores láser, sensores de odometría (que miden el movimiento de las ruedas), sensores inerciales y otros dispositivos que capturan datos del entorno y del propio robot.

Localización Relativa: Algunos robots determinan su posición relativa en relación con un punto de referencia conocido. Por ejemplo, pueden utilizar marcadores visuales o señales de infrarrojos para calcular su posición en relación con objetos o puntos de referencia específicos en el entorno.

Localización Absoluta: La localización absoluta se refiere a la capacidad de un robot para determinar su posición en coordenadas geográficas o absolutas. Esto es fundamental en aplicaciones de vehículos autónomos y navegación al aire libre, donde se requiere un alto grado de precisión.

Fusión de Sensores: Para lograr una localización precisa, los robots a menudo fusionan datos de múltiples sensores. Esto se conoce como fusión de sensores y permite al robot combinar información de diferentes fuentes para obtener una estimación más precisa de su posición.

Algoritmos de Localización: Los algoritmos desempeñan un papel fundamental en la localización. Algoritmos como el filtro de Kalman, el filtro de partículas y el SLAM

(Localización Simultánea y Mapeo) se utilizan para procesar datos de sensores y estimar la posición del robot en tiempo real.

Localización Simultánea y Mapeo (SLAM): El SLAM es una técnica que permite que un robot construya un mapa del entorno mientras se localiza dentro de ese mapa. Es particularmente valioso en entornos desconocidos o en movimiento, donde el robot debe determinar su posición y mapear el entorno al mismo tiempo.

Precisión y Robustez: La precisión y la robustez en la localización son críticas, especialmente en aplicaciones de navegación autónoma. Los errores de localización pueden llevar a colisiones o a la incapacidad del robot para completar sus tareas.

La localización efectiva es esencial para que los robots sean capaces de navegar de manera segura y precisa en una variedad de entornos, desde fábricas y almacenes hasta entornos al aire libre. La investigación en este campo se centra en mejorar la precisión y la confiabilidad de los sistemas de localización para una amplia gama de aplicaciones robóticas.

En conjunto, estos conceptos son fundamentales para que un robot móvil pueda operar de manera autónoma y segura en entornos desconocidos o cambiantes. La locomoción le permite moverse, la navegación le permite planificar rutas, la localización le permite saber dónde se encuentra y el mapeo le proporciona un contexto espacial para tomar decisiones inteligentes mientras navega por su entorno. Estos principios son esenciales en aplicaciones de robótica móvil, como vehículos autónomos, robots de servicio, exploración de espacios desconocidos y muchas otras áreas.

19.Robótica manipuladora: agarre, manipulación, ensamblaje y desensamblaje.

Agarre: el agarre se refiere a la capacidad de un robot manipulador para sujetar y manipular objetos de manera segura y efectiva. Esta habilidad es fundamental en la robótica industrial y en aplicaciones que involucran la interacción entre robots y objetos físicos. Un buen agarre implica no solo la capacidad de agarrar un objeto, sino también la capacidad de mantenerlo de manera segura durante su manipulación y liberarlo cuando sea necesario.

Para lograr un agarre eficaz, los robots utilizan una variedad de técnicas y sistemas, como garras, pinzas, ventosas, sensores táctiles y cámaras para identificar y rastrear objetos. La planificación de agarre es una tarea importante en la programación de robots, ya que implica determinar la mejor forma de agarrar un objeto en función de su forma, tamaño y otros factores.

El desarrollo de algoritmos y sistemas de agarre más avanzados es un área de investigación activa en la robótica, ya que un buen agarre es esencial para tareas de ensamblaje, manipulación, clasificación y muchas otras aplicaciones industriales y de servicios. Un agarre eficaz no solo mejora la eficiencia de las operaciones robóticas, sino que también reduce el riesgo de dañar los objetos y garantiza la seguridad en entornos compartidos con humanos.

Manipulación: la manipulación se refiere a la capacidad del robot para mover y controlar objetos una vez que los ha agarrado de manera segura. Esta fase es crucial en la ejecución de tareas robóticas que involucran la interacción con objetos y entornos físicos. La manipulación implica no solo el transporte de objetos de un lugar a otro, sino también la capacidad de realizar acciones específicas con ellos, como ensamblar, colocar, girar, apilar o cualquier otra operación que sea necesaria.

La manipulación eficaz requiere una combinación de hardware y software. Los robots manipuladores suelen estar equipados con brazos mecánicos, garras, pinzas u otros dispositivos de agarre que les permiten sujetar objetos de diferentes formas y tamaños. Además, utilizan sensores, como cámaras y sensores táctiles, para percibir su entorno y los objetos que están manipulando.

El software desempeña un papel fundamental en la planificación de movimientos y acciones, coordinando los movimientos del robot para lograr una manipulación precisa y segura. La planificación de trayectorias y la cinemática inversa son conceptos clave en este sentido, ya que ayudan al robot a determinar la secuencia de movimientos necesarios para llevar a cabo una tarea de manipulación de manera efectiva.

En resumen, la manipulación es una parte esencial de la funcionalidad de un robot, y su éxito depende de la combinación de hardware y software para lograr movimientos precisos y controlados de los objetos que se están manipulando.

Ensamblaje: el ensamblaje es una aplicación clave de la robótica manipuladora en la que los robots se utilizan para unir diferentes piezas o componentes para crear un producto completo. Esta aplicación es ampliamente utilizada en la industria manufacturera para aumentar la eficiencia y la precisión en la producción de bienes, desde automóviles y dispositivos electrónicos hasta productos farmacéuticos y más.

Los robots de ensamblaje son capaces de realizar tareas repetitivas y precisas a alta velocidad, lo que los convierte en una elección ideal para ensamblar productos que requieren una mano de obra precisa y constante. Algunas de las ventajas de utilizar robots en aplicaciones de ensamblaje incluyen la reducción de errores humanos, una mayor velocidad de producción, la capacidad de trabajar en entornos peligrosos o incómodos, y la posibilidad de operar las 24 horas del día, los 7 días de la semana sin fatiga.

En este contexto, los robots manipuladores pueden utilizar múltiples herramientas y sensores para llevar a cabo tareas de ensamblaje, como ensamblar componentes electrónicos, soldar piezas metálicas, unir componentes plásticos, aplicar adhesivos, y mucho más. La planificación de movimientos y la programación precisa son esenciales para asegurar que los robots realicen el ensamblaje de manera eficiente y sin errores.

En resumen, la robótica de ensamblaje es una aplicación importante que demuestra el potencial de los robots manipuladores en la industria manufacturera y en otros sectores para aumentar la productividad y mejorar la calidad de los productos finales.

Desensamblaje: el desensamblaje se refiere al proceso de desmontar o desarmar productos o sistemas de manera eficiente, y en algunos casos, con el propósito de realizar reparaciones o reciclaje. Esta actividad es importante en diversas industrias y contextos, especialmente en la gestión de productos al final de su ciclo de vida útil, en la recuperación de materiales y en la reparación de productos electrónicos y mecánicos.

El desensamblaje puede ser realizado manualmente por personas o, en entornos más avanzados, por robots y máquinas automatizadas. Los robots de desensamblaje pueden ser programados para desmontar productos con precisión y rapidez, lo como en la industria electrónica, donde los componentes de dispositivos electrónicos pueden ser recuperados y reciclados.

La automatización del desensamblaje también se utiliza en la industria automotriz para el desmontaje de vehículos al final de su vida útil. Los materiales recuperados de estos procesos de desensamblaje pueden ser reciclados o reutilizados, lo que contribuye a reducir residuos y a maximizar el aprovechamiento de recursos.

En resumen, el desensamblaje es un proceso importante que contribuye a la gestión sostenible de productos y sistemas, permitiendo la recuperación de materiales y la prolongación de la vida útil de componentes, además de su contribución al reciclaje y a la reducción de residuos.

La robótica manipuladora se centra en la interacción de los robots con objetos físicos, ya sea para agarrarlos, manipularlos, ensamblarlos o desensamblarlos. Estas capacidades son fundamentales en una amplia gama de aplicaciones industriales y de manufactura, así como en entornos donde se requiere la automatización de tareas de manipulación precisas y repetitivas. Los avances en sensores, algoritmos de planificación y control, así como en hardware robótico, continúan impulsando el desarrollo de robots manipuladores más sofisticados y versátiles.

20.Robótica humanoide: imitación, interacción, expresión y emoción.

La robótica humanoide se enfoca en diseñar robots con características y comportamientos que se asemejen a los humanos en términos de apariencia y capacidades. Aquí están los conceptos clave en la robótica humanoide: imitación, interacción, expresión y emoción.

Imitación: La imitación se refiere a la capacidad de un robot, especialmente un robot humanoide, para copiar los movimientos o acciones de un ser humano. Esta capacidad se basa en la observación y reproducción de comportamientos humanos, lo que permite que el robot aprenda y emule acciones específicas realizadas por una persona.

La imitación puede ser utilizada en diversos contextos, como la robótica social, la enseñanza de tareas o habilidades, la rehabilitación médica y la interacción hombre-máquina. Algunos sistemas robóticos utilizan sensores, cámaras y algoritmos de visión por computadora para captar los movimientos de un ser humano y luego replicarlos.

La imitación puede ser una forma eficaz de enseñar a los robots nuevas tareas o habilidades, ya que les permite aprender a través de la observación y la práctica. Esto es particularmente útil en situaciones en las que la programación manual o la programación por movimiento resultaría complicada o ineficiente.

En el ámbito de la inteligencia artificial y la robótica, el aprendizaje por imitación es un enfoque de aprendizaje automático que se utiliza para enseñar a los robots a realizar tareas a partir de ejemplos humanos. Algunos sistemas utilizan redes neuronales y técnicas de aprendizaje profundo para lograr un alto grado de fidelidad en la imitación de movimientos y acciones humanas.

En resumen, la imitación es una característica importante en la robótica, ya que permite que los robots aprendan y reproduzcan comportamientos humanos, lo que es útil en una variedad de aplicaciones, desde la educación hasta la asistencia en la realización de tareas.

Interacción: La interacción se refiere a la capacidad de un robot humanoide para comunicarse y colaborar con los seres humanos de manera natural. Esto implica el uso de sensores y algoritmos para comprender el lenguaje humano, reconocer gestos y expresiones faciales, y responder de manera apropiada. Los robots humanoides interactivos se utilizan en aplicaciones como asistentes personales, atención al cliente y educación.la interacción es una capacidad esencial de los robots humanoides, y se refiere a su habilidad para comunicarse y colaborar de manera natural con los seres humanos. Esto implica la capacidad de comprender el lenguaje humano, reconocer gestos, expresiones faciales y otras señales humanas, y responder de una manera apropiada y efectiva.

Los robots humanoides interactivos están diseñados para interactuar con las personas en una variedad de contextos, como asistentes personales, atención al cliente, educación y entretenimiento. Estos robots a menudo utilizan una combinación de sensores, como cámaras, micrófonos y sensores táctiles, junto con algoritmos de procesamiento de lenguaje natural y visión por computadora para comprender y responder a las necesidades y deseos de los seres humanos.

La interacción natural es especialmente importante en aplicaciones como la atención médica y la educación, donde los robots pueden desempeñar un papel vital en la asistencia y la enseñanza. Los avances en inteligencia artificial y robótica han mejorado significativamente la capacidad de los robots humanoides para comprender el contexto y adaptarse a las preferencias individuales de las personas.

En resumen, la interacción efectiva y natural es una característica clave de los robots humanoides, y su capacidad para comprender y comunicarse con los seres humanos tiene un gran potencial en una variedad de aplicaciones, mejorando la calidad de vida y la eficiencia en diversos entornos.

Expresión: La expresión se refiere a la capacidad de un robot humanoide para mostrar emociones y estados emocionales a través de gestos faciales, movimientos corporales y expresiones vocales. Los robots humanoides pueden programarse para mostrar alegría, tristeza, enojo, sorpresa y otras emociones, lo que facilita la comunicación emocional con las personas. Esto es especialmente importante en aplicaciones de atención médica y terapia, donde la empatía y la conexión emocional son cruciales.la expresión se refiere a la capacidad de un robot humanoide para mostrar emociones y estados emocionales a través de gestos faciales, movimientos corporales y expresiones vocales. Esta capacidad es fundamental para crear interacciones más humanas y significativas entre los robots y las personas, ya que permite que los robots comuniquen sus propias emociones y comprendan mejor las emociones humanas.

Los robots humanoides pueden ser programados para mostrar una amplia gama de emociones, como alegría, tristeza, enojo, sorpresa, entre otras. Utilizan sensores y algoritmos para detectar y responder a las emociones de las personas en su entorno. Por ejemplo, las cámaras pueden captar las expresiones faciales de las personas, y los algoritmos de procesamiento de imágenes pueden interpretar esas expresiones y ajustar las respuestas del robot en consecuencia.

La capacidad de expresión emocional es especialmente valiosa en aplicaciones en las que los robots interactúan con personas, como la atención médica, la terapia, la educación y el entretenimiento. Por ejemplo, un robot de terapia podría mostrar empatía y comprensión al interactuar con pacientes, mientras que un robot de entretenimiento podría utilizar expresiones para crear una experiencia más inmersiva y atractiva.

Esta capacidad de expresión también es importante en la robótica social, donde los robots se utilizan en situaciones cotidianas, como asistentes personales, y se espera que interactúen de manera más natural y amigable con las personas. En resumen, la expresión emocional es una característica clave que enriquece la interacción entre robots humanoides y seres humanos, haciéndola más efectiva y significativa.

Emoción: La emoción se refiere a la capacidad de un robot humanoide para percibir y comprender las emociones humanas. Esto puede lograrse mediante el análisis de señales biométricas, como la detección de ritmo cardíaco, la medición de la temperatura de la piel o el seguimiento de expresiones faciales de las personas con las que interactúa. Los robots humanoides pueden utilizar esta información para adaptar sus respuestas y comportamientos, brindando un nivel más alto de empatía y comprensión.la emoción se refiere a la capacidad de un robot humanoide para percibir y comprender las emociones humanas. Los avances en inteligencia artificial y robótica han permitido que los robots sean capaces de detectar y responder a las emociones humanas de diversas maneras.

Para lograr esto, los robots humanoides utilizan sensores como cámaras y micrófonos para recopilar información visual y auditiva sobre el estado emocional de las personas. A través del procesamiento de lenguaje natural y la visión por computadora, los algoritmos pueden interpretar gestos, expresiones faciales, tono de voz y otras señales para inferir las emociones humanas, como la felicidad, la tristeza, la ira o la sorpresa.

La detección de emociones es valiosa en una variedad de aplicaciones, desde la atención médica y la terapia, donde un robot podría adaptar su comportamiento para brindar apoyo emocional, hasta la interacción con clientes en la atención al cliente y el servicio al público, donde un robot podría ajustar sus respuestas según el estado emocional del interlocutor.

La capacidad de los robots humanoides para comprender y responder a las emociones humanas es un aspecto importante de la robótica social y la interacción hombre-máquina, ya que puede mejorar la calidad de las interacciones y hacer que las relaciones con los robots sean más naturales y efectivas.

En resumen, la emoción es una característica clave en la robótica de interacción, que permite a los robots comprender y responder a las emociones humanas, lo que tiene un gran potencial en una variedad de aplicaciones en las que las interacciones emocionales son importantes.

La robótica humanoide busca crear robots que se asemejen a los humanos en apariencia y comportamiento, lo que les permite interactuar y comunicarse de manera efectiva con las personas en una variedad de aplicaciones. Estos robots pueden ser utilizados en entornos sociales, de atención médica, educativos y de entretenimiento, entre otros. La investigación en robótica humanoide se centra en mejorar la percepción, la cognición y las habilidades sociales de estos robots para hacerlos más útiles y aceptados en la sociedad.

Los robots humanoides son más difíciles de diseñar y construir en comparación con otros tipos de robots, debido a una serie de desafíos técnicos únicos que deben superar. Algunos de los desafíos principales que los diseñadores y desarrolladores de robots humanoides enfrentan incluyen:

Equilibrio y locomoción bípeda: Lograr que un robot humanoide se mueva de manera estable y equilibrada en dos piernas es uno de los desafíos más importantes. Esto implica el desarrollo de sistemas de control avanzados para mantener el equilibrio y adaptarse a diferentes tipos de terrenos.

Coordinación motora: La coordinación de movimientos, tanto en las extremidades como en el tronco, es esencial para que un robot humanoide realice tareas de manera eficiente y realista. Esto requiere una mecánica y electrónica compleja.

Manipulación de objetos: Los robots humanoides a menudo deben manipular objetos de manera similar a cómo lo haría una persona. Esto implica el diseño de manos y brazos capaces de realizar una amplia gama de movimientos y tareas.

Reconocimiento facial y de voz: La interacción efectiva con seres humanos implica la capacidad de reconocer y comprender expresiones faciales, así como el procesamiento del lenguaje natural para entender y responder al habla humana.

Sensorización avanzada: Los robots humanoides necesitan una variedad de sensores avanzados, como cámaras, sensores de proximidad, sensores de fuerza y sensores táctiles para percibir su entorno y tomar decisiones informadas.

Inteligencia artificial y aprendizaje automático: Los algoritmos de IA y las técnicas de aprendizaje automático son esenciales para permitir que los robots humanoides se adapten a diferentes situaciones y aprendan a realizar tareas de manera efectiva.

Potencia y eficiencia energética: Los robots humanoides deben ser eficientes en cuanto al consumo de energía para funcionar durante períodos prolongados y realizar una variedad de tareas sin agotar sus baterías.

Debido a estos desafíos, el desarrollo de robots humanoides suele ser costoso y requiere un conocimiento multidisciplinario en ingeniería, robótica, inteligencia artificial y otros campos. A pesar de los desafíos, los avances en esta área siguen creciendo y se están utilizando en aplicaciones que van desde la asistencia en el hogar hasta la investigación y el entretenimiento.

21.Robótica social: comportamiento, personalidad, ética y normas sociales.

La robótica social se enfoca en el desarrollo de robots que interactúan y colaboran de manera efectiva con los seres humanos en entornos sociales y cotidianos. Aquí están los conceptos clave en la robótica social: comportamiento, personalidad, ética y normas sociales.

Comportamiento: El comportamiento en la robótica social se refiere a las acciones y respuestas de un robot en un entorno social. Los robots sociales están diseñados para comportarse de manera que sea natural y comprensible para los seres humanos. Esto incluye la capacidad de comunicarse mediante gestos, expresiones faciales, voz y movimientos corporales. Los comportamientos también pueden incluir la toma de decisiones para adaptarse a situaciones cambiantes y realizar tareas específicas en función de las interacciones con las personas.

El comportamiento en la robótica social se refiere a las acciones y respuestas de un robot en un entorno social. En este contexto, los robots sociales están diseñados para interactuar con seres humanos de una manera que sea considerada socialmente aceptable y comprensible. Esto implica que los robots sociales deben exhibir comportamientos que reflejen una comprensión y adaptación a las normas y expectativas sociales.

El comportamiento en la robótica social puede incluir una variedad de acciones y respuestas, como:

Comunicación verbal: Los robots pueden hablar y responder a las preguntas o comentarios de las personas utilizando el lenguaje natural. Esto implica la comprensión del habla humana y la generación de respuestas coherentes.

Comunicación no verbal: Los robots pueden utilizar gestos, expresiones faciales y movimientos corporales para comunicar emociones, intenciones y estados emocionales.

Aprendizaje y adaptación: Los robots pueden aprender y adaptarse a las preferencias y necesidades de las personas a lo largo del tiempo, mejorando así su interacción.

Empatía y apoyo emocional: Los robots pueden mostrar empatía al reconocer y responder a las emociones de las personas, brindando apoyo emocional en situaciones apropiadas.

Toma de decisiones éticas: Los robots pueden tomar decisiones éticas en función de situaciones sociales y morales, como la privacidad y la seguridad.

La programación del comportamiento en la robótica social es un campo interdisciplinario que involucra aspectos de la inteligencia artificial, la psicología, la ética y la interacción humano-robot. El objetivo es crear robots que puedan interactuar de manera efectiva y natural en entornos sociales, como el cuidado de ancianos, la educación, el entretenimiento, la atención al cliente y otros contextos donde la interacción con seres humanos es esencial.

Personalidad: Algunos robots sociales están diseñados con una "personalidad" programada o configurada para que se ajuste a la interacción social. Esta personalidad puede variar desde ser amigable y servicial hasta ser más neutral o formal, dependiendo del propósito del robot y su entorno de uso. La personalidad contribuye a la comodidad y la aceptación de los robots en situaciones sociales, y puede ser ajustada según las preferencias del usuario.algunos robots sociales están diseñados con una "personalidad" programada o configurada para que se ajuste a la interacción social. Esta personalidad puede ser una representación artificial de características humanas, como la simpatía, la amabilidad, la paciencia, la seriedad, entre otras. La programación de la personalidad tiene como objetivo hacer que el robot sea más atractivo, accesible y comprensible para las personas con las que interactúa.

La programación de la personalidad en robots sociales puede incluir aspectos como el tono de voz, el estilo de comunicación, las expresiones faciales y gestos, así como las respuestas a ciertas situaciones sociales. La elección de la personalidad puede variar según el contexto y el propósito del robot. Por ejemplo, un robot de entretenimiento podría tener una personalidad alegre y enérgica, mientras que un robot de cuidado de ancianos podría tener una personalidad más calmada y comprensiva.

Es importante destacar que la programación de la personalidad en los robots sociales debe ser cuidadosamente considerada y ética, ya que puede influir en la percepción y la experiencia de las personas que interactúan con el robot. Además, la personalidad programada no significa que el robot realmente tenga conciencia o emociones, sino que se trata de una representación diseñada para facilitar una interacción más efectiva y agradable.

La programación de la personalidad en la robótica social es un área en constante evolución, y los diseñadores y desarrolladores de robots trabajan para equilibrar la personalidad programada con la funcionalidad y la ética, a fin de brindar experiencias positivas a los usuarios.

Ética: La ética en la robótica social se refiere a la consideración de principios éticos y morales en el diseño, desarrollo y uso de robots. Esto incluye la responsabilidad de garantizar que los robots no causen daño físico o emocional a las personas, respeten la privacidad y la autonomía de las personas, y se adhieran a las normas éticas y legales establecidas en la sociedad. La ética en la robótica social también aborda cuestiones como la toma de decisiones autónoma de los robots y la responsabilidad en caso de comportamientos no éticos.la ética en la robótica social se refiere a la consideración de principios éticos y morales en todas las etapas del proceso de diseño, desarrollo y uso de robots sociales. Esto implica tener en cuenta las implicaciones éticas de cómo los robots interactúan con las personas y cómo afectan a la sociedad en general. Algunos de los aspectos éticos clave en la robótica social incluyen:

Privacidad: La recolección de datos y la vigilancia por parte de robots sociales plantean cuestiones de privacidad. Los diseñadores deben garantizar que se respeten los derechos de privacidad de las personas y que los datos personales se manejen de manera segura.

Seguridad: Los robots sociales deben ser diseñados de manera que no representen un riesgo para la seguridad de las personas con las que interactúan. Esto incluye consideraciones sobre la seguridad física y la seguridad cibernética.

Autonomía y toma de decisiones éticas: Los robots con cierto nivel de autonomía plantean preguntas éticas sobre quién es responsable en caso de errores o comportamientos no éticos. Se debe considerar la programación de comportamientos éticos y la capacidad de los robots para tomar decisiones éticas.

Dignidad y trato justo: Los robots sociales deben ser programados y diseñados para tratar a las personas con respeto y dignidad, evitando comportamientos ofensivos o discriminatorios.

Transparencia y explicabilidad: Los usuarios deben poder comprender cómo funciona un robot y cómo toma decisiones. La opacidad en el funcionamiento del robot puede plantear preocupaciones éticas.

Dependencia tecnológica: El uso excesivo o la dependencia de robots sociales en ciertos contextos puede tener implicaciones éticas, como la pérdida de habilidades humanas o la reducción de la interacción humana genuina.

Responsabilidad y rendición de cuentas: Se debe establecer claramente quién es responsable en caso de problemas relacionados con un robot social, como accidentes o comportamientos inapropiados.

La ética en la robótica social es un campo en crecimiento y se considera fundamental para garantizar que los robots sean beneficiosos para la sociedad y no generen problemas éticos o morales. La consideración de estos principios éticos es esencial tanto en la investigación y desarrollo como en la implementación de robots sociales en una variedad de entornos.

Normas sociales: Los robots sociales deben cumplir con las normas y convenciones sociales que rigen la interacción humana. Esto incluye el respeto por el espacio personal, la consideración de las normas de cortesía y etiqueta, y la adaptación a las normas culturales y sociales específicas de la comunidad en la que operan. Los robots sociales deben ser programados o entrenados para comprender y seguir estas normas para ser aceptados y bien recibidos por las personas. Los robots sociales deben cumplir con las normas y convenciones sociales que rigen la interacción humana. Esto es esencial para garantizar que los robots sean aceptados y efectivos en su interacción con las personas. Algunas de las razones por las que los robots sociales deben adherirse a las normas sociales incluyen:

Comodidad y aceptación: Los seres humanos se sienten más cómodos y aceptan mejor la presencia de robots que se comportan de manera coherente con las normas sociales. Un robot que sigue las convenciones de interacción humanas es más propenso a ser bien recibido.

Efectividad en la comunicación: Cumplir con las normas sociales ayuda a los robots a comunicarse de manera efectiva con las personas. Esto incluye respetar el espacio personal, reconocer señales no verbales y utilizar un lenguaje y tono de voz apropiados.

Evitar conflictos y malentendidos: Los robots sociales que no siguen las normas sociales pueden causar malentendidos o conflictos. Al respetar las convenciones sociales, se minimizan los riesgos de malentendidos o situaciones incómodas.

Ética y moral: El comportamiento ético y moral en la interacción con las personas es fundamental. Los robots deben evitar comportamientos que sean ofensivos o discriminatorios y respetar los principios éticos de dignidad y trato justo.

Aprendizaje y adaptación: Los robots sociales a menudo se programan para aprender y adaptarse a las preferencias y necesidades de las personas con las que interactúan. Esto implica comprender y seguir las normas sociales cambiantes en función del contexto y la cultura.

La adhesión a las normas y convenciones sociales es un componente esencial de la robótica social y se aborda en el diseño y la programación de robots sociales. Los ingenieros y diseñadores trabajan en la implementación de comportamientos que se ajusten a las expectativas de la sociedad en diversos contextos y situaciones de interacción.

En conjunto, la robótica social busca crear robots que puedan interactuar de manera efectiva en entornos sociales y cotidianos, lo que implica el desarrollo de comportamientos adecuados, personalidades ajustadas, consideración ética y respeto por las normas sociales. Esto es esencial para que los robots sociales sean útiles y aceptados en una variedad de aplicaciones, como asistencia en el hogar, compañía para personas mayores, educación y entretenimiento, sin generar conflictos o preocupaciones éticas.

22.Robótica educativa: herramientas, metodologías, proyectos y evaluación.

La robótica educativa es una disciplina que utiliza robots y tecnología para fomentar el aprendizaje y el desarrollo de habilidades en los estudiantes.

Herramientas:

Kits de robótica: Estos kits suelen incluir piezas, sensores y una plataforma de programación que permite a los estudiantes construir y programar robots. Ejemplos populares incluyen LEGO Mindstorms, Arduino, Raspberry Pi y VEX Robotics.

Los kits de robótica educativa suelen incluir piezas, sensores y una plataforma de programación que permite a los estudiantes, tanto jóvenes como adultos, construir y programar robots de manera educativa y divertida. Estos kits son herramientas excelentes para enseñar conceptos de ciencia, tecnología, ingeniería y matemáticas (STEM) y promover habilidades de resolución de problemas, creatividad y pensamiento lógico. Algunos ejemplos populares de kits de robótica educativa incluyen:

LEGO Mindstorms: Los kits de LEGO Mindstorms permiten a los estudiantes construir robots utilizando bloques LEGO especialmente diseñados y programarlos utilizando el software LEGO Mindstorms. Estos kits son conocidos por su facilidad de uso y versatilidad.

Arduino: Arduino es una plataforma de código abierto que incluye placas de microcontroladores y software de programación. Los estudiantes pueden construir robots personalizados y programarlos utilizando lenguaje de programación C/C++.

Raspberry Pi: Aunque Raspberry Pi es principalmente una computadora de placa única, se utiliza en muchas aplicaciones de robótica educativa. Los estudiantes pueden usar Raspberry Pi para construir robots y programarlos en una variedad de lenguajes de programación.

VEX Robotics: VEX Robotics ofrece kits que incluyen piezas y sistemas de control para construir robots, y proporciona un entorno de programación específico. Estos kits se utilizan comúnmente en competencias de robótica estudiantil.

Estos kits son altamente personalizables y permiten a los estudiantes crear una amplia gama de robots, desde simples seguidores de línea hasta robots más complejos que pueden realizar tareas específicas. También fomentan la experimentación y la resolución de problemas, lo que promueve un aprendizaje práctico y creativo. Además, muchos de estos kits tienen comunidades en línea activas donde los estudiantes pueden compartir proyectos y obtener apoyo para sus aventuras en la robótica educativa.

Software de programación: Plataformas como Scratch, Blockly, Arduino IDE y Python son comunes para enseñar a los estudiantes a programar robots de manera interactiva y visual.

El software de programación desempeña un papel crucial en la enseñanza de la programación de robots a estudiantes, y existen varias plataformas populares que hacen que el proceso sea interactivo y accesible. Algunas de estas plataformas incluyen:

Scratch: Scratch es un entorno de programación visual desarrollado por el MIT que es ampliamente utilizado para enseñar programación a estudiantes jóvenes. Permite a los estudiantes crear programas utilizando bloques de código que se ensamblan como piezas de un rompecabezas. Scratch es excelente para principiantes y es especialmente adecuado para proyectos de programación creativa y juegos.

Blockly: Blockly es otra plataforma de programación visual que se utiliza en la educación. Similar a Scratch, permite a los estudiantes arrastrar y soltar bloques de código para crear programas. Puede utilizarse con robots y dispositivos que admiten esta interfaz.

Arduino IDE: El Arduino IDE es un entorno de desarrollo integrado que se utiliza con placas Arduino. Los estudiantes pueden programar robots y proyectos de hardware utilizando el lenguaje de programación C/C++. Aunque no es visual como Scratch o Blockly, ofrece un mayor control y flexibilidad para proyectos más avanzados.

Python: Python es un lenguaje de programación de propósito general que se utiliza ampliamente en la educación. Los estudiantes pueden programar robots utilizando Python y bibliotecas específicas para la robótica. Python es conocido por su legibilidad y es una excelente opción para estudiantes más avanzados.

Estas plataformas permiten a los estudiantes aprender a programar de una manera interactiva y visual, lo que puede hacer que la programación sea más accesible y atractiva, especialmente para aquellos que son nuevos en la programación. Además, muchos kits de robótica educativa se integran con estas plataformas para simplificar la programación de robots y proyectos relacionados con STEM.

Sensores y actuadores: Estos componentes son esenciales para que los robots interactúen con su entorno. Los sensores de ultrasonido, infrarrojos y cámaras son ejemplos comunes.

Los sensores y actuadores son componentes esenciales para que los robots interactúen con su entorno y realicen tareas específicas. Aquí hay una descripción de estos componentes:

Sensores: Los sensores permiten que los robots perciban y comprendan su entorno. Algunos ejemplos comunes de sensores utilizados en robots incluyen:

Sensores de ultrasonido: Estos sensores utilizan ondas ultrasónicas para medir la distancia a objetos en su entorno. Son útiles para la detección de obstáculos y la navegación.

Sensores infrarrojos: Estos sensores emiten y detectan luz infrarroja para determinar la proximidad de objetos. Son útiles para la detección de objetos cercanos y la línea de seguimiento.

Cámaras: Las cámaras capturan imágenes y videos de alta resolución que permiten a los robots procesar información visual. Se utilizan en aplicaciones como el reconocimiento de objetos, la detección de colores y la navegación basada en visión.

Sensores táctiles: Los sensores táctiles detectan el contacto físico con objetos y pueden utilizarse para la interacción táctil con el entorno.

Sensores de temperatura, humedad, luz, etc.: Estos sensores permiten a los robots recopilar información sobre el entorno, como la temperatura ambiente, la humedad o la intensidad de la luz.

Actuadores: Los actuadores son componentes que permiten que los robots realicen acciones físicas en respuesta a las señales que reciben de los sensores. Algunos ejemplos de actuadores incluyen:

Motores: Los motores permiten el movimiento de las partes móviles de un robot, como ruedas, brazos o pinzas. Los servomotores son comunes en robótica para lograr movimientos precisos.

Actuadores lineales: Estos componentes permiten el movimiento lineal y son útiles en aplicaciones como la apertura y cierre de puertas o el control de palancas.

Altavoces: Los altavoces permiten que los robots produzcan sonidos y voz, lo que es importante para la comunicación y la retroalimentación audible.

Pantallas: Las pantallas pueden utilizarse para mostrar información visual, como texto o gráficos, y son comunes en robots con funciones de interacción con el usuario.

Estos sensores y actuadores son fundamentales para que los robots interactúen con su entorno y ejecuten tareas específicas. La combinación de sensores para la percepción y actuadores para la acción permite a los robots realizar una amplia variedad de tareas y funciones en una variedad de aplicaciones.

Metodologías:

Aprendizaje basado en proyectos: Los estudiantes trabajan en proyectos robóticos específicos que les permiten aplicar sus conocimientos y desarrollar habilidades prácticas.

Aprendizaje colaborativo: Los equipos de estudiantes trabajan juntos para diseñar, construir y programar robots, fomentando la colaboración y la resolución de problemas en grupo.

Aprendizaje autodirigido: Se alienta a los estudiantes a investigar, experimentar y aprender de forma independiente con la guía del profesor.

Enfoque STEM (Ciencia, Tecnología, Ingeniería y Matemáticas): La robótica educativa se integra en el currículo de estas disciplinas para mejorar la comprensión de los conceptos y la aplicación práctica.

la robótica educativa se integra en el enfoque STEM (Ciencia, Tecnología, Ingeniería y Matemáticas) en la educación para mejorar la comprensión de estos conceptos y promover su aplicación práctica. Aquí hay algunas formas en que la robótica educativa se alinea con el enfoque STEM:

Ciencia: Los estudiantes que trabajan con robots pueden explorar conceptos científicos, como la física (por ejemplo, el movimiento y la energía), la biología (por ejemplo, la locomoción animal) y la electrónica (por ejemplo, circuitos y sensores). Los robots pueden ser utilizados como herramientas para realizar experimentos y recopilar datos científicos.

Tecnología: La robótica educa a los estudiantes sobre la tecnología y cómo funciona. Los estudiantes aprenden a programar robots, trabajar con sensores y actuadores, y comprender los principios de la informática y la ingeniería de software.

Ingeniería: La construcción y programación de robots implica resolución de problemas y diseño de sistemas. Los estudiantes deben planificar y ensamblar componentes mecánicos, eléctricos y electrónicos, lo que fomenta la mentalidad de ingeniería y el pensamiento lógico.

Matemáticas: Los estudiantes pueden aplicar conceptos matemáticos, como geometría (para la navegación y el control de robots), álgebra (para programación y cálculos), y estadísticas (para el análisis de datos recopilados por sensores).

La robótica educativa proporciona un contexto práctico y motivador para enseñar estas disciplinas. Además, fomenta habilidades transversales como la resolución de problemas, la colaboración, la creatividad y el pensamiento crítico. Los estudiantes pueden trabajar en proyectos que aborden problemas del mundo real, lo que les permite ver la aplicabilidad de lo que aprenden en el aula a situaciones reales.

El enfoque STEM y la robótica educativa son una combinación poderosa para preparar a los estudiantes para carreras en campos relacionados con la ciencia, la tecnología, la ingeniería y las matemáticas, así como para fomentar su curiosidad y pasión por el aprendizaje.

Proyectos:

Robots seguidores de línea: Los estudiantes diseñan robots capaces de seguir una línea trazada en el suelo utilizando sensores.

Los robots seguidores de línea son un proyecto común en la robótica educativa y son una excelente manera de enseñar a los estudiantes sobre sensores, programación y control. En este tipo de proyecto, los estudiantes diseñan y construyen robots que son capaces de seguir una línea trazada en el suelo utilizando sensores. Aquí hay una descripción general de cómo funciona este tipo de proyecto:

Sensores de línea: Los robots seguidores de línea están equipados con sensores que pueden detectar la línea en el suelo. Estos sensores suelen ser sensores de reflexión infrarrojos o sensores de seguimiento de línea que emiten luz infrarroja y miden la cantidad de luz reflejada desde la superficie. Si el sensor está sobre la línea, detecta una reflexión alta; si está fuera de la línea, detecta una reflexión baja.

Programación: Los estudiantes programan el comportamiento del robot de manera que, cuando los sensores detectan que están sobre la línea, el robot avance en línea recta. Cuando un sensor detecta que ha salido de la línea, se programa al robot para ajustar su dirección de movimiento de manera que vuelva a la línea. Esto implica tomar decisiones basadas en la información de los sensores.

Control de motores: Los motores del robot se controlan para que avance, retroceda y gire según sea necesario para mantenerse en la línea. Los estudiantes pueden aprender sobre control de motores y cómo ajustar la velocidad y la dirección de giro para seguir la línea de manera efectiva.

Ajustes y mejoras: Los estudiantes pueden experimentar con diferentes configuraciones y algoritmos de programación para optimizar el rendimiento del robot. Pueden aprender sobre cómo ajustar los umbrales de los sensores, la velocidad del robot y otros parámetros.

Este proyecto es una excelente manera de introducir a los estudiantes en conceptos de robótica, sensores, programación y control. También fomenta la resolución de problemas a medida que los estudiantes enfrentan desafíos para que el robot siga la línea de manera eficiente. Los robots seguidores de línea se utilizan comúnmente en competencias y desafíos de robótica educativa, lo que agrega un elemento competitivo y de colaboración al aprendizaje.

Robots de resolución de laberintos: Los estudiantes programan robots para navegar a través de laberintos y encontrar la salida.

Los robots de resolución de laberintos son otro proyecto popular en la robótica educativa. En este tipo de proyecto, los estudiantes programan robots para navegar a través de laberintos y encontrar la salida. Esto implica una serie de habilidades y conceptos, incluyendo:

Detección del entorno: Los robots deben estar equipados con sensores que les permitan detectar obstáculos y paredes en el laberinto. Estos sensores pueden incluir cámaras, sensores ultrasónicos o infrarrojos, entre otros.

Mapeo y localización: Los robots deben ser capaces de crear un mapa del laberinto y saber dónde se encuentran en ese mapa en todo momento. Esto a menudo implica el uso de algoritmos de mapeo y localización simultáneos (SLAM) para realizar un seguimiento de la posición y la orientación del robot.

Toma de decisiones: Los estudiantes deben programar al robot para tomar decisiones en tiempo real sobre qué dirección tomar en función de la información que reciben de los sensores y de su conocimiento del entorno.

Planificación de rutas: Los robots deben ser capaces de planificar rutas a través del laberinto para encontrar la salida. Esto puede implicar el uso de algoritmos de búsqueda, como el algoritmo de búsqueda en profundidad o el algoritmo A*, para determinar la ruta más corta.

Control de motores: Los estudiantes deben controlar los motores del robot para que avance, retroceda, gire y realice otros movimientos necesarios para navegar por el laberinto.

Resolución de problemas: Los estudiantes deben resolver problemas a medida que el robot enfrenta desafíos en el laberinto. Esto puede incluir detectar giros equivocados y ajustar la ruta en consecuencia.

Los robots de resolución de laberintos son un proyecto desafiante que involucra una amplia gama de habilidades y conceptos, incluyendo la percepción del entorno, la planificación de rutas y la toma de decisiones. Además, este tipo de proyecto es una excelente manera de enseñar a los estudiantes sobre algoritmos y programación, y les permite ver la aplicación práctica de estos conceptos en un contexto divertido y desafiante.

Robots de sumo: Los robots compiten en una arena tratando de sacar a sus oponentes fuera del área designada.

Los robots de sumo son un tipo emocionante de competición de robótica en la que los robots compiten en una arena con el objetivo de sacar a sus oponentes fuera del área designada, similar a un torneo de sumo. Aquí hay una descripción general de cómo funcionan los robots de sumo:

Diseño de robots: Los estudiantes diseñan y construyen sus propios robots de sumo utilizando piezas, sensores y actuadores. Los robots suelen ser compactos y robustos, con ruedas para la movilidad y sensores que les permiten detectar a sus oponentes y los límites del área de competición.

Sensores y estrategia: Los robots están equipados con sensores que les permiten detectar a otros robots y el borde de la arena. Utilizan esta información para tomar decisiones estratégicas sobre cómo moverse y enfrentar a sus oponentes.

Lucha en la arena: Los robots compiten en una arena circular o cuadrada con un borde elevado. El objetivo es empujar o sacar a los oponentes fuera del área designada, lo que les otorga puntos en la competición.

Programación y control: Los estudiantes programan el comportamiento de sus robots para que puedan reaccionar rápidamente a las señales de los sensores y ejecutar estrategias efectivas para ganar las batallas.

Competencia y reglas: Los robots compiten en enfrentamientos uno a uno o en torneos con múltiples participantes. Existen reglas específicas para garantizar una competencia justa y segura, y un árbitro o sistema de control a menudo supervisa la competición.

Los robots de sumo son una forma emocionante de involucrar a los estudiantes en la robótica y la programación. Promueven el desarrollo de habilidades de diseño, programación, estrategia y trabajo en equipo, y también pueden ser utilizados en competiciones y eventos de robótica educativa, lo que agrega un elemento de competencia y emoción al aprendizaje. Además, los robots de sumo son una forma divertida de aplicar conceptos de física y dinámica en un entorno práctico.

Robots controlados por gestos: Los estudiantes desarrollan robots que responden a gestos o comandos de voz.

Los robots controlados por gestos o comandos de voz son un tipo interesante de proyecto en la robótica educativa que involucra la interacción humano-robot. En este tipo de proyecto, los estudiantes desarrollan robots que pueden responder a gestos o comandos de voz emitidos por los usuarios. Aquí hay una descripción general de cómo funcionan estos proyectos:

Sensores de gestos o reconocimiento de voz: Los robots están equipados con sensores que pueden detectar gestos, como movimientos de manos o cuerpos, o están habilitados para el reconocimiento de voz. Los sensores de gestos pueden incluir cámaras y sensores de movimiento, mientras que el reconocimiento de voz utiliza micrófonos y software de procesamiento de voz.

Interfaz de usuario: Los estudiantes desarrollan una interfaz de usuario que permite a las personas interactuar con el robot mediante gestos o comandos de voz. Esto puede implicar la programación de una aplicación o software que capture y procese los gestos o comandos de voz.

Programación del robot: Los estudiantes programan el comportamiento del robot para que responda de manera adecuada a los gestos o comandos de voz. Esto puede incluir acciones como moverse en una dirección específica, realizar tareas específicas o responder con frases predefinidas.

Pruebas y ajustes: Los estudiantes prueban y ajustan la interacción entre el usuario y el robot para asegurarse de que el robot responda de manera precisa y efectiva a los gestos o comandos de voz.

Aplicaciones educativas: Estos proyectos pueden utilizarse para enseñar a los estudiantes sobre el reconocimiento de patrones, procesamiento de señales, programación de interfaz de usuario y programación de comportamiento del robot.

Los robots controlados por gestos o comandos de voz pueden ser utilizados en una variedad de aplicaciones educativas y de entretenimiento. Además de ser una forma interesante de enseñar a los estudiantes sobre la interacción humano-robot y la programación de interfaces de usuario, también pueden aplicarse en áreas como la asistencia a personas con discapacidades, la educación especial y la interacción social con robots. Estos proyectos promueven la creatividad y la innovación, así como la comprensión de tecnologías de vanguardia.

Evaluación:

Evaluación formativa: Se realiza durante el proceso de aprendizaje para identificar áreas de mejora y ajustar la enseñanza y los proyectos.

Evaluación sumativa: Se lleva a cabo al final de un proyecto o unidad para medir el logro de objetivos específicos.

Portafolios de proyectos: Los estudiantes pueden mantener un registro de sus proyectos y sus reflexiones sobre lo que han aprendido y logrado.

Autoevaluación y coevaluación: Los estudiantes pueden evaluar su propio trabajo y el de sus compañeros, lo que promueve la autorreflexión y el desarrollo de habilidades de evaluación.

Pruebas y exámenes de conocimientos: Se pueden realizar pruebas escritas o pruebas de programación para evaluar el conocimiento teórico y las habilidades prácticas.

La robótica educativa es una forma efectiva de involucrar a los estudiantes en el aprendizaje STEM y fomentar habilidades como la resolución de problemas, la creatividad y la colaboración. Al utilizar las herramientas y metodologías adecuadas, y aplicar una evaluación apropiada, se puede maximizar el impacto de la robótica educativa en el desarrollo de los estudiantes.

Algunos de los beneficios de la robótica educativa son:

Motivación: La robótica educativa permite a los estudiantes aprender de manera lúdica y divertida, despertando su interés y curiosidad por las ciencias, la tecnología, la ingeniería y las matemáticas.La robótica educativa es una poderosa herramienta para motivar a los estudiantes y fomentar su interés en las disciplinas STEM (Ciencia, Tecnología, Ingeniería y Matemáticas).

Aprendizaje práctico y experiencial: Los proyectos de robótica permiten a los estudiantes aprender a través de la acción y la experiencia práctica. En lugar de aprender de manera abstracta, los estudiantes pueden ver cómo los conceptos teóricos se aplican en un entorno tangible y real.

Creatividad y resolución de problemas: La robótica desafía a los estudiantes a ser creativos y a encontrar soluciones a problemas del mundo real. Los proyectos de robótica a menudo requieren que los estudiantes diseñen, construyan y programen robots para cumplir tareas específicas, lo que estimula su pensamiento creativo y sus habilidades de resolución de problemas.

Competencias en demanda: A medida que la tecnología y la automatización desempeñan un papel cada vez más importante en la economía global, las habilidades en robótica y STEM son altamente valoradas en el mercado laboral. Los estudiantes pueden verse motivados al aprender habilidades que tienen una alta demanda en la industria.

Competencias de colaboración: Muchos proyectos de robótica requieren que los estudiantes trabajen en equipos, lo que fomenta habilidades de colaboración, comunicación y trabajo en equipo. Aprender a trabajar juntos para lograr objetivos comunes es una habilidad valiosa.

Competencias tecnológicas: La robótica educa a los estudiantes sobre la tecnología y cómo funciona. Les brinda una comprensión más profunda de la programación, la electrónica y la mecánica, lo que puede resultar motivador para aquellos interesados en la tecnología.

Competencias de pensamiento crítico: La robótica requiere que los estudiantes piensen críticamente al abordar desafíos y ajustar robots en función de su desempeño. Esto fomenta el desarrollo del pensamiento lógico y la toma de decisiones fundamentada.

Aplicaciones del mundo real: Los proyectos de robótica a menudo se basan en problemas y aplicaciones del mundo real. Los estudiantes pueden ver la relevancia de lo que están aprendiendo y cómo se puede aplicar en la vida cotidiana.

En resumen, la robótica educativa ofrece a los estudiantes una manera lúdica y atractiva de aprender, lo que puede despertar su interés y curiosidad por las ciencias, la tecnología, la ingeniería y las matemáticas. Al hacer que el aprendizaje sea más relevante y aplicado, la robótica motiva a los estudiantes a explorar estas áreas y a considerar futuras carreras en STEM.

Creatividad: La robótica educativa estimula la imaginación y la innovación de los estudiantes, al ofrecerles la oportunidad de diseñar, construir y programar sus propios robots, y de experimentar con diferentes soluciones a los problemas planteados.

La robótica educativa es un poderoso estímulo para la creatividad de los estudiantes. Aquí hay algunas formas en las que la robótica fomenta la imaginación y la innovación:

Diseño y construcción personalizados: Los estudiantes tienen la oportunidad de diseñar y construir sus propios robots. Esto les permite ser creativos en la elección de componentes, formas y estructuras, y en la forma en que ensamblan y personalizan sus robots.

Programación personalizada: La programación es un aspecto fundamental de la robótica, y los estudiantes pueden ser creativos al programar comportamientos específicos para sus robots. Pueden experimentar con diferentes algoritmos y secuencias de comandos para lograr resultados deseados.

Resolución de problemas: La robótica plantea desafíos que requieren soluciones creativas. Los estudiantes deben idear estrategias y soluciones innovadoras para superar obstáculos y completar tareas específicas con sus robots.

Proyectos autodirigidos: En muchos casos, los proyectos de robótica permiten a los estudiantes elegir sus propios objetivos y desafíos. Esto les da la libertad de explorar temas que les interesan y desarrollar proyectos personalizados.

Experimentación y prueba y error: La robótica a menudo implica un proceso de prueba y error. Los estudiantes pueden experimentar con diferentes configuraciones, programas y ajustes para lograr los resultados deseados, lo que fomenta la creatividad y la innovación.

Interdisciplinariedad: La robótica combina una variedad de disciplinas, incluyendo ingeniería, informática, matemáticas y física. Esta interdisciplinariedad ofrece a los estudiantes la oportunidad de combinar conocimientos de diversas áreas para resolver problemas y desarrollar proyectos.

Competencias de presentación y comunicación: En algunos casos, los estudiantes pueden compartir sus proyectos de robótica con otros a través de presentaciones o competencias. Esto les anima a comunicar sus ideas de manera efectiva y a desarrollar habilidades de presentación.

En resumen, la robótica educativa brinda a los estudiantes la oportunidad de ser creativos y experimentar con soluciones a problemas del mundo real. Estimula su imaginación y les permite aplicar sus conocimientos de manera innovadora. Además, promueve la mentalidad de diseño, la resolución de problemas y la inventiva, habilidades que son valiosas en una variedad de campos y en la vida cotidiana.

Colaboración: La robótica educativa fomenta el trabajo en equipo y la comunicación entre los estudiantes, al promover el intercambio de ideas, opiniones y experiencias, y al facilitar la cooperación y el apoyo mutuo.

La robótica educativa es una poderosa herramienta para fomentar la colaboración entre estudiantes. Aquí están algunas de las formas en las que la robótica educativa promueve el trabajo en equipo y la comunicación:

Proyectos en grupo: Muchos proyectos de robótica se realizan en grupos, lo que requiere que los estudiantes colaboren para diseñar, construir y programar robots. Trabajar en grupo fomenta la colaboración y la distribución de tareas.

Toma de decisiones conjuntas: Los grupos de estudiantes deben tomar decisiones conjuntas sobre cómo abordar desafíos y problemas en sus proyectos de robótica. Esto promueve la toma de decisiones en equipo y la resolución conjunta de problemas.

División de roles: En proyectos de robótica, los estudiantes a menudo dividen roles y responsabilidades según las fortalezas y habilidades individuales. Esto les permite contribuir de manera complementaria y aprovechar sus capacidades individuales.

Comunicación efectiva: Los estudiantes deben comunicarse de manera efectiva en sus equipos para transmitir ideas, compartir avances y coordinar esfuerzos. La comunicación es esencial para el éxito en la robótica educativa.

Resolución de conflictos: En el proceso de colaboración, es posible que surjan desacuerdos o conflictos. Aprender a resolver estos conflictos de manera constructiva es una habilidad valiosa que los estudiantes pueden desarrollar en proyectos de robótica.

Enseñanza y apoyo mutuo: Los estudiantes pueden aprender unos de otros y brindarse apoyo mutuo. Aquellos con más experiencia pueden enseñar a sus compañeros, y juntos pueden superar desafíos y aprender de sus errores.

Presentaciones y competencias: En algunos casos, los estudiantes pueden presentar sus proyectos de robótica o competir en eventos. La colaboración se extiende a la preparación de presentaciones y la representación del equipo en competencias.

Desarrollo de habilidades sociales: La robótica educa a los estudiantes sobre habilidades sociales importantes, como escuchar, expresar ideas, dar y recibir retroalimentación, y trabajar en un entorno de equipo.

La colaboración en proyectos de robótica educa a los estudiantes sobre la importancia del trabajo en equipo, una habilidad esencial en muchos aspectos de la vida, desde el entorno laboral hasta la vida cotidiana. Además, les permite aprender a apreciar y respetar las perspectivas y habilidades de los demás, lo que enriquece su experiencia educativa y personal.

Pensamiento crítico: La robótica educativa desarrolla el razonamiento lógico y analítico de los estudiantes, al exigirles que apliquen conceptos matemáticos, físicos e informáticos para resolver desafíos reales o simulados con sus robots.

La robótica educativa es un campo que fomenta el desarrollo del pensamiento crítico en los estudiantes de varias maneras. Aquí hay algunas formas en las que la robótica promueve el razonamiento lógico y analítico:

Resolución de problemas: Los proyectos de robótica plantean desafíos que requieren que los estudiantes encuentren soluciones efectivas. Los estudiantes deben identificar problemas, analizar las causas y desarrollar estrategias para superar obstáculos. Esto promueve la resolución de problemas y el pensamiento analítico.

Programación y algoritmos: La programación de robots implica la creación de algoritmos y secuencias de comandos. Los estudiantes deben pensar lógicamente y diseñar algoritmos eficientes para lograr tareas específicas.

Matemáticas aplicadas: Los proyectos de robótica a menudo involucran conceptos matemáticos, como geometría (para la navegación y la cinemática), álgebra (para la programación y los cálculos) y estadísticas (para el análisis de datos de sensores). Los estudiantes aplican estas habilidades matemáticas en situaciones del mundo real.

Diseño de sistemas: Los estudiantes deben pensar en la estructura y el diseño de sus robots, considerando aspectos mecánicos, eléctricos y de software. Esto implica planificación y diseño de sistemas, lo que fomenta el pensamiento analítico.

Depuración y ajustes: A medida que trabajan en proyectos de robótica, los estudiantes a menudo se enfrentan a problemas y errores en sus robots. Esto les brinda la oportunidad de depurar y ajustar sus sistemas, lo que requiere un análisis crítico de lo que podría estar funcionando mal.

Toma de decisiones informadas: En proyectos de robótica, los estudiantes toman decisiones sobre cómo abordar desafíos y problemas. Deben considerar las opciones, evaluar los pros y los contras y tomar decisiones fundamentadas.

Experimentación y prueba y error: La robótica a menudo implica un proceso de experimentación y ajuste. Los estudiantes prueban diferentes configuraciones y estrategias, observan los resultados y hacen ajustes basados en observaciones y análisis.

Pensamiento lógico: La programación y el control de robots requieren pensamiento lógico y secuencial. Los estudiantes deben comprender cómo se ejecutan las instrucciones en una secuencia lógica para lograr un objetivo.

En resumen, la robótica educativa promueve el desarrollo del pensamiento crítico al desafiar a los estudiantes a aplicar conceptos matemáticos, físicos e informáticos en la resolución de problemas del mundo real o simulados. Fomenta la toma de decisiones fundamentadas, la resolución de problemas y el razonamiento lógico, habilidades esenciales en una variedad de campos y situaciones de la vida.

Autoconfianza: La robótica educativa mejora la autoestima y la autonomía de los estudiantes, al permitirles ver los resultados concretos de su trabajo, y al brindarles retroalimentación inmediata y positiva sobre su desempeño.

La robótica educativa tiene un impacto positivo en la autoconfianza de los estudiantes al ofrecerles la oportunidad de ver resultados concretos de su trabajo y proporcionar retroalimentación inmediata y positiva sobre su desempeño. Aquí hay algunas formas en las que la robótica educa fomenta la autoestima y la autonomía:

Resultados tangibles: Los proyectos de robótica permiten a los estudiantes crear y programar robots que pueden realizar tareas específicas o enfrentar desafíos. Ver sus robots funcionar de acuerdo a sus instrucciones y lograr objetivos específicos brinda una sensación de logro y satisfacción.

Retroalimentación inmediata: La programación de robots a menudo involucra una retroalimentación inmediata. Los estudiantes pueden probar sus programas y ajustarlos según sea necesario para lograr los resultados deseados. Esto les permite aprender a través de la experimentación y la corrección de errores, lo que refuerza su confianza en su capacidad para resolver problemas.

Empoderamiento y autonomía: A medida que los estudiantes ganan experiencia en la robótica, se vuelven más autónomos en la toma de decisiones y la solución de problemas. Esto les brinda un sentido de empoderamiento y la confianza para abordar desafíos de manera independiente.

Aprendizaje a través del fracaso: La robótica educa a los estudiantes sobre la importancia del aprendizaje a través del fracaso. Cuando los robots no funcionan como se esperaba, los estudiantes deben analizar lo que salió mal, ajustar sus enfoques y volver a intentarlo. Este proceso de aprendizaje mejora su resistencia y autoconfianza.

Superación de obstáculos: Los proyectos de robótica a menudo involucran superar obstáculos y desafíos. A medida que los estudiantes enfrentan y resuelven estos obstáculos, ganan confianza en su capacidad para abordar desafíos en otras áreas de la vida.

Presentación de proyectos: En algunos casos, los estudiantes pueden presentar sus proyectos de robótica a compañeros de clase, maestros o en competencias. Esta experiencia les brinda la oportunidad de compartir sus logros y recibir reconocimiento y retroalimentación positiva.

Desarrollo de habilidades transferibles: Las habilidades que los estudiantes adquieren en la robótica, como la resolución de problemas, el pensamiento lógico y la toma de decisiones, son habilidades transferibles que pueden aplicar en otros aspectos de su educación y vida.

La robótica educativa no solo les enseña a los estudiantes habilidades técnicas, sino que también les proporciona un sentido de logro y una base sólida para desarrollar confianza en sí mismos y en sus habilidades. A través de proyectos de robótica, los estudiantes aprenden que pueden enfrentar desafíos, resolver problemas y lograr sus metas, lo que contribuye a su desarrollo personal y su autoestima.

23.Robótica industrial: automatización, producción, mantenimiento y seguridad.

La robótica industrial es una disciplina que se enfoca en la automatización de procesos de producción y fabricación utilizando robots y sistemas de control. Se ha convertido en una parte fundamental de la industria manufacturera y desempeña un papel importante en la mejora de la eficiencia, la calidad y la seguridad en entornos industriales. Aquí hay un desglose de los aspectos clave relacionados con la robótica industrial:

Automatización:

La automatización es el núcleo de la robótica industrial. Los robots industriales se utilizan para realizar tareas repetitivas y peligrosas de manera eficiente y precisa, reemplazando o asistiendo a los trabajadores humanos en diversas operaciones.

la automatización es fundamental en la robótica industrial. La robótica industrial se refiere a la aplicación de robots y sistemas automatizados en entornos de fabricación y producción para realizar tareas que anteriormente eran realizadas por humanos. La automatización a través de robots es esencial en la robótica industrial por varias razones:

Eficiencia y productividad: Los robots industriales pueden trabajar de manera continua y consistente sin fatiga, lo que mejora la eficiencia y la productividad en la fabricación. Pueden realizar tareas repetitivas a una velocidad constante, lo que lleva a una producción más rápida y precisa.

Calidad y precisión: Los robots están diseñados para ejecutar tareas con alta precisión y repetibilidad. Esto garantiza una calidad constante en la producción, reduciendo los errores humanos y el desperdicio de materiales.

Seguridad: Los robots pueden realizar tareas peligrosas o tediosas que podrían representar un riesgo para los trabajadores. Esto contribuye a la seguridad laboral al reducir la exposición a situaciones riesgosas.

Flexibilidad: Los sistemas de robótica industrial se pueden programar y reconfigurar para realizar diferentes tareas, lo que brinda flexibilidad en la producción. Esto es especialmente útil en entornos de fabricación donde las necesidades pueden cambiar con frecuencia.

Reducción de costos a largo plazo: A pesar de la inversión inicial en la adquisición y programación de robots industriales, a largo plazo, la automatización puede resultar en ahorros significativos en mano de obra y costos operativos.

Mayor capacidad de carga y resistencia: Los robots industriales están diseñados para manipular cargas pesadas y resistir entornos industriales adversos. Esto los hace ideales para aplicaciones que requieren fuerza y resistencia.

La automatización en la robótica industrial implica la programación de robots para realizar tareas específicas, la integración de sistemas de control, sensores y visión artificial, y la comunicación con otros equipos y sistemas en la planta de producción. Esta combinación de tecnología y automatización es esencial para la fabricación moderna y desempeña un papel clave en la mejora de la eficiencia y la competitividad en la industria.

Los robots pueden ser programados para llevar a cabo una amplia variedad de tareas, como ensamblaje, soldadura, pintura, manejo de materiales, inspección de calidad y más.

Algunas de las tareas comunes que los robots pueden realizar en la industria incluyen:

Ensamblaje: Los robots pueden ensamblar productos utilizando herramientas como pinzas, tornillos, tuercas y otros dispositivos de fijación. Pueden ser programados para ensamblar componentes con alta precisión y velocidad.

Soldadura: Los robots de soldadura se utilizan para unir piezas metálicas mediante procesos de soldadura, como la soldadura por arco, la soldadura por puntos y la soldadura por haz de electrones. Son capaces de realizar soldaduras consistentes y de alta calidad.

Pintura: Los robots de pintura aplican recubrimientos de pintura en productos o componentes. Esto se utiliza comúnmente en la industria automotriz y en la fabricación de productos metálicos y plásticos.

Manejo de materiales: Los robots pueden mover y transportar materiales dentro de una planta de producción. Esto incluye cargar y descargar máquinas, paletizar productos terminados y distribuir materiales en líneas de ensamblaje.

Inspección de calidad: Los robots con sistemas de visión artificial pueden inspeccionar productos para detectar defectos, imperfecciones o diferencias en calidad. Esto asegura que los productos cumplan con los estándares de calidad.

Mecanizado: Los robots pueden realizar operaciones de mecanizado, como taladrar, fresar y rectificar piezas metálicas o de plástico. Estas tareas requieren precisión y pueden ser automatizadas para mejorar la eficiencia.

Manipulación y empaque: Los robots pueden manipular productos y empaquetarlos en cajas, bolsas u otros contenedores. Esto es común en la industria de alimentos y bebidas, así como en la logística.

Carga y descarga de máquinas: Los robots pueden cargar y descargar máquinas, como prensas, tornos CNC y máquinas de moldeo por inyección. Esto acelera los procesos de fabricación y reduce el tiempo de inactividad.

Operaciones de corte y soldadura por láser: Los robots también se utilizan en operaciones de corte y soldadura con láser, lo que permite cortar y unir materiales con alta precisión.

Montaje de electrónica: En la industria de la electrónica, los robots pueden ensamblar componentes en placas de circuito impreso y realizar tareas de montaje de dispositivos electrónicos.

La versatilidad de los robots industriales y su capacidad para ser programados y reconfigurados para diferentes tareas hacen que sean una parte integral de la fabricación moderna en una variedad de industrias, desde la automotriz y la electrónica hasta la aeroespacial y la farmacéutica. Su uso permite aumentar la eficiencia, la calidad y la seguridad en la producción.

Producción:

La robótica industrial contribuye a aumentar la productividad en las líneas de producción al acelerar el proceso de fabricación y reducir los errores humanos.

La robótica industrial desempeña un papel crucial en el aumento de la productividad en las líneas de producción al ofrecer una serie de ventajas importantes:

Velocidad y eficiencia: Los robots industriales pueden realizar tareas a una velocidad constante, sin necesidad de descanso, lo que acelera el proceso de fabricación. Esto resulta en una producción más eficiente y una reducción en el tiempo de ciclo de producción.

Reducción de errores: Los robots son programados para realizar tareas con alta precisión y repetibilidad. Esto reduce significativamente la posibilidad de errores humanos en la producción, lo que a su vez disminuye la cantidad de productos defectuosos.

Operación continua: A diferencia de los trabajadores humanos, los robots pueden operar de manera continua en turnos largos o durante la noche sin fatigarse. Esto permite una producción ininterrumpida y un aumento en la capacidad de producción.

Flexibilidad y reconfiguración: Los robots industriales son altamente flexibles y pueden ser reprogramados y reconfigurados para realizar diferentes tareas en poco tiempo. Esto es especialmente útil en entornos de fabricación donde las necesidades de producción pueden cambiar con frecuencia.

Seguridad laboral: Los robots pueden realizar tareas peligrosas o que requieren trabajar en condiciones adversas, lo que reduce el riesgo de accidentes laborales y mejora la seguridad de los trabajadores.

Optimización de recursos: Los robots pueden optimizar el uso de materiales y recursos al reducir el desperdicio y mejorar la eficiencia en la producción. Esto se traduce en ahorros de costos.

Control y supervisión: Los sistemas de control de robots permiten a los operadores supervisar y controlar múltiples robots y procesos de manera eficiente, lo que agiliza la gestión de la producción.

Calidad constante: La precisión de los robots garantiza una calidad constante en los productos fabricados. Esto reduce la necesidad de retrabajo y garantiza que los productos cumplan con los estándares de calidad.

Aumento de la capacidad de producción: Los robots permiten aumentar la capacidad de producción sin necesidad de contratar más mano de obra. Esto es especialmente útil en entornos donde la demanda de productos puede variar.

En resumen, la robótica industrial es esencial para aumentar la productividad en las líneas de producción, lo que se traduce en una mayor eficiencia, calidad y competitividad en la industria manufacturera. La automatización mediante robots ha revolucionado la forma en que se realiza la producción, permitiendo a las empresas ser más eficientes y rentables en un entorno altamente competitivo.

Los sistemas de automatización permiten una producción continua y consistente, lo que es esencial para la fabricación de productos de alta calidad.

los sistemas de automatización son fundamentales para garantizar una producción continua y consistente en la fabricación de productos de alta calidad. Aquí hay algunas razones por las cuales la automatización es esencial para la fabricación de productos de alta calidad:

Consistencia: Los sistemas de automatización son programados para realizar tareas de manera consistente y precisa, lo que garantiza que cada producto se fabrique de la misma manera, sin variaciones significativas. Esto es crucial para mantener altos estándares de calidad.

Reducción de errores: Los errores humanos, como olvidos, omisiones o fatiga, pueden llevar a defectos en los productos. La automatización minimiza estos errores al ejecutar tareas de manera precisa y sin cansancio.

Control de calidad: Los sistemas de automatización a menudo incluyen sensores y sistemas de visión que pueden inspeccionar productos en tiempo real. Esto permite detectar defectos o problemas de calidad de manera inmediata, lo que facilita la corrección o el rechazo de productos defectuosos.

Cumplimiento de estándares: La automatización puede ser programada para cumplir con precisión las especificaciones y estándares de calidad establecidos. Esto es particularmente importante en industrias reguladas, como la farmacéutica y la aeroespacial.

Control de variables críticas: En procesos de fabricación que involucran variables críticas, como la temperatura, la presión o el tiempo, los sistemas de automatización pueden ajustar estas variables de manera constante y precisa para garantizar la calidad del producto.

Documentación y rastreabilidad: Los sistemas automatizados a menudo registran y documentan datos relacionados con la producción, lo que facilita la rastreabilidad y la identificación de problemas si se detectan problemas de calidad.

Gestión de procesos: La automatización permite una gestión más efectiva de los procesos de producción. Los sistemas de control pueden optimizar y ajustar las operaciones en tiempo real para garantizar la calidad y eficiencia.

Aumento de la velocidad: La automatización permite una producción más rápida y continua, lo que es esencial para satisfacer la demanda y los plazos de entrega, especialmente en industrias con alta demanda.

En resumen, los sistemas de automatización son un componente clave en la fabricación de productos de alta calidad, ya que garantizan la consistencia, reducen los errores, permiten el control de calidad en tiempo real y cumplen con estándares y especificaciones rigurosas. La combinación de automatización con sistemas de control y supervisión eficientes contribuye en gran medida a la producción de productos de alta calidad de manera eficiente y competitiva.

Mantenimiento:

El mantenimiento preventivo y predictivo es esencial en la robótica industrial para garantizar el funcionamiento óptimo de los robots y prevenir tiempos de inactividad no planificados.

El mantenimiento preventivo y predictivo es esencial en la robótica industrial para garantizar el funcionamiento óptimo de los robots y evitar tiempos de inactividad no planificados. Aquí están las razones clave por las cuales el mantenimiento preventivo y predictivo es fundamental en este contexto:

Mantenimiento proactivo: El mantenimiento preventivo implica la programación regular de inspecciones y tareas de mantenimiento antes de que se produzcan problemas. Esto permite abordar problemas potenciales antes de que afecten la operación del robot.

Reducción de tiempos de inactividad: Al realizar mantenimiento preventivo de manera regular, se pueden identificar y resolver problemas menores antes de que se conviertan en problemas graves que requieran una interrupción no planificada de la producción. Esto reduce los tiempos de inactividad y el costo asociado.

Extensión de la vida útil del robot: El mantenimiento preventivo ayuda a prolongar la vida útil de los robots, lo que maximiza el retorno de la inversión en estas máquinas costosas.

Seguridad: La inspección y el mantenimiento regulares garantizan que los robots funcionen de manera segura. Esto es crucial para proteger a los trabajadores y para cumplir con las normativas de seguridad.

Optimización del rendimiento: El mantenimiento preventivo puede incluir la calibración y el ajuste de los robots para garantizar que funcionen a su máxima eficiencia y precisión.

Programación de mantenimiento predictivo: El mantenimiento predictivo utiliza sensores y análisis de datos para predecir cuándo es probable que ocurra un fallo o problema. Esto permite una programación precisa de las tareas de mantenimiento, lo que evita el desperdicio de recursos en el mantenimiento innecesario.

Reducción de costos a largo plazo: Si se implementa de manera efectiva, el mantenimiento preventivo y predictivo puede reducir los costos de reparación, aumentar la eficiencia y mejorar la rentabilidad a largo plazo.

Gestión de inventario y piezas de repuesto: El mantenimiento preventivo y predictivo permite una mejor gestión de las piezas de repuesto y los materiales necesarios para el mantenimiento. Esto evita tener que realizar un seguimiento de emergencia de piezas en el último minuto.

Cumplimiento normativo: En algunas industrias, como la farmacéutica y la aeroespacial, el cumplimiento normativo es esencial. El mantenimiento preventivo y predictivo ayuda a cumplir con los requisitos de calidad y seguridad.

En resumen, el mantenimiento preventivo y predictivo es una estrategia esencial en la robótica industrial para garantizar un funcionamiento confiable, seguro y eficiente de los robots. Al programar regularmente inspecciones y tareas de mantenimiento y utilizar datos y sensores para predecir problemas, las empresas pueden minimizar los tiempos de inactividad no planificados y mantener la productividad y la calidad de la producción.

Los robots y las máquinas automatizadas requieren inspecciones regulares, limpieza y reparaciones cuando sea necesario para mantener su eficiencia y prolongar su vida útil.

Los robots y las máquinas automatizadas requieren un mantenimiento regular para mantener su eficiencia y prolongar su vida útil. Aquí hay algunas consideraciones importantes sobre la necesidad de inspecciones, limpieza y reparaciones en robots y sistemas automatizados:

Inspecciones regulares: La inspección regular implica verificar visualmente el estado del robot y sus componentes para identificar posibles problemas. Esto puede incluir la detección de desgaste en partes mecánicas, inspección de conexiones eléctricas y verificación del funcionamiento de sensores y actuadores. Las inspecciones programadas permiten identificar problemas potenciales antes de que se conviertan en fallas mayores.

Limpieza: La limpieza es esencial para mantener el funcionamiento óptimo de los robots. El polvo, la suciedad y otros contaminantes pueden afectar negativamente los componentes electrónicos, mecánicos y ópticos. La limpieza regular garantiza que los sensores, cámaras y otros dispositivos funcionen correctamente. Es importante utilizar métodos de limpieza y productos adecuados para no dañar los componentes.

Lubricación y mantenimiento mecánico: Los componentes mecánicos de los robots, como las articulaciones y los cojinetes, requieren lubricación adecuada para reducir la fricción y el desgaste. El mantenimiento mecánico, como la sustitución de piezas desgastadas o dañadas, es esencial para evitar problemas en el funcionamiento del robot.

Calibración y ajuste: Los robots suelen requerir calibración y ajuste para garantizar su precisión. Esto puede incluir la recalibración de sensores, la alineación de componentes o la configuración de parámetros de control.

Reparaciones oportunas: Cuando se identifican problemas durante las inspecciones, es esencial realizar reparaciones oportunas. Ignorar problemas puede llevar a fallos mayores y tiempos de inactividad costosos. La rápida atención a los problemas mejora la eficiencia y la vida útil del robot.

Actualización de software: Los sistemas de control de robots a menudo reciben actualizaciones de software para mejorar su rendimiento y corregir errores. Mantener el software actualizado es importante para aprovechar al máximo las capacidades del robot.

Programación y reconfiguración: En algunos casos, es posible que sea necesario reprogramar o reconfigurar el robot para adaptarlo a nuevas tareas o necesidades de producción. Esto debe hacerse de manera cuidadosa y documentada.

Entrenamiento del personal: Asegurarse de que el personal encargado del mantenimiento y la operación de los robots esté adecuadamente capacitado es esencial. El personal debe conocer los procedimientos de mantenimiento y las mejores prácticas de operación.

En resumen, la inspección regular, la limpieza y las reparaciones oportunas son esenciales para mantener robots y máquinas automatizadas en su mejor estado de funcionamiento. Este enfoque de mantenimiento. proactivo ayuda a evitar fallos no planificados, minimizar tiempos de inactividad y prolongar la vida útil de estos activos importantes en la fabricación y la industria.

Seguridad:

La seguridad es una consideración crítica en la robótica industrial, ya que los robots pueden representar riesgos para los trabajadores y el entorno de trabajo.

la seguridad es una consideración crítica en la robótica industrial debido a que los robots pueden representar riesgos para los trabajadores y el entorno de trabajo. Aquí hay algunas razones por las cuales la seguridad en la robótica industrial es esencial:

Colaboración humano-robot: En muchos entornos de fabricación, los trabajadores humanos colaboran directamente con robots. Esto requiere una atención especial a la seguridad para evitar lesiones o accidentes.

Movimientos rápidos y precisos: Los robots industriales son conocidos por su velocidad y precisión en la realización de tareas. Esto significa que los movimientos de los robots pueden representar un riesgo si no se controlan adecuadamente.

Operaciones peligrosas: Los robots a menudo se utilizan en tareas peligrosas, como soldadura, manejo de materiales pesados o manipulación de sustancias químicas. La seguridad es fundamental para proteger a los trabajadores en tales entornos.

Colisión con objetos o personas: Los robots pueden chocar con objetos o personas si no se detectan adecuadamente. La seguridad implica la implementación de sistemas de detección y control para evitar colisiones.

Normativas y regulaciones: Muchas regiones tienen regulaciones específicas en cuanto a la seguridad en la robótica industrial. Las empresas deben cumplir con estas regulaciones para garantizar un entorno de trabajo seguro.

Capacitación y concienciación: Es esencial que los trabajadores estén debidamente capacitados en la operación segura de robots y en la respuesta a situaciones de emergencia. La concienciación sobre los riesgos es clave.

Sistemas de parada de emergencia: Los robots deben estar equipados con sistemas de parada de emergencia efectivos que permitan detener inmediatamente las operaciones en caso de peligro.

Seguridad en la programación y control: La programación de robots debe considerar la seguridad, y los sistemas de control deben estar diseñados para garantizar un funcionamiento seguro.

Protección física: Se pueden utilizar barreras físicas, cercas y dispositivos de seguridad para limitar el acceso a áreas peligrosas donde operan los robots.

Evaluación de riesgos: Antes de implementar robots, es importante realizar una evaluación de riesgos para identificar posibles peligros y tomar medidas para mitigarlos.

Actualización y mantenimiento: La seguridad en la robótica industrial no es estática. Los sistemas de seguridad deben mantenerse actualizados y deben ser parte integral del proceso de mantenimiento.

La seguridad en la robótica industrial es una prioridad tanto para proteger a los trabajadores como para garantizar un entorno de trabajo seguro. Las empresas que implementan robots deben adoptar un enfoque integral para la seguridad que abarque desde la evaluación de riesgos hasta la capacitación del personal y la implementación de sistemas de control de seguridad efectivos.

Se utilizan medidas de seguridad como vallas, sensores de proximidad, sistemas de parada de emergencia y sistemas de control de acceso para garantizar la seguridad de las personas que trabajan cerca de los robots.

También se emplean sistemas de programación segura y control de movimiento para minimizar la posibilidad de colisiones y lesiones.

Todas estas medidas de seguridad son esenciales para garantizar un entorno de trabajo seguro alrededor de robots industriales. Aquí hay una descripción más detallada de estas medidas:

Vallas de seguridad: Las vallas físicas o cercas se utilizan para limitar el acceso a áreas donde operan robots. Estas barreras ayudan a mantener a los trabajadores y otros objetos alejados de las zonas de riesgo. Las vallas de seguridad a menudo están equipadas con dispositivos de bloqueo o sistemas de control de acceso para garantizar que solo personal autorizado pueda ingresar a áreas peligrosas.

Sensores de proximidad: Los sensores de proximidad, como sensores láser, ultrasónicos o de infrarrojos, se utilizan para detectar la presencia de personas u objetos en el área de operación del robot. Estos sensores pueden activar sistemas de parada de emergencia o detener el movimiento del robot cuando se detecta una obstrucción.

Sistemas de parada de emergencia: Los sistemas de parada de emergencia permiten detener inmediatamente las operaciones del robot en caso de una situación peligrosa. Pueden ser activados manualmente por los trabajadores o automáticamente por sensores. Esto garantiza una respuesta rápida ante situaciones de riesgo.

Sistemas de control de acceso: Los sistemas de control de acceso permiten restringir el acceso a áreas peligrosas solo a personal autorizado. Esto evita que personas no capacitadas entren en zonas donde operan robots.

Programación segura: La programación segura de robots implica el desarrollo de rutinas y secuencias de movimiento que minimizan el riesgo de colisiones y lesiones. Se utilizan algoritmos y reglas de programación específicas para garantizar un comportamiento seguro.

Control de movimiento seguro: Los sistemas de control de movimiento de los robots incluyen algoritmos y sensores que supervisan y ajustan constantemente el movimiento del robot para evitar colisiones con objetos o personas. Esto permite un movimiento preciso y seguro.

Entrenamiento del personal: Es esencial que el personal que trabaja cerca de robots esté debidamente capacitado en las medidas de seguridad y en la operación segura de los robots. Esto incluye la comprensión de los procedimientos de parada de emergencia y la respuesta a situaciones inesperadas.

Evaluación continua de riesgos: La evaluación continua de riesgos es importante para identificar posibles peligros y tomar medidas adicionales de seguridad a medida que cambian las condiciones de trabajo o se introducen nuevos robots o procesos.

En conjunto, estas medidas de seguridad son parte integral de un enfoque holístico para garantizar la seguridad en la robótica industrial. Esto protege a los trabajadores y garantiza que los robots puedan operar de manera eficiente y efectiva sin poner en peligro a las personas o los activos de la empresa.

La robótica industrial continúa evolucionando con avances tecnológicos como la robótica colaborativa, que permite a los robots trabajar de manera segura junto a los seres humanos en entornos compartidos. Además, la inteligencia artificial y el aprendizaje automático se utilizan para mejorar la capacidad de los robots para adaptarse a diferentes tareas y entornos de trabajo de manera autónoma. La robótica industrial desempeña un papel esencial en la automatización de la producción, la mejora de la eficiencia y la seguridad en las operaciones industriales, y es una parte integral de la industria manufacturera moderna.

24.Robótica médica: diagnóstico, cirugía, rehabilitación y asistencia.

La robótica médica es una rama de la tecnología que se centra en el uso de robots y sistemas automatizados en aplicaciones médicas. Esta tecnología ha avanzado significativamente en las últimas décadas y se utiliza en una variedad de áreas dentro de la medicina, incluyendo el diagnóstico, la cirugía, la rehabilitación y la asistencia médica. Aquí tienes una descripción general de cómo se utiliza la robótica en cada una de estas áreas:

Diagnóstico:

Imágenes médicas: Los robots se utilizan para realizar exploraciones de imágenes médicas, como tomografías computarizadas o resonancias magnéticas, de manera precisa y repetible.

Imágenes médicas: Los robots se utilizan para realizar exploraciones de imágenes médicas, como tomografías computarizadas o resonancias magnéticas, de manera precisa y repetible.

Los robots y sistemas automatizados se utilizan en aplicaciones médicas para realizar exploraciones de imágenes médicas, como tomografías computarizadas (TC) o resonancias magnéticas (RM). A continuación, se describen algunas de las formas en que los robots se aplican en este contexto:

Posicionamiento y precisión: Los robots pueden utilizarse para posicionar con precisión al paciente en el escáner de TC o RM. Esto garantiza que las imágenes se adquieran en la ubicación exacta requerida para el diagnóstico y el tratamiento.

Exploraciones repetibles: La precisión de los robots permite realizar exploraciones repetibles y consistentes. Esto es importante para el seguimiento de enfermedades y la evaluación de cambios con el tiempo.

Reducción de la exposición a la radiación: Los robots pueden ayudar a reducir la exposición a la radiación en el caso de tomografías computarizadas, al optimizar la posición y los parámetros de adquisición de imágenes.

Procedimientos guiados por imagen: En la cirugía guiada por imágenes, los robots pueden ayudar a los cirujanos a utilizar información de imágenes médicas para guiar procedimientos quirúrgicos, como la colocación precisa de implantes o la extirpación de tumores.

Automatización de tareas repetitivas: Los robots pueden realizar tareas repetitivas en la adquisición de imágenes, como el posicionamiento del escáner o el movimiento de la camilla del paciente, lo que libera a los profesionales de la salud de tareas manuales y les permite concentrarse en el diagnóstico y la atención al paciente.

Integración con sistemas de imágenes: Los robots pueden integrarse con sistemas de imágenes médicas para garantizar que las exploraciones se realicen con la configuración y los parámetros adecuados.

Mejora de la eficiencia: La automatización de tareas de exploración de imágenes puede mejorar la eficiencia de los servicios de radiología y reducir los tiempos de espera para los pacientes.

Telemedicina: En entornos de telemedicina, los robots pueden utilizarse para la adquisición de imágenes médicas remotas, lo que permite a los médicos evaluar a los pacientes a distancia.

La aplicación de robots en exploraciones de imágenes médicas no solo mejora la precisión y la eficiencia, sino que también puede tener un impacto significativo en el diagnóstico temprano y la atención al paciente. Además, puede ayudar a reducir la exposición a la radiación y a minimizar los errores humanos en la adquisición de imágenes médicas.

Biopsias guiadas por robot: En algunos casos, los robots pueden ayudar a guiar la toma de muestras de tejido para biopsias con mayor precisión.

Los robots se utilizan en ocasiones para guiar la toma de muestras de tejido en biopsias con mayor precisión. Esto se conoce como "biopsia guiada por robot" y ofrece varias ventajas en comparación con los métodos tradicionales de biopsia. A continuación, se detallan algunos de los beneficios y aplicaciones de las biopsias guiadas por robot:

Precisión y exactitud: Los robots están diseñados para realizar movimientos precisos y repetibles. Al utilizar un robot para guiar la aguja de biopsia, se puede mejorar la precisión en la ubicación del tejido a muestrear. Esto es especialmente importante en casos de biopsias en áreas delicadas o de difícil acceso.

Menos invasividad: La precisión de los robots permite realizar biopsias con agujas más delgadas, lo que puede reducir la invasividad del procedimiento. Esto puede ser beneficioso para pacientes que requieren biopsias en áreas sensibles o cercanas a estructuras importantes.

Menos complicaciones y riesgos: Al reducir la posibilidad de errores en la ubicación de la aguja de biopsia, se minimizan las complicaciones y riesgos asociados con las biopsias, como el sangrado excesivo o el daño a estructuras circundantes.

Guiado por imágenes: Las biopsias guiadas por robot a menudo se realizan utilizando imágenes médicas, como ultrasonido, tomografía computarizada o resonancia magnética, para visualizar el área objetivo con precisión y guiar el procedimiento.

Menos tiempo de procedimiento: La precisión y la eficiencia de los robots pueden reducir el tiempo necesario para realizar una biopsia, lo que beneficia tanto a los pacientes como a los profesionales médicos.

Telemedicina: En situaciones de telemedicina, los robots pueden utilizarse para realizar biopsias remotas bajo la supervisión de un médico a distancia. Esto es especialmente útil en áreas donde no hay acceso inmediato a especialistas médicos.

Minimización de errores humanos: La automatización de la guía de la aguja de biopsia ayuda a minimizar los errores humanos en la ejecución del procedimiento, lo que es crucial en procedimientos de diagnóstico y evaluación de enfermedades.

Las biopsias guiadas por robot son una aplicación médica en crecimiento que se beneficia de la precisión y la repetibilidad de los robots. Estas biopsias son especialmente valiosas en situaciones en las que la ubicación de la muestra es crítica para un diagnóstico preciso y en procedimientos que requieren una mínima invasión. El uso de robots en el campo de la medicina está contribuyendo a mejorar la precisión de los procedimientos y a reducir los riesgos para los pacientes.

Cirugía:

Cirugía asistida por robot: Los sistemas robóticos, como el Sistema da Vinci, permiten a los cirujanos realizar procedimientos quirúrgicos complejos con mayor precisión y control mediante el uso de brazos robóticos y una interfaz de control.

La cirugía asistida por robot es una aplicación revolucionaria de la robótica en la medicina que ha transformado la forma en que se realizan procedimientos quirúrgicos complejos. Uno de los sistemas robóticos más conocidos en este campo es el Sistema da Vinci. Aquí tienes más información sobre la cirugía asistida por robot:

Precisión y control: Los sistemas como el Sistema da Vinci están diseñados para ofrecer a los cirujanos una precisión y un control excepcionales. Los brazos robóticos pueden realizar movimientos muy finos y estables, lo que permite realizar procedimientos quirúrgicos con una precisión milimétrica.

Acceso a áreas difíciles: Los robots quirúrgicos pueden acceder a áreas anatómicas de difícil acceso de manera más efectiva que la cirugía abierta tradicional. Esto es particularmente útil en procedimientos donde es necesario llegar a tejidos profundos o delicados.

Visualización mejorada: Los sistemas de cirugía asistida por robot suelen estar equipados con cámaras de alta definición y visión en 3D que permiten a los cirujanos ver con gran detalle el área de trabajo. Esto mejora la visualización y la toma de decisiones durante la cirugía.

Menos invasiva: La cirugía asistida por robot a menudo implica incisiones más pequeñas en comparación con la cirugía abierta tradicional. Esto puede reducir el trauma para el paciente, el dolor postoperatorio y el tiempo de recuperación.

Estabilidad y eliminación de temblores: Los sistemas robóticos pueden estabilizar los movimientos del cirujano, eliminando temblores y movimientos involuntarios de las manos. Esto es particularmente útil en procedimientos que requieren una precisión extrema.

Telecirugía: Algunos sistemas permiten la telecirugía, lo que significa que un cirujano puede realizar una operación a distancia utilizando un sistema robótico. Esto es útil en situaciones donde un especialista está lejos o en situaciones de emergencia.

Aplicaciones diversas: Los sistemas de cirugía asistida por robot se utilizan en una variedad de especialidades médicas, como la cirugía general, urológica, ginecológica, cardíaca y más.

Formación y educación: Los sistemas robóticos también se utilizan para la formación de cirujanos. Los cirujanos en formación pueden practicar procedimientos en un entorno simulado antes de realizar cirugías reales.

Documentación y registros médicos: La cirugía asistida por robot permite la grabación de procedimientos, lo que es útil para la documentación, el seguimiento de la progresión de enfermedades y la formación continua.

La cirugía asistida por robot ha revolucionado la práctica médica al proporcionar a los cirujanos herramientas avanzadas que mejoran la precisión y la seguridad de los procedimientos quirúrgicos. Estos sistemas han llevado la cirugía a un nivel más alto de precisión y han mejorado los resultados para los pacientes.

Microcirugía: Los robots también se utilizan en microcirugía para realizar procedimientos en estructuras extremadamente pequeñas con alta precisión.

Los robots se utilizan en microcirugía para realizar procedimientos en estructuras extremadamente pequeñas con una precisión excepcional. La microcirugía es un campo altamente especializado de la cirugía que se centra en la realización de procedimientos en tejidos, vasos sanguíneos y nervios de tamaño microscópico. Los robots ofrecen varias ventajas en este entorno:

Precisión milimétrica: Los robots están diseñados para realizar movimientos extremadamente precisos, lo que es esencial en la microcirugía, donde los tejidos y estructuras son muy pequeños y delicados.

Estabilidad y eliminación de temblores: La estabilidad de los brazos robóticos elimina los temblores y los movimientos involuntarios que podrían afectar la precisión de los procedimientos.

Amplificación de la escala: Los robots pueden amplificar los movimientos del cirujano, lo que facilita la manipulación de estructuras microscópicas y la realización de suturas o anastomosis.

Visualización en alta definición: Los sistemas de cirugía robótica a menudo están equipados con cámaras de alta definición y visión en 3D que permiten a los cirujanos ver con gran detalle el área de trabajo.

Menos invasiva: La microcirugía asistida por robot generalmente implica incisiones más pequeñas en comparación con la microcirugía tradicional, lo que reduce el trauma para el paciente y acelera la recuperación.

Telecirugía: En algunos casos, los sistemas robóticos permiten la telecirugía, lo que significa que un cirujano puede realizar una microcirugía a distancia con un alto grado de precisión.

Reducción de la fatiga del cirujano: La microcirugía puede ser agotadora para el cirujano debido a la precisión requerida en los movimientos. Los robots pueden ayudar a reducir la fatiga del cirujano, lo que es esencial en procedimientos que pueden durar varias horas.

Mayor accesibilidad a áreas delicadas: Los robots pueden acceder a áreas microscópicas y delicadas del cuerpo con una precisión excepcional, lo que es crucial en procedimientos de reparación de nervios o vasos sanguíneos.

La microcirugía asistida por robot se utiliza en diversas especialidades médicas, como la oftalmología, la neurocirugía, la cirugía plástica reconstructiva, la cirugía vascular y la cirugía de oído, nariz y garganta, entre otras. Los robots han mejorado significativamente la precisión y la seguridad en este campo, lo que beneficia tanto a los pacientes como a los profesionales médicos.

Rehabilitación:

Robótica de rehabilitación: Se utilizan robots especialmente diseñados para ayudar a pacientes a recuperar la función motora después de lesiones o cirugías. Estos robots pueden proporcionar terapias físicas y ocupacionales controladas y repetibles.

La robótica de rehabilitación es una aplicación importante de la robótica en el campo de la medicina y la salud. Estos robots especialmente diseñados ayudan a pacientes a recuperar la función motora después de lesiones, cirugías o enfermedades que afectan el sistema musculoesquelético. Aquí hay más información sobre la robótica de rehabilitación:

Terapia controlada y repetible: Los robots de rehabilitación pueden proporcionar terapias físicas y ocupacionales controladas y repetibles. Esto es especialmente útil en la recuperación de movimientos finos y en el seguimiento del progreso a lo largo del tiempo.

Personalización de tratamientos: Los sistemas de robótica de rehabilitación pueden adaptarse a las necesidades específicas de cada paciente. Los terapeutas pueden personalizar los ejercicios y los parámetros de tratamiento para abordar las limitaciones individuales de los pacientes.

Feedback en tiempo real: Los robots pueden proporcionar retroalimentación en tiempo real sobre el rendimiento del paciente, lo que permite a los terapeutas ajustar los ejercicios y las metas según sea necesario.

Aumento de la intensidad del tratamiento: Los robots permiten una mayor intensidad de tratamiento en términos de repeticiones y duración de las sesiones, lo que puede acelerar el proceso de recuperación.

Restauración de la movilidad: La robótica de rehabilitación se utiliza para restaurar la movilidad en una variedad de situaciones, como la recuperación de lesiones traumáticas, la rehabilitación postoperatoria y la gestión de enfermedades crónicas como el ictus o la parálisis cerebral.

Rehabilitación neurológica: Los robots también se utilizan en la rehabilitación neurológica para ayudar a los pacientes a recuperar la función motora después de lesiones o enfermedades que afectan el sistema nervioso, como lesiones de la médula espinal o trastornos del movimiento.

Rehabilitación pediátrica y geriátrica: La robótica de rehabilitación se aplica tanto en pacientes pediátricos como en pacientes geriátricos para abordar una amplia gama de afecciones y necesidades de recuperación.

Monitorización y seguimiento a largo plazo: Los sistemas robóticos pueden recopilar datos sobre el progreso del paciente a lo largo del tiempo, lo que es útil para evaluar la efectividad del tratamiento y ajustar las estrategias de rehabilitación.

Independencia y calidad de vida: La robótica de rehabilitación tiene como objetivo mejorar la independencia funcional y la calidad de vida de los pacientes al ayudarles a recuperar habilidades y movimientos esenciales para actividades diarias.

La robótica de rehabilitación es una herramienta valiosa en el campo de la salud que proporciona terapias controladas y personalizadas para ayudar a los pacientes a recuperar la función motora y mejorar su calidad de vida. Estos sistemas son utilizados por fisioterapeutas, terapeutas ocupacionales y otros profesionales de la salud para ofrecer un enfoque más efectivo y eficiente en la rehabilitación de pacientes.

Prótesis y exoesqueletos: Se desarrollan dispositivos robóticos para mejorar la movilidad de personas con discapacidades, como prótesis avanzadas y exoesqueletos.

La creación de prótesis avanzadas y exoesqueletos es un campo de la robótica que tiene un impacto significativo en la vida de las personas con discapacidades. Aquí hay más información sobre estos dispositivos:

Prótesis avanzadas: Las prótesis avanzadas son dispositivos diseñados para reemplazar una parte del cuerpo que falta o está dañada, como una extremidad o una parte de una extremidad. Estas prótesis están equipadas con sensores y actuadores que permiten a los usuarios recuperar una mayor funcionalidad. Algunas prótesis avanzadas son controladas mediante señales eléctricas generadas por los músculos residuales del usuario, lo que les permite realizar movimientos más naturales.

Exoesqueletos: Los exoesqueletos son estructuras mecánicas usadas fuera del cuerpo para mejorar la movilidad de las personas con discapacidades o para ayudar en tareas que requieren fuerza física. Estos dispositivos pueden ayudar a las personas con parálisis a caminar o levantar objetos pesados, y se utilizan en una variedad de aplicaciones, desde la rehabilitación hasta la asistencia en la vida diaria.

Control inteligente: Tanto las prótesis avanzadas como los exoesqueletos a menudo incorporan sistemas de control inteligente que permiten a los usuarios interactuar de manera más natural y efectiva con los dispositivos. Esto puede incluir el uso de sensores para detectar movimientos y cambios en la presión, así como algoritmos de aprendizaje automático para adaptar el funcionamiento de los dispositivos a las necesidades del usuario.

Restauración de la independencia: Estos dispositivos tienen un impacto significativo en la vida de las personas con discapacidades, ya que pueden mejorar su capacidad para realizar actividades diarias, mantener la independencia y participar en la sociedad de manera más plena. Mejora de la calidad de vida: Las prótesis avanzadas y los exoesqueletos pueden mejorar la calidad de vida al proporcionar a las personas con discapacidades la capacidad de moverse y realizar tareas que de otro modo serían difíciles o imposibles.

Rehabilitación y terapia: Estos dispositivos también se utilizan en entornos de rehabilitación para ayudar a los pacientes a recuperar la movilidad y la función. Proporcionan un apoyo valioso durante el proceso de recuperación.

Innovación continua: La investigación y el desarrollo en el campo de las prótesis avanzadas y los exoesqueletos continúan avanzando, lo que lleva a dispositivos más sofisticados y efectivos con el tiempo.

Las prótesis avanzadas y los exoesqueletos son ejemplos destacados de cómo la robótica puede mejorar la vida de las personas con discapacidades, proporcionando soluciones tecnológicas para mejorar la movilidad, la independencia y la calidad de vida. Estos dispositivos son el resultado de avances en la tecnología y la ingeniería y están diseñados para satisfacer las necesidades específicas de cada usuario.

Asistencia médica:

Robots de atención al paciente: En entornos de atención médica, se utilizan robots para tareas como la entrega de medicamentos, la recopilación de datos de pacientes y la asistencia en la movilización de pacientes.

Los robots de atención al paciente son una aplicación cada vez más relevante de la robótica en el ámbito de la atención médica. Estos robots se utilizan para diversas tareas destinadas a mejorar la calidad de la atención y la eficiencia de los servicios de salud. A continuación, se describen algunas de las funciones y aplicaciones de los robots de atención al paciente:

Entrega de medicamentos: Los robots pueden ser programados para entregar medicamentos a los pacientes de manera puntual y precisa. Esto reduce la posibilidad de errores en la administración de medicamentos y asegura que los pacientes reciban sus dosis en el momento adecuado.

Recopilación de datos de pacientes: Los robots pueden interactuar con los pacientes para recopilar datos de salud importantes, como la medición de signos vitales o la recopilación de información sobre síntomas. Esto puede ayudar a los profesionales de la salud a realizar un seguimiento más efectivo del estado de los pacientes.

Asistencia en la movilización de pacientes: Los robots también se utilizan para ayudar a los pacientes a movilizarse de manera segura, ya sea dentro del entorno hospitalario o en la atención domiciliaria. Esto es especialmente valioso para pacientes con movilidad reducida.

Atención y compañía a pacientes: Algunos robots están diseñados para brindar compañía a pacientes, especialmente aquellos que pueden sentirse solos o aislados. Pueden mantener conversaciones, entretener a los pacientes y proporcionar apoyo emocional.

Asistencia en la rehabilitación: En el ámbito de la rehabilitación, los robots se utilizan para guiar a los pacientes a través de ejercicios y terapias específicas. Los sensores y actuadores incorporados permiten un seguimiento preciso de los movimientos del paciente y la adaptación de la terapia según sea necesario.

Asistencia en cirugía: Algunos robots son utilizados en cirugía asistida por robot, donde ayudan a los cirujanos en procedimientos quirúrgicos complejos. Estos robots pueden realizar movimientos precisos y proporcionar una visualización detallada de la zona de trabajo.

Telemedicina y teleasistencia: En entornos de telemedicina, los robots permiten a los médicos y profesionales de la salud interactuar con los pacientes a distancia, lo que es útil en situaciones donde la atención médica presencial no es posible.

Automatización de tareas hospitalarias: Los robots también se utilizan en tareas de gestión hospitalaria, como la entrega de suministros, la limpieza de habitaciones y la desinfección de áreas críticas.

Innovación continua: La robótica en la atención médica está en constante evolución, con nuevas aplicaciones y desarrollos que surgen regularmente.

Los robots de atención al paciente tienen el potencial de mejorar la atención médica al reducir la carga de trabajo de los profesionales de la salud, minimizar los errores humanos y proporcionar un apoyo constante a los pacientes. A medida que la tecnología continúa avanzando, es probable que veamos un mayor uso de robots en la atención médica en el futuro.

Telemedicina y telecirugía: Los robots pueden habilitar la telemedicina y la telecirugía, permitiendo a los médicos realizar procedimientos a distancia con la ayuda de robots controlados remotamente.

La telemedicina y la telecirugía son aplicaciones avanzadas de la robótica en el ámbito de la atención médica que permiten a los médicos llevar a cabo evaluaciones y procedimientos a distancia con la ayuda de robots controlados remotamente. A continuación, se detallan estas dos áreas:

Telemedicina:

Consultas médicas a distancia: Los médicos pueden realizar consultas médicas virtuales con pacientes a través de la telemedicina. Los robots pueden servir como interfaz para estas consultas, permitiendo a los médicos ver y hablar con los pacientes a través de cámaras y pantallas incorporadas en los robots.

Monitorización remota: Los robots también pueden utilizarse para realizar un seguimiento de pacientes en el hogar, recopilando datos sobre signos vitales y proporcionando a los médicos información en tiempo real sobre el estado de los pacientes.

Atención especializada: La telemedicina permite a los pacientes acceder a especialistas médicos que pueden estar en ubicaciones remotas. Los robots pueden facilitar estas consultas especializadas al proporcionar una presencia virtual del especialista en el lugar del paciente.

Educación médica a distancia: Los médicos pueden utilizar la telemedicina para impartir educación médica a distancia a otros profesionales de la salud o estudiantes de medicina.

Telecirugía:

Cirugía a distancia: La telecirugía implica realizar procedimientos quirúrgicos con la asistencia de robots controlados a distancia por cirujanos. Estos robots quirúrgicos están equipados con brazos y herramientas quirúrgicas que replican los movimientos del cirujano en tiempo real.

Acceso a áreas remotas: La telecirugía es especialmente útil en situaciones en las que el cirujano y el paciente se encuentran en ubicaciones geográficas diferentes. Esto puede ser valioso en entornos de atención médica en zonas rurales o en situaciones de emergencia.

Mayor precisión: La telecirugía puede mejorar la precisión en procedimientos quirúrgicos al eliminar temblores y movimientos involuntarios del cirujano.

Cirugía asistida por robot: Los sistemas de cirugía asistida por robot también pueden utilizarse en la telecirugía. Los robots quirúrgicos permiten una mayor precisión y control en procedimientos a distancia.

La telemedicina y la telecirugía son especialmente valiosas en situaciones en las que se necesita atención médica inmediata o en lugares donde no hay acceso inmediato a especialistas médicos. Estas aplicaciones de la robótica en la atención médica están en constante evolución y prometen ampliar el alcance y la eficiencia de la atención médica, brindando atención de alta calidad a más personas en todo el mundo.

La robótica médica ofrece ventajas como la precisión, la repetibilidad y la capacidad de realizar tareas delicadas de manera más segura. Sin embargo, también plantea desafíos éticos, como la responsabilidad en caso de errores y la necesidad de mantener un equilibrio entre la automatización y la atención humana. A medida que avanza la tecnología, es probable que la robótica médica continúe desempeñando un papel importante en la mejora de la atención médica y la calidad de vida de los pacientes.

25. Robótica espacial: exploración, misiones, satélites y vehículos espaciales

La robótica espacial juega un papel fundamental en la exploración y el estudio del espacio exterior. Permite llevar a cabo misiones y operaciones en lugares remotos del espacio sin poner en riesgo la vida de los seres humanos. Aquí tienes una visión general de la robótica espacial, incluyendo la exploración, misiones, satélites y vehículos espaciales:

Exploración Espacial Robótica:

Los robots espaciales son utilizados para explorar planetas, lunas, asteroides y otros cuerpos celestes. Por ejemplo, el rover Curiosity de la NASA ha estado explorando la superficie de Marte desde 2012, recopilando datos valiosos sobre la historia geológica y la posibilidad de vida en el pasado marciano.

Los robots espaciales desempeñan un papel fundamental en la exploración y la investigación del espacio y los cuerpos celestes. Aquí tienes más información sobre el uso de robots espaciales en la exploración del espacio:

Rovers planetarios: Los rovers son vehículos robóticos diseñados para moverse por la superficie de planetas y lunas. El rover Curiosity de la NASA es un ejemplo destacado, pero también hay otros, como el rover Perseverance, que ha aterrizado en Marte y continúa explorando el planeta rojo. Estos rovers están equipados con instrumentos científicos para analizar rocas, suelo y atmósfera, y recopilar datos para comprender la geología y la historia de los planetas y buscar signos de vida pasada o presente.

Misiones de asteroides: Las misiones espaciales han enviado robots para estudiar asteroides y cometas. La sonda OSIRIS-REx, por ejemplo, visitó el asteroide Bennu, recolectó muestras y las trajo de vuelta a la Tierra para su análisis. El conocimiento de estos cuerpos celestes es esencial para comprender la historia de nuestro sistema solar.

Exploración lunar: Robots, como los rovers lunares y sondas, se han utilizado para explorar la Luna y recopilar datos sobre su geología, topografía y recursos. La NASA y otras agencias espaciales están planeando misiones lunares futuras con el objetivo de establecer bases y realizar investigaciones científicas.

Robots espaciales autónomos: Además de los rovers, existen robots espaciales autónomos que pueden volar, flotar o desplazarse de manera independiente en el espacio, como los drones marcianos que han sido utilizados en Marte. Estos robots son capaces de explorar áreas de difícil acceso o realizar misiones específicas.

Estaciones espaciales y satélites: Aunque no se muevan por cuerpos celestes, las estaciones espaciales como la Estación Espacial Internacional (EEI) y los satélites utilizan la robótica para realizar tareas como la reparación y el mantenimiento, así como para investigaciones científicas y observaciones de la Tierra y el espacio profundo.

Exploración de mundos lejanos: Las misiones robóticas también se han enviado a mundos lejanos, como la sonda espacial Voyager, que ha viajado más allá de nuestro sistema solar, y las misiones a planetas como Júpiter y Saturno, que han involucrado naves espaciales robóticas para explorar estas regiones distantes.

Exploración futura: La robótica seguirá desempeñando un papel importante en la exploración espacial en el futuro. Se están planificando misiones ambiciosas, como la exploración de Marte en busca de signos de vida pasada o presente, y la búsqueda de exoplanetas y otros cuerpos celestes.

La robótica espacial ha sido esencial para nuestra comprensión del sistema solar y más allá, y desempeñará un papel clave en futuras exploraciones y descubrimientos en el espacio. Estos robots permiten a los científicos y astrónomos acceder a lugares y datos que de otro modo serían inaccesibles.

Misiones Robóticas:

Las misiones espaciales robóticas son operaciones que involucran naves espaciales no tripuladas para llevar a cabo tareas específicas. Por ejemplo, la misión Cassini-Huygens estudió Saturno y su luna Titán durante más de una década antes de su final en 2017.

Las misiones espaciales robóticas implican el uso de naves espaciales no tripuladas para llevar a cabo tareas específicas en el espacio. Estas misiones se utilizan para una variedad de propósitos, que van desde la exploración y la investigación científica hasta la observación de la Tierra y la comunicación. Aquí hay algunos ejemplos de tipos comunes de misiones espaciales robóticas:

Exploración planetaria: Las misiones espaciales robóticas se utilizan para explorar planetas, lunas y asteroides. Los rovers, como el rover Curiosity en Marte, y las sondas, como la misión Juno a Júpiter, han proporcionado información valiosa sobre la geología, la atmósfera y la composición de estos cuerpos celestes.

Observación de la Tierra: Satélites y sondas espaciales se utilizan para observar y recopilar datos sobre la Tierra, incluyendo el clima, la atmósfera, los océanos, la vegetación y otros aspectos ambientales. Estos datos son fundamentales para la investigación y la toma de decisiones relacionadas con el medio ambiente.

Misiones de comunicación y navegación: Los satélites en órbita alrededor de la Tierra proporcionan servicios de comunicación y navegación. Ejemplos notables incluyen los satélites de posicionamiento global (GPS) y los satélites de comunicaciones utilizados para transmitir señales de televisión, teléfonos móviles y otros servicios.

Telescopios espaciales: Telescopios espaciales, como el Telescopio Espacial Hubble, se utilizan para la observación del universo. Estos telescopios orbitan la Tierra y ofrecen vistas sin la interferencia de la atmósfera, lo que permite una observación más precisa de estrellas, galaxias y otros objetos astronómicos.

Misiones de mapeo y cartografía: Algunas misiones robóticas se dedican a mapear y cartografiar cuerpos celestes, como la sonda Dawn, que estudió los asteroides Vesta y Ceres.

Misiones de observación del sol: Sondas y observatorios espaciales como el Observatorio Solar y Heliosférico Parker de la NASA se utilizan para estudiar el sol y su impacto en el sistema solar y en la Tierra.

Misiones científicas: Las misiones espaciales robóticas llevan a cabo investigaciones científicas de todo tipo, desde el estudio de la física del espacio hasta la búsqueda de señales de vida en otros planetas.

Misiones de exploración de asteroides y cometas: Las sondas espaciales, como OSIRIS-REx, se han enviado para estudiar asteroides y cometas, con el objetivo de comprender su origen y evolución.

Estudios de cuerpos celestes distantes: Misiones como las sondas Voyager han explorado el espacio interestelar y proporcionado datos sobre regiones lejanas del universo.

Las misiones espaciales robóticas son esenciales para expandir nuestro conocimiento del espacio y para llevar a cabo investigaciones y tareas específicas en el espacio profundo, la órbita terrestre y otros destinos en el sistema solar. Estas misiones a menudo involucran naves espaciales altamente sofisticadas y están diseñadas para cumplir con objetivos científicos o aplicaciones específicas.

Satélites:

Los satélites artificiales son dispositivos robóticos que orbitan alrededor de la Tierra u otros cuerpos celestes para diversos propósitos. Los satélites de observación de la Tierra, como los del programa Landsat, ayudan a monitorear cambios ambientales y climáticos. Los satélites de comunicación, como los que proporcionan servicios de telefonía y transmisión de datos, también son fundamentales para las comunicaciones globales.

Los satélites artificiales son dispositivos robóticos diseñados para orbitar alrededor de la Tierra, otros planetas o lunas, y tienen una amplia variedad de propósitos y aplicaciones. Aquí tienes más información sobre los satélites artificiales:

Comunicaciones: Los satélites de comunicaciones son uno de los tipos más comunes de satélites artificiales. Estos satélites se utilizan para transmitir señales de radio, televisión, teléfono y datos a largas distancias. Ejemplos incluyen los satélites de comunicaciones geoestacionarios que proporcionan servicios de televisión por satélite y telefonía móvil.

Observación de la Tierra: Los satélites de observación de la Tierra, como el Landsat y el Observatorio de la Tierra de la NASA, capturan imágenes y datos sobre la Tierra desde el espacio. Estos datos se utilizan para estudiar el clima, la vegetación, la topografía, la geología, la agricultura, la gestión de desastres y muchos otros campos.

Navegación: Los satélites de navegación como el sistema GPS (Global Positioning System) se utilizan para determinar la ubicación y la navegación en la Tierra. Estos satélites emiten señales que son utilizadas por receptores en la Tierra para calcular posiciones precisas.

Telescopios espaciales: Los telescopios espaciales, como el Telescopio Espacial Hubble, se colocan en órbita para observar el universo sin la interferencia de la atmósfera terrestre. Estos telescopios han proporcionado imágenes y datos impresionantes de estrellas, galaxias y otros objetos celestes.

Ciencia espacial: Los satélites científicos se utilizan para estudiar el espacio y el sistema solar. Estos satélites llevan instrumentos científicos para investigar la radiación cósmica, la radiación solar, el viento solar y otros fenómenos espaciales.

Exploración planetaria: Las misiones de exploración planetaria envían satélites a otros planetas y lunas para estudiar su geología, atmósfera y características. Por ejemplo, la sonda Cassini estudió Saturno y sus lunas durante varios años.

Satélites de defensa: Los satélites de defensa son utilizados por fuerzas militares para la comunicación, la observación y la navegación. Estos satélites son vitales para las operaciones militares y la seguridad nacional.

Meteorología: Los satélites meteorológicos recopilan datos sobre el clima y la atmósfera terrestre, lo que permite predecir el clima y seguir los patrones climáticos.

Experimentos científicos: En ocasiones, los satélites se utilizan para realizar experimentos científicos en microgravedad y en el espacio. Esto incluye investigaciones sobre la biología espacial, la física y la tecnología.

Internet desde el espacio: En la actualidad, se están desarrollando proyectos para proporcionar acceso a Internet desde el espacio utilizando constelaciones de satélites en órbita baja.

Los satélites artificiales son esenciales para una amplia gama de aplicaciones que abarcan desde la comunicación global hasta la investigación científica y la observación de la Tierra y el espacio. Cada tipo de satélite está diseñado para cumplir con objetivos específicos y proporcionar servicios clave en el mundo moderno.

Vehículos Espaciales:

Los vehículos espaciales robóticos incluyen naves espaciales que pueden ser enviadas a diferentes destinos en el espacio. Por ejemplo, la sonda espacial Voyager 1 es un vehículo espacial robótico que ha viajado más allá del sistema solar, proporcionando datos valiosos sobre el espacio interestelar.

Los vehículos espaciales robóticos son naves espaciales no tripuladas diseñadas para ser enviadas a una variedad de destinos en el espacio, incluyendo planetas, lunas, asteroides, cometas y más. Estos vehículos tienen el propósito de llevar a cabo exploración, investigación científica, observación y otras misiones espaciales. Aquí tienes algunos ejemplos de vehículos espaciales robóticos y sus aplicaciones:

Sondas planetarias: Las sondas planetarias, como la sonda Voyager y la sonda New Horizons de la NASA, se envían a planetas distantes para estudiar su atmósfera, geología y características.

También han sido utilizadas para explorar mundos exteriores, como Plutón y más allá del sistema solar.

Rovers planetarios: Los rovers, como el rover Curiosity en Marte y el rover Perseverance, están diseñados para explorar la superficie de planetas y lunas. Estos vehículos robóticos pueden moverse, recopilar muestras y realizar análisis in situ.

Sondas de asteroides y cometas: Sondas espaciales como OSIRIS-REx se envían a asteroides y cometas para estudiar su composición y origen. Algunas de estas sondas también recopilan muestras y las traen de vuelta a la Tierra.

Misiones de observación del sol: Las sondas espaciales, como la sonda Solar and Heliospheric Observatory (SOHO), se utilizan para estudiar el sol y su influencia en el sistema solar. Estas misiones proporcionan datos sobre el viento solar, las llamaradas solares y otros fenómenos solares.

Observatorios espaciales: Los observatorios espaciales, como el Telescopio Espacial Hubble y el Observatorio de Rayos X Chandra, se utilizan para observar el universo sin la interferencia de la atmósfera terrestre. Estos observatorios proporcionan imágenes y datos detallados de estrellas, galaxias y otros objetos celestes.

Misiones de observación de la Tierra: Satélites y sondas se utilizan para observar y estudiar la Tierra, incluyendo la observación del clima, la vegetación, la topografía y otros aspectos del planeta.

Misiones de exploración lunar: Las misiones a la Luna involucran vehículos espaciales robóticos diseñados para estudiar la superficie lunar, la geología y otros aspectos del satélite de la Tierra.

Misiones de exploración de cuerpos celestes distantes: Las misiones como la sonda Dawn se envían a explorar asteroides y planetas enanos, como Vesta y Ceres.

Vehículos de aterrizaje y penetradores: Algunas misiones incluyen vehículos de aterrizaje y penetradores que se envían a la superficie de planetas o lunas para obtener datos más detallados.

Misiones de exploración interestelar: En el futuro, se están planeando misiones de exploración interestelar que involucrarán naves espaciales robóticas para estudiar regiones más allá del sistema solar.

Los vehículos espaciales robóticos son fundamentales para expandir nuestra comprensión del espacio y para llevar a cabo investigaciones en destinos distantes. Estas misiones implican una planificación y diseño meticulosos, así como la utilización de tecnología avanzada para llevar a cabo investigaciones científicas y exploración espacial.

Operaciones en la Estación Espacial Internacional (EEI):

La EEI es un laboratorio en órbita terrestre tripulado de manera constante, pero también se beneficia de la robótica espacial. Los brazos robóticos, como el Canadarm2, se utilizan para capturar naves espaciales no tripuladas que se acoplan a la estación, realizar reparaciones y llevar a cabo experimentos científicos.

La Estación Espacial Internacional (EEI) es un laboratorio en órbita terrestre que alberga astronautas de manera constante para llevar a cabo una variedad de investigaciones científicas y experimentos en el espacio. Sin embargo, la EEI también se beneficia en gran medida de la robótica espacial, que desempeña un papel crucial en su funcionamiento y mantenimiento. A continuación, se detallan algunas de las formas en que la robótica espacial se utiliza en la EEI:

Brazo robótico Canadarm2: La EEI está equipada con el brazo robótico Canadarm2, un sofisticado manipulador robótico desarrollado por la Agencia Espacial Canadiense. Canadarm2 se utiliza para una variedad de tareas, como la captura y el acoplamiento de naves espaciales no tripuladas, la realización de caminatas espaciales y la instalación de equipos y componentes en la estación. También es una parte esencial en la construcción y mantenimiento de la EEI.

Brazo robótico Dextre: Junto con Canadarm2, la EEI cuenta con Dextre, un robot especializado diseñado para llevar a cabo tareas de mantenimiento y reparación en el exterior de la estación. Dextre puede realizar una variedad de tareas, como el reemplazo de componentes y el mantenimiento de paneles solares.

Robots SPHERES: La EEI ha utilizado robots SPHERES (Synchronized Position Hold, Engage, Reorient, Experimental Satellites) para llevar a cabo experimentos y demostraciones de tecnología en microgravedad. Estos pequeños satélites son utilizados para probar sistemas de navegación y control.

Robot Kibo Robotic Arm: En el módulo japonés Kibo de la EEI, se encuentra un brazo robótico que se utiliza para operar equipos y realizar tareas de investigación y mantenimiento.

Operación remota: Además de los sistemas robóticos internos de la EEI, los astronautas en la estación también pueden operar robots en la Tierra a través de comunicaciones remotas. Esto permite la realización de tareas específicas en la Tierra, como la operación de equipos científicos o la realización de experimentos en instalaciones terrestres.

La robótica espacial desempeña un papel fundamental en la eficiencia y el funcionamiento de la EEI, permitiendo a los astronautas realizar una variedad de tareas críticas y experimentos científicos tanto en el interior como en el exterior de la estación. Estos sistemas robóticos son esenciales para la construcción, operación y mantenimiento continuo de la EEI, y contribuyen a la investigación científica y tecnológica en el entorno del espacio.

Minería Espacial:

Se están explorando conceptos de robots espaciales para la minería de recursos en asteroides y lunas. Estas misiones podrían proporcionar materias primas esenciales para futuras misiones espaciales y la colonización.

Correcto, la exploración y la minería de recursos en asteroides y lunas son áreas de investigación en la robótica espacial que tienen un gran potencial para apoyar futuras misiones espaciales y la colonización. Aquí tienes algunas consideraciones clave sobre este tema:

Recursos espaciales: Los asteroides, lunas y otros cuerpos celestes contienen una variedad de recursos que podrían ser esenciales para futuras misiones espaciales, incluyendo agua, minerales, metales y otros materiales. Estos recursos pueden utilizarse para la producción de combustible, la fabricación de materiales de construcción, la obtención de oxígeno y la generación de energía.

Robots mineros: La minería de asteroides y lunas requerirá sistemas robóticos especializados para realizar tareas de excavación, extracción y procesamiento de recursos. Estos robots deben ser capaces de operar en entornos de microgravedad o baja gravedad y adaptarse a las condiciones cambiantes de estos cuerpos celestes.

Misiones de exploración y demostración: Varias agencias espaciales, como la NASA, la Agencia Espacial Europea (ESA) y empresas privadas, están explorando conceptos y tecnologías para misiones de exploración y demostración en asteroides y lunas. Ejemplos incluyen la misión OSIRIS-REx de la NASA, que recolectó muestras de un asteroide, y la misión china Chang'e-4, que aterrizó en el lado oculto de la Luna.

Colonización y sostenibilidad: La capacidad de aprovechar los recursos espaciales es fundamental para la sostenibilidad de futuras misiones espaciales y la eventual colonización de otros cuerpos celestes. Dependiendo de la disponibilidad y accesibilidad de recursos, se podrían establecer bases y asentamientos humanos en el espacio.

Tecnología avanzada: La minería espacial requiere el desarrollo de tecnologías avanzadas, como sistemas de perforación, excavación y procesamiento de minerales. La robótica desempeñará un papel central en el diseño y la operación de estas tecnologías.

Desafíos técnicos y regulatorios: A pesar del gran potencial de la minería espacial, existen desafíos técnicos y regulatorios a superar. Esto incluye la creación de marcos legales y regulatorios para la explotación de recursos espaciales, así como la resolución de desafíos tecnológicos relacionados con la operación en entornos espaciales extremos.

La minería de recursos en el espacio representa un nuevo horizonte en la exploración espacial y la expansión de la presencia humana más allá de la Tierra. La robótica desempeñará un papel fundamental en la realización de estas misiones y en la explotación de los recursos disponibles en el espacio.

Teleoperación y Autonomía:

Muchos robots espaciales son teleoperados desde la Tierra debido a la distancia y la latencia en la comunicación. Sin embargo, se están desarrollando capacidades de autonomía para que los robots puedan tomar decisiones por sí mismos en entornos espaciales.

la comunicación con robots en el espacio puede ser desafiante debido a la distancia y la latencia en las señales. Por lo tanto, es común que los robots espaciales sean teleoperados desde la Tierra para realizar tareas específicas. Sin embargo, en paralelo, se están desarrollando capacidades de autonomía para permitir que los robots tomen decisiones por sí mismos en entornos espaciales. Aquí hay algunas consideraciones importantes:

Teleoperación: La teleoperación implica que los humanos en la Tierra controlen directamente las acciones de los robots en el espacio. Esto se realiza a través de sistemas de comunicación de alta latencia que permiten a los operadores guiar a los robots en tiempo real. La teleoperación es esencial para tareas que requieren alta precisión y toma de decisiones rápidas.

Programación anticipada: Para algunas misiones, los robots pueden ser programados de antemano para seguir secuencias de comandos específicas y realizar tareas predefinidas. Esto reduce la necesidad de una comunicación en tiempo real y permite que los robots operen de manera más autónoma.

Capacidades de autonomía: Se están desarrollando sistemas de autonomía robótica que permiten a los robots tomar decisiones por sí mismos en tiempo real en función de las condiciones y los objetivos de la misión. Esto incluye la capacidad de evitar obstáculos, planificar rutas y realizar ajustes en función de la información sensorial.

Aprendizaje automático: Algunos robots espaciales están equipados con algoritmos de aprendizaje automático que les permiten adaptarse y mejorar sus capacidades con la experiencia. Esto es particularmente útil para la navegación y la toma de decisiones en entornos desconocidos.

Operación cooperativa: En algunas misiones, varios robots trabajan juntos de manera coordinada, lo que requiere sistemas de comunicación y coordinación avanzados. Esto puede incluir la distribución de tareas y la toma de decisiones conjuntas.

Seguridad y redundancia: La autonomía de los robots en el espacio se diseña teniendo en cuenta la seguridad. Se incorporan sistemas de seguridad y redundancia para evitar situaciones peligrosas y garantizar la integridad de las misiones.

Actualización de software: La capacidad de actualizar el software de los robots en el espacio es importante para mejorar su desempeño y adaptarlos a situaciones cambiantes.

La combinación de teleoperación, programación anticipada y autonomía robótica permite a los robots espaciales operar de manera efectiva en una variedad de entornos y misiones. A medida que las tecnologías continúan evolucionando, es probable que los robots espaciales sean cada vez más autónomos y capaces de realizar tareas complejas en el espacio de manera independiente.

La robótica espacial continúa siendo una parte esencial de la exploración y la investigación del espacio, brindando información valiosa sobre el cosmos y allanando el camino para futuras misiones tripuladas y no tripuladas.

26.Robótica submarina: exploración, misiones, buques y vehículos submarinos.

La robótica submarina es una disciplina que se dedica al diseño, construcción y operación de robots y vehículos autónomos diseñados para trabajar en ambientes submarinos. Estos robots se utilizan en una variedad de aplicaciones, incluyendo la exploración, la investigación científica, la búsqueda y recuperación, la inspección de estructuras submarinas, la industria del petróleo y el gas, y la defensa, entre otros. Aquí te proporciono información sobre los aspectos clave de la robótica submarina:

Exploración Submarina:

Los robots submarinos se utilizan en la exploración de océanos y cuerpos de agua, así como en la investigación de ecosistemas submarinos y la documentación de vida marina.

Los robots submarinos, también conocidos como vehículos operados de forma remota (ROV, por sus siglas en inglés) o vehículos autónomos submarinos (AUV), desempeñan un papel crucial en la exploración de océanos y cuerpos de agua, así como en la investigación de ecosistemas submarinos y la documentación de vida marina. Aquí tienes algunas de las aplicaciones y funciones principales de los robots submarinos:

Exploración submarina: Los robots submarinos se utilizan para explorar áreas submarinas profundas que son inaccesibles para los buzos. Pueden sumergirse a profundidades que serían peligrosas para los seres humanos y recopilar datos e imágenes de estas áreas.

Investigación científica: Los científicos utilizan ROV y AUV para llevar a cabo investigaciones oceanográficas, biológicas y geológicas. Estos robots recopilan datos sobre la temperatura del agua, la salinidad, la química del agua y la topografía del fondo marino.

Estudio de ecosistemas marinos: Los robots submarinos permiten a los investigadores estudiar y documentar la vida marina en su entorno natural. Pueden grabar vídeos y tomar imágenes de criaturas marinas y sus hábitats sin perturbarlos.

Búsqueda y recuperación: Los ROV también se utilizan en misiones de búsqueda y recuperación, como la localización y recuperación de restos de naufragios, objetos perdidos en el mar o equipos submarinos.

Mapeo del fondo marino: Los AUV son especialmente útiles para cartografiar el fondo marino, creando mapas detallados de la topografía submarina, lo que es esencial para la navegación segura de embarcaciones y la planificación de proyectos submarinos.

Estudio de fenómenos naturales: Los robots submarinos también se han utilizado para investigar fenómenos naturales, como erupciones volcánicas submarinas, corrientes oceánicas y cambios climáticos en el océano.

Mantenimiento de infraestructura submarina: Los ROV se utilizan para inspeccionar y realizar mantenimiento en infraestructuras submarinas, como cables de comunicación, tuberías de petróleo y gas, y plataformas de energía eólica marina.

Los robots submarinos son herramientas versátiles que han revolucionado la exploración y la investigación en el medio marino, permitiendo a los científicos y exploradores acceder a entornos submarinos de manera segura y recopilar datos valiosos sobre el océano y su vida marina.

Los vehículos submarinos no tripulados (AUV, por sus siglas en inglés) a menudo se utilizan para realizar mapeo y recopilación de datos en áreas submarinas remotas y difíciles de alcanzar.

los Vehículos Autónomos Submarinos (AUV, por sus siglas en inglés) son especialmente adecuados para llevar a cabo tareas de mapeo y recopilación de datos en áreas submarinas remotas y de difícil acceso. Estos vehículos ofrecen varias ventajas para estas aplicaciones:

Autonomía: Los AUV son capaces de operar de manera autónoma, lo que significa que pueden ejecutar sus misiones sin intervención humana una vez que se han programado. Esto les permite recopilar datos durante largos períodos de tiempo sin necesidad de intervención constante.

Versatilidad: Los AUV están diseñados para llevar una variedad de sensores y equipos de medición. Pueden recopilar datos sobre la topografía del fondo marino, la temperatura del agua, la salinidad, la turbidez, la química del agua y otros parámetros oceanográficos.

Acceso a áreas remotas: Debido a su capacidad para operar en áreas remotas y de difícil acceso, los AUV pueden explorar regiones submarinas lejanas o peligrosas, como cañones submarinos, áreas polares y zonas de alta presión.

Seguridad: Al eliminar la necesidad de buzos o tripulación a bordo, se reducen los riesgos para la seguridad humana en entornos submarinos potencialmente peligrosos.

Precisión en el mapeo: Los AUV están equipados con sistemas de navegación y posicionamiento precisos que les permiten crear mapas detallados del fondo marino. Esto es fundamental para la cartografía submarina y la investigación geológica.

Eficiencia de costos: Aunque los AUV pueden ser costosos de adquirir y mantener, su capacidad para realizar misiones de larga duración y la recopilación de datos a gran escala puede ser más rentable a largo plazo en comparación con otras opciones, como barcos tripulados.

En resumen, los AUV son herramientas valiosas en la exploración submarina, la investigación científica y la cartografía del fondo marino, ya que pueden acceder a áreas submarinas remotas y proporcionar datos detallados de manera eficiente y precisa. Su capacidad para operar de forma autónoma los convierte en una opción importante para una variedad de aplicaciones submarinas.

Misiones Científicas:

Los robots submarinos son vitales en la investigación científica marina, ya que pueden recopilar datos oceanográficos, geológicos y biológicos para comprender mejor el funcionamiento de los océanos y los efectos del cambio climático.

Se utilizan en misiones para estudiar ecosistemas marinos, vulcanología submarina, geología marina y arqueología submarina.

Los robots submarinos desempeñan un papel crucial en la investigación científica marina al permitir la recopilación de datos esenciales para comprender mejor el funcionamiento de los océanos y evaluar los efectos del cambio climático. Aquí hay algunas razones clave por las cuales son vitales para esta investigación:

Recopilación de datos precisos: Los robots submarinos están equipados con una variedad de sensores y herramientas de medición que les permiten recopilar datos oceanográficos, geológicos y biológicos con una precisión y consistencia excepcionales. Esto es fundamental para obtener información de calidad en la investigación científica marina.

Exploración de áreas inaccesibles: Pueden acceder a áreas submarinas que son inaccesibles para los seres humanos o costosas de alcanzar con equipos tripulados. Esto incluye la exploración de profundidades extremas, cañones submarinos, áreas polares y zonas peligrosas.

Monitoreo continuo: Los robots submarinos pueden realizar misiones de larga duración, lo que permite un monitoreo continuo de las condiciones oceanográficas y ambientales en una ubicación específica a lo largo del tiempo. Esto es esencial para comprender las tendencias y cambios a lo largo de las estaciones y los años.

Minimización de riesgos humanos: Al eliminar la necesidad de que los seres humanos realicen inmersiones peligrosas o trabajen en condiciones adversas, se reducen los riesgos para la seguridad de las personas y se evitan situaciones potencialmente letales.

Investigación de ecosistemas submarinos: Los robots submarinos pueden documentar la vida marina y su comportamiento en su entorno natural sin perturbarlo, lo que proporciona una visión más precisa y completa de los ecosistemas submarinos.

Apoyo a la mitigación del cambio climático: Los datos recopilados por los robots submarinos son fundamentales para evaluar el impacto del cambio climático en los océanos, incluyendo la medición de la temperatura del agua, la acidificación del océano y la distribución de especies marinas.

Los robots submarinos son herramientas esenciales en la investigación científica marina y desempeñan un papel fundamental en la recopilación de datos que contribuyen a nuestra comprensión de los océanos y su importancia en el contexto del cambio climático y la conservación de la biodiversidad marina.

Buques de Apoyo:

Los buques de apoyo, equipados con robots submarinos y sistemas de control, se utilizan para transportar, operar y mantener estos robots en alta mar.

Estos buques son fundamentales para misiones de exploración e investigación, proporcionando una plataforma desde la cual se pueden desplegar y recuperar los robots submarinos.

Los buques de apoyo desempeñan un papel crucial en la operación de robots submarinos en alta mar. Estos buques están equipados con la infraestructura y las capacidades necesarias para transportar, operar y mantener los robots submarinos de manera efectiva. Aquí hay algunas funciones clave de los buques de apoyo en esta context:

Transporte seguro: Los buques de apoyo están diseñados para transportar de manera segura y eficiente los robots submarinos desde y hacia las áreas de operación en alta mar. Esto incluye la carga y descarga de los robots en condiciones marinas variables.

Despliegue y recuperación: Los buques proporcionan la plataforma desde la cual se lanzan y recuperan los robots submarinos. Esto es especialmente importante en entornos oceánicos desafiantes, donde el despliegue y la recuperación pueden ser peligrosos.

Logística y almacenamiento: Los buques de apoyo están equipados con sistemas de almacenamiento y logística para mantener los robots submarinos y sus equipos en condiciones óptimas. Esto incluye la gestión de repuestos, combustible, baterías y otros suministros necesarios para las misiones.

Operación y control: Los buques están equipados con sistemas de control que permiten a los operadores monitorear y controlar los robots submarinos en tiempo real. Esto implica la comunicación con los robots y la supervisión de sus sensores y sistemas.

Mantenimiento y reparación: Los buques de apoyo cuentan con talleres y equipos para realizar tareas de mantenimiento y reparación de los robots submarinos. Esto es esencial para garantizar que los robots estén en condiciones de funcionamiento óptimas en todo momento.

Apoyo a la tripulación: En buques de apoyo más grandes, también se proporciona alojamiento y comodidades para la tripulación, que puede incluir científicos, técnicos y operadores de robots submarinos, que participan en las operaciones de investigación.

Los buques de apoyo son una parte esencial de las operaciones de robots submarinos en alta mar. Proporcionan la plataforma logística y de control necesaria para garantizar que los robots submarinos se desplieguen, operen y mantengan de manera efectiva en entornos marinos desafiantes, lo que es fundamental para el éxito de la investigación científica, la exploración y la recopilación de datos en los océanos.

Vehículos Submarinos:

Los robots submarinos vienen en diferentes tipos y tamaños, desde vehículos autónomos de pequeña escala hasta submarinos tripulados de gran tamaño.

Los ROV (Remotely Operated Vehicles, en inglés) son robots que se controlan a distancia y se utilizan comúnmente en aplicaciones industriales y de exploración.

los robots submarinos vienen en una variedad de tipos y tamaños, lo que les permite adaptarse a diferentes aplicaciones y necesidades. Aquí hay algunas aclaraciones adicionales sobre los tipos de robots submarinos:

Diversidad de tipos y tamaños: Los robots submarinos pueden variar significativamente en cuanto a su tamaño y capacidad. Esto va desde vehículos autónomos submarinos de pequeña escala, que pueden ser tan pequeños como un dron submarino, hasta submarinos tripulados de gran tamaño que pueden transportar equipos humanos para misiones de investigación en el fondo del mar.

ROV (Remotely Operated Vehicles): Los ROV son una categoría específica de robots submarinos que se controlan a distancia. Se utilizan comúnmente en aplicaciones industriales y de exploración, como la inspección y reparación de estructuras submarinas, la búsqueda y recuperación de objetos, y la recopilación de datos en alta mar. Los ROV están conectados a la superficie por medio de un cable umbilical que proporciona energía y comunicación en tiempo real con los operadores.

AUV (Autonomous Underwater Vehicles): Los AUV son vehículos autónomos submarinos que no requieren control en tiempo real desde la superficie. Se programan previamente para llevar a cabo misiones específicas y pueden operar de manera independiente durante largos períodos de tiempo. Estos vehículos a menudo se utilizan para mapeo submarino, investigación científica y la recopilación de datos oceanográficos.

Submarinos tripulados: Estos son vehículos submarinos que llevan a bordo tripulación humana. A diferencia de los ROV y AUV, los submarinos tripulados están diseñados para transportar personas al fondo del mar. Se utilizan en investigaciones científicas, exploración de aguas profundas y misiones de rescate.

Otros tipos: Además de ROV, AUV y submarinos tripulados, existen otros tipos de robots submarinos, como vehículos híbridos que combinan características de ROV y AUV, y minisubmarinos utilizados para la observación y la documentación de la vida marina en entornos submarinos.

En resumen, la diversidad de tipos y tamaños de robots submarinos permite a los investigadores y operadores seleccionar la plataforma adecuada para sus necesidades específicas, ya sea para la exploración, investigación científica, inspección industrial o cualquier otra aplicación relacionada con el entorno marino.

Tecnología y Equipamiento:

Los robots submarinos están equipados con una variedad de sensores, cámaras, manipuladores y sistemas de navegación para realizar sus tareas de manera efectiva.

La comunicación submarina es un desafío importante, y se utilizan tecnologías como acústica, cableado o comunicaciones por satélite para transmitir datos entre los robots y los operadores en la superficie.

Equipamiento y sensores: Los robots submarinos están equipados con una variedad de sensores, cámaras, manipuladores y sistemas de navegación para llevar a cabo sus tareas de manera efectiva. Estos componentes incluyen:

Sensores oceanográficos: Para medir parámetros como la temperatura del agua, la salinidad, la presión y la química del agua.

Cámaras: Para capturar imágenes y videos del entorno submarino y la vida marina.

Manipuladores: En el caso de los ROV, estos brazos mecánicos permiten recoger muestras o realizar tareas de mantenimiento.

Sistemas de navegación: Para determinar la ubicación precisa del robot y permitir la navegación y cartografía submarina.

Comunicación submarina: La comunicación submarina es un desafío importante debido a la atenuación de las señales electromagnéticas en el agua. Para superar este desafío, se utilizan diversas tecnologías, que incluyen:

Comunicación acústica: La comunicación acústica utiliza ondas sonoras para transmitir datos entre los robots y los operadores en la superficie. Esta es una técnica común en la que se utilizan transductores acústicos para emitir y recibir señales.

Cableado: En el caso de ROV, se utiliza un cable umbilical para proporcionar comunicación y suministro de energía desde la superficie. Esto garantiza una comunicación constante y de alta velocidad.

Comunicaciones por satélite: Para los AUV y submarinos tripulados, las comunicaciones por satélite son una opción para transmitir datos a la superficie cuando el robot emerge o se encuentra cerca de la superficie del agua.

Estos métodos de comunicación permiten a los operadores en la superficie monitorear y controlar los robots submarinos en tiempo real y recibir datos de los sensores, lo que es fundamental para el éxito de las misiones submarinas y la investigación científica.

Aplicaciones Comerciales:

La industria del petróleo y el gas utiliza robots submarinos para inspeccionar y mantener infraestructuras submarinas como oleoductos y plataformas petroleras.

También se utilizan en aplicaciones de búsqueda y rescate, como la localización de naufragios y víctimas en el agua.

Es cierto que la industria del petróleo y el gas utiliza robots submarinos para llevar a cabo una variedad de tareas relacionadas con la inspección, mantenimiento y reparación de infraestructuras submarinas, como oleoductos y plataformas petroleras. También se utilizan en aplicaciones de búsqueda y rescate. Aquí hay una explicación más detallada:

Industria del petróleo y el gas: Los robots submarinos, en particular los ROV (Remotely Operated Vehicles), desempeñan un papel fundamental en la industria del petróleo y el gas. Se utilizan para inspeccionar y mantener infraestructuras submarinas, como:

Oleoductos: Los ROV se utilizan para inspeccionar la integridad de los oleoductos, buscar y reparar fugas, y realizar tareas de mantenimiento.

Plataformas petroleras: Los ROV son esenciales para la inspección y el mantenimiento de estructuras submarinas y equipos de plataformas petroleras, como pilotes y sistemas de amarre.

Control de derrames: En caso de derrames de petróleo, los ROV pueden ser utilizados para ayudar a contener y limpiar el área.

Búsqueda y rescate: Los robots submarinos se utilizan en aplicaciones de búsqueda y rescate en entornos acuáticos, como la localización de naufragios y la búsqueda de víctimas en el agua. Pueden ser utilizados en situaciones de desastres marítimos o para la recuperación de objetos o personas desaparecidas en el agua. La capacidad de operar en condiciones peligrosas o de baja visibilidad hace que los robots submarinos sean valiosos en estas situaciones.

Los robots submarinos son herramientas versátiles que tienen aplicaciones en una amplia variedad de industrias, desde la exploración científica marina hasta la inspección y el mantenimiento de infraestructuras submarinas, así como en tareas de búsqueda y rescate en entornos acuáticos. Su capacidad para operar en entornos subacuáticos desafiantes y potencialmente peligrosos los convierte en activos valiosos en una variedad de situaciones.

La robótica submarina desempeña un papel fundamental en la exploración y el estudio de los océanos y cuerpos de agua, así como en una variedad de aplicaciones industriales y científicas. A medida que avanza la tecnología, estos robots continúan desempeñando un papel cada vez más importante en la comprensión y el aprovechamiento de los recursos submarinos y en la preservación de los ecosistemas marinos.

27.Robótica de servicio: doméstica, comercial, pública y personal.

La robótica de servicio se refiere al desarrollo y aplicación de robots diseñados para realizar tareas específicas en una variedad de entornos, incluyendo el hogar, el comercio, el sector público y para uso personal. Estos robots están diseñados para interactuar de manera segura y eficiente con humanos y pueden ser autónomos o controlados remotamente. A continuación, se describen algunos ejemplos de robótica de servicio en estos diferentes ámbitos:

Robótica de Servicio Doméstica:

Asistentes de limpieza: Robots aspiradores y fregadoras que limpian pisos.

Robots de jardinería: Máquinas que cortan el césped o realizan otras tareas de jardinería.

Asistentes personales: Robots que ayudan con tareas domésticas como cocinar, planchar o doblar la ropa.

Compañeros para personas mayores: Robots diseñados para brindar compañía y asistencia a personas mayores, como recordar medicamentos o conversar.

Asistentes de limpieza: Los robots aspiradores y fregadoras son dispositivos autónomos que pueden limpiar pisos de manera eficiente. Estos robots están diseñados para recoger suciedad, polvo y desechos, lo que facilita las tareas de limpieza en el hogar.

Robots de jardinería: Estos robots están diseñados para ayudar en las tareas de jardinería, como cortar el césped de manera autónoma, podar arbustos o incluso regar plantas de manera programada. Ayudan a mantener el jardín en buen estado y reducen la carga de trabajo de los propietarios.

Asistentes personales: Los robots asistentes personales están diseñados para ayudar en diversas tareas domésticas, como cocinar, planchar, doblar la ropa y realizar otras tareas rutinarias en el hogar. Estos robots pueden ser programados para llevar a cabo tareas específicas y facilitar la vida cotidiana.

Compañeros para personas mayores: Los robots compañeros para personas mayores son dispositivos diseñados para brindar compañía y asistencia a personas mayores. Pueden recordar la toma de medicamentos, proporcionar información, entretener, realizar videollamadas o incluso ayudar en movilidad y seguridad.

Estos robots domésticos están diseñados para facilitar las tareas cotidianas y mejorar la calidad de vida de las personas en sus hogares. A medida que la tecnología avanza, es probable que veamos un mayor desarrollo y adopción de robots en una variedad de entornos domésticos y personales.

Robótica de Servicio Comercial:

Robots de atención al cliente: Robots que pueden interactuar con clientes en tiendas y restaurantes, brindando información y tomando pedidos.

Almacenes automatizados: Robots que ayudan en la gestión de inventarios y en la preparación de pedidos en almacenes y centros de distribución.

Robots de seguridad: Robots que patrullan áreas comerciales para detectar y reportar actividades sospechosas.

Robots de limpieza industrial: Robots diseñados para limpiar grandes instalaciones comerciales y espacios industriales.

Robots de atención al cliente: Estos robots son utilizados en tiendas y restaurantes para interactuar con los clientes. Pueden proporcionar información sobre productos, tomar pedidos, proporcionar recomendaciones y, en algunos casos, incluso procesar pagos. La automatización en la atención al cliente puede mejorar la eficiencia y reducir la carga de trabajo del personal humano.

Almacenes automatizados: Los almacenes automatizados utilizan robots para gestionar inventarios, recoger productos y preparar pedidos de manera eficiente. Los sistemas automatizados de almacén pueden reducir los errores, mejorar la velocidad de entrega y optimizar la gestión de inventarios en entornos logísticos y de distribución.

Robots de seguridad: Los robots de seguridad patrullan áreas comerciales y pueden detectar actividades sospechosas, emitir alertas y proporcionar videovigilancia en tiempo real. Son una herramienta complementaria para la seguridad en espacios públicos y comerciales.

Robots de limpieza industrial: Los robots de limpieza industrial están diseñados para limpiar grandes instalaciones comerciales y espacios industriales, como almacenes, fábricas y centros de producción. Estos robots pueden realizar tareas de limpieza de manera autónoma, lo que es especialmente útil en entornos donde se requiere una limpieza regular y eficiente.

La automatización y el uso de robots en entornos comerciales e industriales pueden mejorar la eficiencia, reducir los costos laborales y, en algunos casos, mejorar la calidad y la seguridad de las operaciones. A medida que la tecnología continúa avanzando, es probable que veamos una mayor integración de robots en una variedad de aplicaciones comerciales y de la industria.

Robótica de Servicio Pública:

Robots de seguridad pública: Robots utilizados por fuerzas del orden para tareas de vigilancia y seguridad en áreas públicas.

Robots de búsqueda y rescate: Robots diseñados para buscar y rescatar personas en situaciones de desastre o emergencia.

Robótica de salud pública: Robots utilizados en hospitales y centros de salud para la entrega de suministros, desinfección y asistencia en la atención médica.

Robots de seguridad pública: Estos robots son utilizados por fuerzas del orden para tareas de vigilancia y seguridad en áreas públicas. Pueden patrullar zonas urbanas, proporcionar videovigilancia en tiempo real, detectar actividades sospechosas y, en algunos casos, interactuar con el público para proporcionar información o asistencia.

Robots de búsqueda y rescate: Los robots de búsqueda y rescate son dispositivos diseñados para buscar y rescatar personas en situaciones de desastre o emergencia, como terremotos, inundaciones o incendios. Pueden ser terrestres, aéreos o submarinos, y están equipados con sensores y cámaras para localizar y evaluar víctimas en zonas peligrosas o de difícil acceso.

Robótica de salud pública: Los robots de salud pública se utilizan en hospitales y centros de salud para diversas tareas, como la entrega de suministros médicos, la desinfección de áreas hospitalarias y la asistencia en la atención médica. Estos robots pueden ser especialmente útiles en la prevención de la propagación de enfermedades y en la atención a pacientes en situaciones de emergencia.

La robótica desempeña un papel cada vez más importante en aplicaciones relacionadas con la seguridad pública y la salud, ya que puede mejorar la eficiencia de las operaciones, reducir los riesgos para los trabajadores humanos y proporcionar soluciones innovadoras en situaciones críticas. La tecnología robótica continuará evolucionando y siendo una herramienta valiosa en estos campos.

Robótica de Servicio Personal:

Robots de entretenimiento: Robots diseñados para entretener a las personas, como juguetes robotizados y mascotas robot.

Asistentes personales: Robots que ayudan a las personas con tareas específicas, como recordatorios, administración de calendarios y búsqueda de información en línea.

Robots de fitness: Robots que guían y asisten en rutinas de ejercicio personalizadas.

Robots de belleza y cuidado personal: Robots que ayudan en tratamientos de belleza, como maquillaje o cuidado de la piel.

Robots de entretenimiento: Estos robots están diseñados para proporcionar entretenimiento y diversión. Pueden ser juguetes robotizados que interactúan con los niños, mascotas robot que brindan compañía y entretenimiento, o incluso robots diseñados para realizar trucos y actuaciones en espectáculos de entretenimiento.

Asistentes personales: Los robots asistentes personales ayudan a las personas con tareas específicas en su vida cotidiana. Pueden proporcionar recordatorios de citas, administrar calendarios, responder preguntas y realizar búsquedas en línea. Estos robots están diseñados para facilitar la organización y la gestión de tareas diarias.

Robots de fitness: Estos robots están destinados a guiar y asistir en rutinas de ejercicio personalizadas. Pueden proporcionar instrucciones de entrenamiento, seguimiento del progreso, motivación y retroalimentación para ayudar a las personas a mantenerse en forma y saludables.

Robots de belleza y cuidado personal: Los robots de belleza y cuidado personal brindan asistencia en tratamientos de belleza, como maquillaje, cuidado de la piel o peluquería. Algunos de ellos pueden aplicar maquillaje de manera precisa, proporcionar masajes faciales o incluso ayudar con el peinado.

Estos robots se centran en mejorar la calidad de vida de las personas y proporcionar comodidad, entretenimiento y asistencia en áreas específicas. A medida que la tecnología robótica continúa avanzando, es probable que veamos una mayor diversidad de robots en aplicaciones relacionadas con el bienestar y el entretenimiento personal.

La robótica de servicio está en constante evolución y se espera que desempeñe un papel cada vez más importante en una amplia gama de aplicaciones, mejorando la eficiencia y la comodidad en muchos aspectos de la vida cotidiana y en diversas industrias.

28.Robótica creativa: arte, música, literatura y entretenimiento.

La robótica creativa es un campo en constante evolución que combina la tecnología de la robótica con diversas formas de arte, música, literatura y entretenimiento para crear experiencias innovadoras y expresivas. Aquí tienes algunas formas en las que la robótica creativa se manifiesta en estas áreas:

Arte:

Robótica de dibujo y pintura: Los robots pueden ser programados para crear obras de arte visual, ya sea dibujando con lápices o pinceles, o incluso creando esculturas tridimensionales.

la robótica de dibujo y pintura es una aplicación interesante y creativa de la tecnología robótica en el mundo del arte. Los robots pueden ser programados para crear obras de arte visual de diversas formas, ya sea mediante dibujos y pinturas bidimensionales con lápices o pinceles, o incluso mediante la creación de esculturas tridimensionales. Aquí hay más información sobre esta aplicación:

Dibujo y pintura bidimensional: Los robots pueden ser equipados con lápices, pinceles o herramientas de dibujo que les permiten realizar obras de arte en superficies planas, como papel o lienzo. Los artistas y programadores pueden diseñar algoritmos y patrones para guiar al robot en la creación de dibujos y pinturas. Esto puede llevar a la producción de obras de arte abstractas, patrones geométricos o incluso retratos.

Esculturas tridimensionales: Algunos robots pueden realizar esculturas tridimensionales utilizando una variedad de materiales, como arcilla, madera o metal. Estos robots pueden esculpir objetos tridimensionales con un alto grado de precisión y pueden ser programados para crear esculturas abstractas, figuras humanas u otros tipos de obras de arte tridimensional.

Interacción creativa: La robótica de dibujo y pintura a menudo implica una interacción creativa entre los programadores y los robots. Los programadores diseñan los algoritmos y patrones, pero también pueden permitir que el robot tome decisiones creativas en tiempo real, lo que da como resultado obras de arte únicas y sorprendentes.

Exploración artística: La robótica de dibujo y pintura es una forma de explorar nuevos enfoques y técnicas artísticas, ya que los robots pueden ser programados para realizar movimientos y patrones que serían difíciles o imposibles de lograr con las manos humanas. Esto puede llevar a la creación de obras de arte innovadoras y experimentales.

En resumen, la robótica de dibujo y pintura es un campo emocionante que combina la creatividad humana con la precisión y la capacidad de los robots para producir obras de arte visual de una manera única y diversa. Esta aplicación es un ejemplo de cómo la robótica puede extender los límites de la creatividad y la expresión artística.

Arte interactivo: Los artistas utilizan robots para crear instalaciones interactivas que responden a la presencia del espectador o a estímulos ambientales, lo que lleva a experiencias artísticas únicas. El arte interactivo ha experimentado un crecimiento significativo en las últimas décadas, y los artistas han utilizado robots y tecnología para crear instalaciones artísticas que responden a la presencia del espectador o a estímulos ambientales. Estas obras de arte interactivo ofrecen experiencias únicas y cautivadoras a quienes las experimentan. Aquí hay algunos puntos clave:

Interacción con el espectador: Las obras de arte interactivas suelen involucrar la participación activa del espectador. Los robots y sensores detectan la presencia, los movimientos o las acciones del espectador, lo que desencadena respuestas específicas en la obra de arte.

Estímulos ambientales: Además de la interacción con el espectador, algunas instalaciones de arte interactivo pueden responder a estímulos ambientales, como la luz, el sonido o el clima. Esto agrega una dimensión adicional de dinamismo a la obra de arte, ya que puede cambiar con el entorno circundante.

Tecnología avanzada: Los artistas utilizan una variedad de tecnologías para crear arte interactivo, que incluye sensores de movimiento, cámaras, actuadores y robots. Estos componentes tecnológicos permiten la interacción y la respuesta en tiempo real.

Experiencia inmersiva: Las instalaciones de arte interactivo a menudo ofrecen experiencias inmersivas en las que el espectador se convierte en parte integral de la obra. Esto puede estimular emociones, reflexiones y conexiones únicas con la obra de arte.

Creatividad artística: La creatividad artística es un componente fundamental del arte interactivo, ya que los artistas diseñan no solo la tecnología y la interacción, sino también la narrativa o la idea detrás de la obra. Esto permite la expresión artística en formas novedosas y emocionantes.

Exploración de conceptos: Las instalaciones de arte interactivo a menudo exploran conceptos de relación humana con la tecnología, la percepción del entorno y la participación activa del espectador. Pueden provocar reflexiones profundas sobre temas contemporáneos y la naturaleza de la interacción humana.

El arte interactivo es una manifestación emocionante y en constante evolución que combina creatividad artística y tecnología avanzada para crear experiencias artísticas únicas y significativas. Los robots y la tecnología desempeñan un papel importante en la creación de estas instalaciones, lo que amplía las posibilidades creativas en el mundo del arte contemporáneo.

Robótica cinética: Los robots pueden formar parte de instalaciones cinéticas que se mueven y cambian de forma, creando un aspecto dinámico en el arte.

La robótica cinética es un enfoque creativo en el que los robots se incorporan en instalaciones cinéticas para crear obras de arte en movimiento y cambiantes. Esta forma de arte combina la tecnología robótica con la cinética, lo que da como resultado obras que se caracterizan por su aspecto dinámico y transformador. Aquí hay algunas características clave de la robótica cinética en el arte:

Movimiento y cambio: La característica distintiva de la robótica cinética es que las obras de arte incorporan robots u otros mecanismos automatizados que les permiten moverse y cambiar de forma de manera controlada. Esto crea una experiencia visual dinámica para el espectador.

Interacción con el entorno: Las obras de arte cinéticas a menudo responden a estímulos específicos, como la presencia del espectador, cambios en la iluminación o factores ambientales. Esta interacción con el entorno agrega un elemento de sorpresa y cambio constante a la obra.

Tecnología avanzada: La robótica cinética utiliza una variedad de tecnologías avanzadas, como motores, sensores, controladores y software, para lograr el movimiento y las transformaciones deseadas en la obra de arte.

Diseño y creatividad: Los artistas que trabajan en el ámbito de la robótica cinética deben considerar tanto la estética visual como la funcionalidad de la obra. Esto requiere una combinación de habilidades creativas y técnicas.

Narrativa y concepto: Al igual que en otras formas de arte, las obras de robótica cinética a menudo comunican un mensaje o una narrativa a través de su movimiento y cambio. Pueden explorar temas como la transformación, la temporalidad o la relación entre la tecnología y la naturaleza.

Expresión artística: La robótica cinética es una forma de expresión artística que desafía las convenciones de la escultura estática o las obras de arte bidimensionales al agregar una dimensión de tiempo y movimiento.

Las obras de arte robóticas cinéticas pueden ser sorprendentes y cautivadoras, ya que transforman el espacio y desafían las expectativas tradicionales de lo que constituye una obra de arte. Esta forma de expresión artística continúa evolucionando a medida que los artistas exploran nuevas posibilidades de la robótica en el mundo del arte contemporáneo.

Música:

Instrumentos robóticos: Se han desarrollado instrumentos musicales robóticos que pueden tocar música de manera autónoma o en colaboración con músicos humanos.

Así es, los instrumentos musicales robóticos son una manifestación emocionante de la intersección entre la robótica y la música. Estos instrumentos son dispositivos diseñados para tocar música de manera autónoma o en colaboración con músicos humanos. Aquí hay algunos aspectos importantes relacionados con los instrumentos musicales robóticos:

Tocar música autónomamente: Los instrumentos musicales robóticos pueden ser programados para tocar música sin intervención humana. Pueden ejecutar piezas musicales previamente programadas y ajustarse según las partituras y las instrucciones.

Interacción con músicos humanos: Muchos instrumentos musicales robóticos están diseñados para colaborar con músicos humanos. Pueden responder a las acciones y las señales de los músicos, lo que permite actuaciones musicales conjuntas en tiempo real. Esta interacción puede ser altamente creativa y dar lugar a nuevas formas de expresión musical.

Versatilidad y creatividad: Los instrumentos musicales robóticos pueden ofrecer una amplia gama de capacidades y sonidos, lo que brinda a los músicos la oportunidad de explorar nuevas sonoridades y efectos. Esto puede conducir a la creación de música experimental y única.

Ampliación de las posibilidades técnicas: La robótica permite la creación de instrumentos con una alta precisión y control. Algunos instrumentos robóticos pueden tocar de manera más rápida y precisa que los músicos humanos, lo que amplía las posibilidades técnicas en la música.

Exploración artística: Los artistas y músicos utilizan instrumentos musicales robóticos para explorar nuevas fronteras en la música y la interacción entre humanos y máquinas. Esto puede dar lugar a actuaciones en vivo emocionantes y desafiantes.

Colaboración interdisciplinaria: La creación de instrumentos musicales robóticos a menudo implica colaboraciones entre ingenieros, diseñadores, músicos y artistas. Esta interdisciplinariedad fomenta la innovación y la experimentación en el campo de la música y la tecnología.

La utilización de instrumentos musicales robóticos ha enriquecido el panorama musical y ha llevado a la creación de nuevas experiencias auditivas. Los músicos y artistas siguen explorando y expandiendo las posibilidades de esta fusión entre tecnología y arte musical.

Composición asistida por robots: Los algoritmos de inteligencia artificial pueden ayudar en la composición de música, generando piezas originales o asistiendo a compositores humanos en la creación de música.

La composición asistida por robots es un campo emergente que aprovecha la inteligencia artificial (IA) y los algoritmos para ayudar en la creación y generación de música. Estos sistemas pueden generar piezas musicales originales o asistir a compositores humanos en el proceso creativo. Aquí hay algunas características clave de la composición asistida por robots:

Generación de música autónoma: Los algoritmos de IA pueden generar música de forma autónoma, creando piezas musicales originales sin intervención humana. Estos sistemas utilizan modelos de aprendizaje automático para imitar estilos musicales específicos o para explorar nuevas formas de música.

Asistencia a compositores humanos: La IA puede servir como una herramienta creativa para compositores humanos. Pueden utilizar software y algoritmos para generar ideas musicales, proporcionar sugerencias de armonía o estructura, o incluso ayudar en la orquestación.

Exploración de estilos y géneros: Los algoritmos de composición asistida por robots pueden ayudar a los músicos a explorar una amplia variedad de estilos y géneros musicales, desde la música clásica hasta la electrónica experimental. Esto amplía la creatividad y las posibilidades musicales.

Mejora de la productividad: La IA puede acelerar el proceso de composición al generar material musical rápidamente. Esto es especialmente útil para músicos que trabajan en proyectos con plazos ajustados o que desean experimentar con muchas ideas musicales.

Colaboración entre humanos y robots: La colaboración entre compositores humanos y sistemas de IA permite la creación de música que combina la sensibilidad artística humana con la capacidad de generación de patrones y estructuras complejas de la IA.

Detección de tendencias y análisis de datos: Los sistemas de IA pueden analizar grandes conjuntos de datos musicales para identificar tendencias y patrones en la música. Esto puede ser útil para músicos y productores en la toma de decisiones creativas y de mercado.

La composición asistida por robots es un ejemplo de cómo la tecnología de inteligencia artificial está cambiando la forma en que se crea y se experimenta con la música. A medida que esta tecnología continúa desarrollándose, es probable que veamos una mayor integración de la IA en el proceso de composición musical, lo que ofrece nuevas oportunidades y desafíos para la comunidad musical.

Actuaciones musicales con robots: Los robots pueden formar parte de actuaciones musicales en vivo, tocando instrumentos, generando sonidos o incluso interactuando con el público.

Las actuaciones musicales con robots son una manifestación creativa e innovadora que combina música, tecnología y entretenimiento. En este tipo de actuaciones, los robots pueden desempeñar una variedad de roles, que incluyen tocar instrumentos musicales, generar sonidos, proporcionar elementos visuales interesantes o interactuar con el público. Aquí hay algunos aspectos clave de las actuaciones musicales con robots:

Robots músicos: Los robots pueden ser programados para tocar una amplia gama de instrumentos musicales, desde la batería y el piano hasta la guitarra y otros instrumentos tradicionales o electrónicos. Esto permite la creación de bandas robóticas o la colaboración con músicos humanos.

Generación de música electrónica: Algunos robots están diseñados para generar música electrónica, utilizando sintetizadores y software especializado. Pueden crear paisajes sonoros únicos y contribuir a actuaciones de música electrónica en vivo.

Interacción escénica: Los robots pueden tener una presencia visual impactante en el escenario, ya sea como parte de la coreografía o proporcionando elementos visuales interesantes, como luces, movimientos coreografiados o cambios de escenografía.

Colaboración creativa: Las actuaciones con robots a veces involucran una colaboración creativa entre músicos humanos, ingenieros y artistas visuales. Esta colaboración puede dar lugar a actuaciones multidisciplinarias que desafían las fronteras tradicionales del arte y la música.

Programación y control en tiempo real: La programación en tiempo real y el control de los robots son esenciales para garantizar que se ajusten al ritmo y al flujo de la música en vivo.

Esto a menudo implica la sincronización precisa y la comunicación entre los artistas humanos y los robots.

Interacción con el público: Algunas actuaciones musicales con robots incluyen la interacción directa con el público. Los robots pueden responder a los movimientos o las acciones de la audiencia, lo que crea una experiencia de concierto interactiva.

Las actuaciones musicales con robots son una manifestación emocionante de la creatividad y la tecnología en la música en vivo. Estas actuaciones no solo ofrecen entretenimiento, sino que también cuestionan y exploran las posibilidades de la colaboración entre humanos y máquinas en el ámbito artístico.

Literatura:

Escritura asistida por inteligencia artificial: Los sistemas de IA pueden ayudar a los escritores en la generación de contenido literario, desde la creación de tramas hasta la generación de poesía.

La escritura asistida por inteligencia artificial es una aplicación en la que los sistemas de IA ayudan a los escritores en la generación de contenido literario. Estos sistemas pueden ser utilizados en una variedad de contextos y géneros literarios, desde la creación de tramas para novelas hasta la generación de poesía. Aquí hay algunos aspectos clave de la escritura asistida por IA:

Generación de contenido: Los sistemas de IA pueden generar texto de manera autónoma, ya sea en forma de prosa, poesía, diálogos o contenido informativo. Estos sistemas utilizan algoritmos de procesamiento de lenguaje natural (NLP) y modelos de aprendizaje automático para crear texto coherente y relevante.

Ideas y sugerencias: Los sistemas de IA pueden proporcionar ideas y sugerencias a los escritores, como la generación de tramas, personajes, títulos o fragmentos de texto. Esto puede servir como fuente de inspiración para los escritores humanos.

Corrección gramatical y ortográfica: Los sistemas de IA también pueden realizar tareas de corrección gramatical y ortográfica, lo que ayuda a los escritores a mejorar la calidad y la precisión de su escritura.

Personalización y estilo: Algunos sistemas de IA permiten la personalización del estilo de escritura, lo que significa que pueden adaptarse a las preferencias y el tono del escritor. Esto es útil para mantener la coherencia en proyectos literarios.

Optimización SEO: En el ámbito del contenido en línea, los sistemas de IA pueden ayudar a los escritores a optimizar el contenido para motores de búsqueda (SEO), lo que es relevante para la creación de contenido web y blogs.

Colaboración creativa: Los escritores pueden utilizar la IA como una herramienta de colaboración creativa. Pueden trabajar en conjunto con la IA para desarrollar tramas, personajes o diálogos, lo que puede acelerar el proceso de escritura y fomentar la creatividad.

La escritura asistida por IA ofrece a los escritores herramientas adicionales para mejorar su eficiencia y productividad, así como para explorar nuevas formas de creatividad literaria. Sin embargo, es importante destacar que, aunque los sistemas de IA pueden ser útiles, la creatividad y la visión artística del escritor humano siguen siendo esenciales en la creación literaria, y la tecnología se utiliza como una herramienta de apoyo en lugar de un reemplazo.

Narrativa interactiva: La robótica puede utilizarse para crear experiencias literarias interactivas, como libros electrónicos con elementos móviles o narrativas de "elige tu propia aventura" en las que los lectores pueden influir en el curso de la historia.

La narrativa interactiva es un campo en el que la robótica y la tecnología desempeñan un papel importante para crear experiencias literarias dinámicas y participativas. Aquí hay algunas formas en las que la robótica y la tecnología se utilizan en la narrativa interactiva:

Libros electrónicos interactivos: Los libros electrónicos pueden incluir elementos interactivos, como imágenes en movimiento, animaciones, efectos de sonido o enlaces a contenido adicional en línea. Esto enriquece la experiencia de lectura y permite a los lectores explorar la historia de una manera más inmersiva.

Narrativas de "elige tu propia aventura": Estas narrativas permiten a los lectores tomar decisiones en momentos clave de la historia, lo que influye en el curso de la trama. Los lectores pueden elegir entre diversas opciones, lo que les brinda la sensación de control y personalización de la historia.

Realidad aumentada (RA) y realidad virtual (RV): La RA y la RV permiten a los lectores experimentar historias de una manera completamente nueva. Pueden ver personajes y escenarios en entornos tridimensionales, interactuar con objetos virtuales y explorar mundos narrativos de una manera mucho más inmersiva.

Narrativas basadas en ubicación: Utilizando tecnología GPS, los lectores pueden experimentar historias basadas en su ubicación geográfica. Esto significa que la historia se adapta a medida que los lectores se desplazan en el mundo real, lo que agrega una dimensión única a la narrativa.

Robots narradores: Los robots pueden ser programados para contar historias de una manera interactiva. Pueden interactuar con los oyentes, responder a preguntas y permitir a los oyentes influir en el desarrollo de la historia.

Juegos narrativos: Los videojuegos y las aplicaciones de juegos a menudo incorporan elementos de narrativa interactiva. Los jugadores toman decisiones que afectan la trama, lo que agrega un componente narrativo a la experiencia de juego.

La narrativa interactiva aprovecha la tecnología para involucrar a los lectores o jugadores de una manera más activa y personalizada. Esto puede hacer que la experiencia de contar historias sea más atractiva y participativa, lo que atrae a una variedad de audiencias, desde niños hasta adultos. Además, la narrativa interactiva puede adaptarse a diversos géneros literarios, desde la ficción y la fantasía hasta la educación y la no ficción.

Escritura colaborativa: Los sistemas de IA pueden colaborar con escritores humanos para generar contenido literario único y creativo.

La escritura colaborativa entre sistemas de inteligencia artificial (IA) y escritores humanos es una forma en la que la tecnología se utiliza para crear contenido literario único y creativo. Esta colaboración puede tomar varias formas y ofrece una serie de ventajas:

Generación de ideas: Los sistemas de IA pueden ser utilizados para generar ideas, sugerencias de tramas, personajes o elementos de una historia, lo que puede servir como fuente de inspiración para los escritores humanos. Esto puede ser especialmente útil cuando los escritores experimentan bloqueos creativos.

Coautoría: Los sistemas de IA pueden trabajar como coautores, colaborando en la creación de un texto literario. Pueden contribuir con fragmentos de texto, diálogos, descripciones o incluso crear personajes y escenarios.

Edición y revisión: Los sistemas de IA también pueden desempeñar un papel en la edición y revisión de textos, ofreciendo sugerencias gramaticales, correcciones ortográficas y mejoras en la coherencia y la fluidez del texto.

Personalización del estilo: Algunos sistemas de IA permiten personalizar el estilo de escritura para que coincida con el del escritor humano. Esto asegura que el contenido se ajuste a la voz y el tono del escritor.

Eficiencia y productividad: La colaboración con sistemas de IA puede aumentar la eficiencia y la productividad en la escritura, permitiendo la generación de contenido de alta calidad en menos tiempo.

Experimentación creativa: La IA puede desafiar a los escritores a experimentar con nuevos géneros, estilos y formas de escritura. Esto puede llevar a la creación de contenido literario innovador y diverso.

Si bien la colaboración entre la IA y los escritores humanos ofrece muchas ventajas, es importante destacar que la creatividad y la visión artística del escritor humano siguen siendo fundamentales en el proceso de escritura. La tecnología de la IA se utiliza como una herramienta de apoyo en lugar de un reemplazo, y la combinación de la creatividad humana con la eficiencia tecnológica puede dar como resultado contenido literario único y enriquecedor.

Entretenimiento:

Robots de entretenimiento: Los robots se utilizan en parques temáticos, espectáculos en vivo y atracciones turísticas para proporcionar entretenimiento interactivo a los visitantes.

Los robots de entretenimiento son una incorporación emocionante en parques temáticos, espectáculos en vivo, atracciones turísticas y otros lugares de entretenimiento. Estos robots están diseñados para proporcionar a los visitantes experiencias interactivas y divertidas. Aquí hay algunos ejemplos de cómo se utilizan los robots de entretenimiento:

Parques temáticos: Los parques temáticos a menudo emplean robots para interactuar con los visitantes y agregar un elemento de diversión a las atracciones. Estos robots pueden ser personajes animatrónicos que realizan espectáculos, cuentan historias o interactúan con los visitantes a medida que exploran el parque.

Espectáculos en vivo: En espectáculos en vivo, los robots pueden ser parte integral de la actuación. Pueden ser actores robóticos que participan en escenas teatrales, robots de baile que realizan coreografías impresionantes o incluso robots que interactúan con músicos y artistas humanos en el escenario.

Museos y atracciones turísticas: Los museos y atracciones turísticas utilizan robots para crear experiencias educativas e interactivas para los visitantes. Estos robots pueden proporcionar información, contar historias, guiar recorridos o representar personajes históricos en una presentación atractiva.

Parques de atracciones: En parques de atracciones, los robots pueden ser parte de emocionantes atracciones, como montañas rusas o simuladores de vuelo, donde desempeñan un papel clave en la narrativa de la experiencia y agregan emoción.

Entretenimiento en restaurantes: Algunos restaurantes temáticos utilizan robots para entretener a los comensales. Estos robots pueden ser camareros robóticos que entregan alimentos y bebidas, o personajes que interactúan con los clientes.

Eventos especiales: Los robots a menudo se utilizan en eventos especiales, como ferias y exposiciones, para proporcionar entretenimiento adicional a los asistentes. Pueden incluir desde robots de malabares hasta robots de exhibición que realizan acrobacias.

Los robots de entretenimiento aportan una dimensión única y emocionante a las experiencias de entretenimiento, al permitir a los visitantes interactuar con máquinas inteligentes de una manera divertida y participativa. Estas aplicaciones también muestran el potencial de la robótica en la industria del entretenimiento, creando experiencias más inmersivas y memorables para el público.

Robótica en el cine y la televisión: La robótica se ha utilizado en la industria del entretenimiento para crear efectos especiales, personajes animatrónicos y robots actores en películas y programas de televisión.

La robótica ha desempeñado un papel fundamental en la industria del entretenimiento, especialmente en cine y televisión, para crear efectos especiales asombrosos, personajes animatrónicos y robots actores. Aquí hay algunas formas en las que la robótica se ha utilizado en la producción de películas y programas de televisión:

Efectos especiales: Los robots y la animatrónica se han utilizado para crear efectos especiales sorprendentes en películas. Los robots pueden replicar movimientos y comportamientos realistas, lo que permite la creación de criaturas fantásticas, personajes extraterrestres y seres animados de manera convincente. Ejemplos icónicos incluyen el robot R2-D2 en la franquicia "Star Wars" y el dinosaurio animatrónico en "Jurassic Park".

Personajes animatrónicos: Los personajes animatrónicos son robots que imitan la apariencia y el comportamiento de personajes ficticios. Estos personajes pueden ser controlados de forma remota por especialistas o programados para actuar de manera autónoma. Se utilizan en películas y programas de televisión para dar vida a personajes que no pueden ser interpretados por actores humanos, como monstruos, robots o animales antropomórficos.

Robots actores: Algunas películas han utilizado robots reales como actores en papeles importantes. Estos robots son programados para seguir guiones y realizar acciones específicas en escenas. Por ejemplo, en la película "Ex Machina," el personaje principal, Ava, fue interpretado por una actriz real con efectos visuales, pero su cuerpo fue un robot.

Animación stop-motion: La animación stop-motion implica la creación de movimientos cuadro por cuadro, y los robots se han utilizado para lograr movimientos precisos y repetitivos en este proceso. Estos robots se conocen como "animadores stop-motion" y son esenciales para la creación de películas de animación en stop-motion.

Efectos visuales y CGI: Aunque no son robots en el sentido tradicional, los efectos visuales y la generación de imágenes por computadora (CGI) son tecnologías que a menudo se combinan con la robótica para crear personajes y mundos imaginarios en la pantalla. Los personajes generados por computadora pueden interactuar con actores reales en la película.

La integración de la robótica y la tecnología en la industria del cine y la televisión ha llevado a avances significativos en la creación de efectos especiales y personajes ficticios. Esto ha enriquecido las experiencias cinematográficas y ha permitido contar historias de maneras que antes eran inimaginables. La colaboración entre los especialistas en robótica y los cineastas ha llevado a la creación de mundos visuales sorprendentes y personajes memorables en la pantalla grande y la televisión.

Juegos robóticos: Los juegos de mesa, videojuegos y juegos de realidad virtual a menudo incorporan elementos de robótica para proporcionar una experiencia de juego más inmersiva y desafiante.

Los juegos robóticos son una forma emocionante en la que la robótica se integra en diversos tipos de juegos para proporcionar experiencias de juego más inmersivas, desafiantes y entretenidas. Estos juegos pueden incluir elementos de robótica en juegos de mesa, videojuegos y juegos de realidad virtual. Aquí hay algunas formas en que se utilizan robots y tecnología robótica en juegos:

Juegos de mesa robóticos: Algunos juegos de mesa han incorporado robots como componentes interactivos. Estos robots pueden moverse en el tablero, realizar acciones específicas o incluso desafiar a los jugadores a través de la inteligencia artificial. Estos juegos ofrecen una experiencia de juego única que combina lo físico y lo digital.

Robots en videojuegos: En videojuegos, los robots a menudo son personajes jugables, aliados o enemigos. Pueden tener una amplia gama de habilidades y características únicas, lo que agrega una dimensión adicional a la jugabilidad. Algunos videojuegos también permiten a los jugadores construir y programar robots dentro del juego.

Juegos de realidad virtual (RV) y aumentada (RA): La realidad virtual y aumentada ofrecen oportunidades excepcionales para la integración de robots en juegos. Los robots virtuales pueden ser parte de experiencias inmersivas en las que los jugadores pueden interactuar con ellos en un entorno virtual. Los juegos de realidad aumentada, como Pokémon GO, también permiten a los jugadores interactuar con personajes digitales que parecen estar en el mundo real.

Competencias de robots: Algunos juegos implican la programación y el control de robots reales en competencias, como carreras de drones, batallas de robots o juegos de construcción de robots. Estos juegos promueven la creatividad y las habilidades de programación y electrónica.

Juegos educativos robóticos: Los juegos educativos utilizan robots para enseñar a los jugadores sobre programación, matemáticas, ciencia y tecnología de manera interactiva y divertida. Estos juegos pueden ser valiosos para el aprendizaje de STEM (ciencia, tecnología, ingeniería y matemáticas).

Simuladores robóticos: Los simuladores robóticos permiten a los jugadores experimentar lo que es pilotar robots reales o vehículos robóticos. Estos juegos son utilizados tanto para la diversión como para el entrenamiento de operadores de robots en la vida real.

La integración de la robótica en juegos ofrece una amplia gama de experiencias y desafíos para los jugadores, lo que agrega una dimensión adicional a la industria del entretenimiento interactivo. Además, estos juegos pueden servir como una plataforma de aprendizaje efectiva para que las personas adquieran habilidades relacionadas con la robótica y la tecnología.

La robótica creativa es un campo multidisciplinario que combina la tecnología, el arte y la innovación para dar vida a nuevas formas de expresión y entretenimiento. A medida que la tecnología avance, es probable que veamos aún más ejemplos de robótica creativa en el futuro.

29.Robótica del futuro: tendencias, innovaciones, desafíos y oportunidades.

La robótica del futuro promete revolucionar numerosos aspectos de nuestras vidas, desde la industria y la medicina hasta la educación y el entretenimiento. Aquí tienes algunas tendencias, innovaciones, desafíos y oportunidades en el campo de la robótica:

Tendencias:

Robots colaborativos: La colaboración entre humanos y robots en entornos de trabajo se está volviendo cada vez más común. Los robots colaborativos, o cobots, están diseñados para trabajar junto a los humanos de forma segura y eficiente.

Los robots colaborativos, comúnmente conocidos como cobots, son una categoría de robots diseñados para colaborar de forma segura y eficiente con los humanos en entornos de trabajo. A medida que la tecnología robótica avanza, la colaboración entre humanos y robots se ha vuelto más común en diversas industrias y entornos laborales. Aquí hay algunas características clave de los cobots:

Seguridad: Uno de los aspectos más destacados de los cobots es su diseño seguro. Están equipados con sensores y sistemas de detección que les permiten identificar la presencia de humanos en su entorno y detener sus movimientos o reducir su velocidad para evitar colisiones o lesiones.

Colaboración cercana: Los cobots están diseñados para trabajar en estrecha colaboración con los humanos, ya sea compartiendo tareas, realizando tareas complementarias o proporcionando asistencia en tareas que requieren precisión y repetitividad.

Programación sencilla: Muchos cobots están diseñados para ser programados y configurados de manera sencilla, lo que permite a los trabajadores sin experiencia en robótica programar y utilizar estos robots de manera efectiva.

Tareas variadas: Los cobots pueden llevar a cabo una amplia variedad de tareas, desde trabajos de ensamblaje y manipulación de piezas hasta tareas de inspección y empaquetado en la industria manufacturera. También se utilizan en entornos de atención médica, logística y agricultura, entre otros.

Aumento de la productividad: La colaboración con cobots puede aumentar la eficiencia y la productividad en el lugar de trabajo al reducir el esfuerzo físico requerido para ciertas tareas y al permitir a los trabajadores enfocarse en tareas más estratégicas y cognitivas.

Flexibilidad: Los cobots son a menudo muy flexibles y pueden ser reprogramados para llevar a cabo diferentes tareas, lo que los hace ideales para entornos de producción que requieren cambios frecuentes en la configuración.

Reducción de errores: La precisión y la repetibilidad de los cobots ayudan a reducir los errores en la producción y mejoran la calidad del trabajo realizado.

Trabajo en equipo: Los cobots no reemplazan a los trabajadores humanos, sino que trabajan junto a ellos. Esta colaboración entre humanos y robots puede crear equipos de trabajo eficientes y versátiles.

La adopción de robots colaborativos está en aumento en diversas industrias, lo que demuestra su potencial para mejorar la productividad, la seguridad y la calidad del trabajo. Estos robots permiten a las empresas aprovechar la automatización y la robótica de manera más accesible y colaborativa, lo que aporta beneficios tanto a los empleados como a los empleadores.

Robótica autónoma: Los avances en la inteligencia artificial y la percepción de robots están permitiendo la creación de robots autónomos que pueden tomar decisiones y realizar tareas de manera independiente.

La robótica autónoma es un campo en rápido crecimiento que aprovecha los avances en inteligencia artificial, sensores y tecnología de percepción para desarrollar robots capaces de tomar decisiones y llevar a cabo tareas de manera independiente, sin intervención humana constante. Estos robots autónomos son altamente versátiles y se utilizan en una variedad de aplicaciones en diversas industrias. Aquí hay algunos aspectos clave de la robótica autónoma:

Inteligencia artificial (IA): Los robots autónomos están equipados con sistemas de IA avanzados que les permiten procesar información, aprender de su entorno y tomar decisiones basadas en datos en tiempo real. Esto les permite adaptarse a situaciones cambiantes y resolver problemas de manera eficaz.

Sensores y percepción: Los robots autónomos están equipados con una variedad de sensores, como cámaras, lidar, radar y sensores de proximidad, que les permiten percibir su entorno y detectar obstáculos, objetos, personas y otros elementos relevantes.

Navegación autónoma: Estos robots pueden navegar de forma autónoma en entornos desconocidos, planificar rutas y evitar obstáculos de manera segura. Esto es especialmente útil en aplicaciones de logística, transporte y robótica móvil.

Manipulación y actuación: Algunos robots autónomos están equipados con brazos robóticos y manipuladores que les permiten realizar tareas de manipulación y montaje de manera autónoma. Esto es esencial en aplicaciones de fabricación y ensamblaje.

Aplicaciones diversas: Los robots autónomos se utilizan en una amplia gama de aplicaciones, como la agricultura, la logística, la exploración espacial, la atención médica, la vigilancia y la inspección de infraestructuras, entre otros.

Robótica de servicio: En entornos de atención al cliente y servicios, los robots autónomos se utilizan para tareas como entrega de alimentos y mercancías, limpieza de espacios comerciales y asistencia en hospitales y residencias de ancianos.

Robots aéreos y submarinos: La robótica autónoma también se aplica en vehículos aéreos no tripulados (drones) y robots submarinos, que se utilizan en aplicaciones de mapeo, exploración y vigilancia en entornos difíciles de alcanzar.

Autonomía en la toma de decisiones: Los robots autónomos son capaces de tomar decisiones basadas en datos y objetivos predefinidos, lo que les permite adaptarse a situaciones imprevistas y cumplir con sus tareas de manera eficiente.

La robótica autónoma tiene un gran potencial para transformar una amplia variedad de industrias al mejorar la eficiencia, la seguridad y la productividad en una variedad de aplicaciones. A medida que continúan los avances en esta área, es probable que veamos un aumento en la adopción de robots autónomos en entornos industriales y cotidianos.

Innovaciones:

IA y aprendizaje profundo: Los avances en inteligencia artificial, aprendizaje profundo y procesamiento de lenguaje natural están impulsando la capacidad de los robots para comprender y responder al lenguaje humano y al entorno.

Los avances en inteligencia artificial (IA), aprendizaje profundo y procesamiento de lenguaje natural (PLN) están desempeñando un papel fundamental en el desarrollo de la capacidad de los robots para comprender y responder al lenguaje humano y al entorno de manera más sofisticada. Estas tecnologías han impulsado mejoras significativas en la interacción entre humanos y robots, lo que ha llevado a aplicaciones más avanzadas en diversas industrias. Aquí hay algunos aspectos clave:

Procesamiento de lenguaje natural (PLN): El PLN permite a los robots comprender y procesar el lenguaje humano de manera efectiva. Esto se aplica a la comprensión del habla, la escritura y la interpretación del significado detrás de las palabras. Los asistentes de voz y chatbots son ejemplos de cómo se utiliza el PLN para la interacción humano-robot.

Aprendizaje profundo: El aprendizaje profundo, una subdisciplina del aprendizaje automático, ha mejorado la capacidad de los robots para aprender y adaptarse a partir de grandes conjuntos de datos. Esto es esencial para el reconocimiento de patrones, la visión por computadora y la toma de decisiones basadas en datos.

Visión por computadora: Los robots están equipados con cámaras y sistemas de visión por computadora que les permiten "ver" su entorno y reconocer objetos, personas y gestos. Esto es fundamental en aplicaciones de robótica autónoma y navegación.

Interacción social: Los avances en IA y PLN han permitido a los robots mejorar su capacidad para interactuar de manera más natural con las personas. Esto es importante en aplicaciones de asistencia al cliente, educación y atención médica, donde la comunicación fluida es esencial.

Robótica colaborativa: Los robots colaborativos, como los cobots, pueden utilizar IA y aprendizaje profundo para colaborar de manera segura y efectiva con los trabajadores humanos en entornos de producción y fabricación.

Automatización avanzada: Los robots pueden realizar tareas de manera más autónoma y eficiente gracias a los algoritmos de aprendizaje automático y las redes neuronales profundas. Esto tiene aplicaciones en la industria manufacturera, la logística y la atención médica, entre otros sectores.

Personalización: La IA permite a los robots personalizar sus respuestas y acciones en función de las preferencias y necesidades de los usuarios. Esto se aplica en asistentes virtuales, robots de atención al cliente y sistemas de recomendación.

Detección de emociones: Los robots pueden utilizar IA para detectar y responder a las emociones humanas. Esto es útil en aplicaciones que involucran interacciones emocionales, como terapia asistida por robots o cuidado de personas mayores.

Aplicaciones autónomas: Los avances en estas tecnologías permiten a los robots realizar tareas autónomas más complejas, como la conducción autónoma de vehículos o la navegación en entornos no estructurados.

Los avances en IA, aprendizaje profundo y PLN están transformando la forma en que interactuamos y colaboramos con los robots en una amplia gama de aplicaciones. A medida que estas tecnologías continúan desarrollándose, es probable que veamos una mayor integración de robots en nuestra vida cotidiana y en diversos entornos de trabajo.

Robótica blanda: La robótica blanda utiliza materiales flexibles y elastómeros para crear robots que pueden adaptarse a entornos complejos y realizar tareas delicadas.

La robótica blanda es un campo de la robótica que se centra en el diseño y la fabricación de robots utilizando materiales flexibles y elastómeros en lugar de los materiales rígidos tradicionalmente asociados con la robótica convencional. Estos robots blandos son conocidos por su capacidad para adaptarse a entornos complejos y realizar tareas delicadas. Aquí hay algunos aspectos clave de la robótica blanda:

Materiales flexibles: Los robots blandos utilizan materiales como silicona, caucho y elastómeros que les permiten doblarse, estirarse y deformarse. Esto los hace ideales para entornos donde se requiere flexibilidad, como en la manipulación de objetos frágiles o en entornos estrechos y confinados.

Robots bioinspirados: La robótica blanda a menudo se inspira en la biología, imitando la flexibilidad y la adaptabilidad de organismos vivos. Esto ha llevado al desarrollo de robots que se asemejan a animales como pulpos, serpientes o insectos, lo que los hace adecuados para una variedad de aplicaciones, como la exploración de entornos difíciles.

Manipulación delicada: Los robots blandos son adecuados para tareas de manipulación delicada, como la recolección de frutas, la cirugía asistida por robots y la manipulación de objetos frágiles en la fabricación.

Aplicaciones médicas: Los robots blandos se utilizan en aplicaciones médicas para realizar cirugías mínimamente invasivas y tareas de diagnóstico, aprovechando su capacidad para adaptarse a estructuras biológicas.

Robótica de asistencia: Estos robots se utilizan en dispositivos de asistencia, como exoesqueletos blandos para la rehabilitación y la asistencia en la movilidad. Su flexibilidad los hace cómodos de usar y seguros en entornos de atención médica y rehabilitación.

Exploración y búsqueda: La robótica blanda es útil en aplicaciones de exploración y búsqueda en entornos desconocidos, como la exploración submarina, la búsqueda y rescate en zonas de desastre y la inspección de estructuras.

Ahorro de espacio y peso: Los robots blandos a menudo son más ligeros y compactos que sus contrapartes rígidas, lo que los hace ideales para aplicaciones donde se requiere una huella pequeña y un peso reducido.

Manipulación segura: La flexibilidad y la capacidad de deformación de los robots blandos los hacen seguros para interactuar con humanos, lo que los convierte en una opción adecuada para aplicaciones de colaboración hombre-robot.

La robótica blanda representa un enfoque innovador en el diseño de robots que se adapten a entornos desafiantes y realicen tareas que serían difíciles o imposibles para los robots rígidos convencionales. A medida que esta tecnología continúa desarrollándose, es probable que veamos una amplia gama de aplicaciones en la industria, la medicina y la investigación, entre otros campos.

Robots voladores: Los drones y robots voladores están siendo utilizados en diversas aplicaciones, desde la entrega de paquetes hasta la vigilancia y la cartografía.

Los robots voladores, que incluyen drones y otros tipos de aeronaves no tripuladas, están desempeñando un papel cada vez más importante en diversas aplicaciones debido a su capacidad para acceder a lugares de difícil acceso y realizar tareas diversas en el aire. Aquí hay algunas de las aplicaciones más destacadas de los robots voladores:

Entrega de paquetes: Empresas de logística y comercio electrónico están utilizando drones para la entrega de paquetes. Estos robots voladores pueden llevar mercancías a ubicaciones remotas o de difícil acceso de manera eficiente y rápida.

Vigilancia y seguridad: Los drones se utilizan para la vigilancia en áreas de interés, como fronteras, eventos deportivos, manifestaciones y situaciones de desastre. También se emplean para patrullar áreas de difícil acceso.

Fotografía y videografía: Los drones son populares entre los fotógrafos y cineastas para la captura de imágenes aéreas y tomas de video espectaculares. También se utilizan en la inspección de infraestructuras y propiedades.

Agricultura de precisión: Los drones se emplean en la agricultura para realizar mapeo y análisis de cultivos, lo que permite a los agricultores optimizar la gestión de sus campos y recursos.

Búsqueda y rescate: Los drones son fundamentales en operaciones de búsqueda y rescate, ya que pueden cubrir grandes áreas rápidamente y proporcionar información en tiempo real a los equipos de rescate.

Cartografía y topografía: Los robots voladores se utilizan para la cartografía y la topografía, lo que incluye la creación de mapas en 3D de áreas geográficas y la monitorización de cambios en el terreno.

Monitoreo ambiental: Los drones se emplean para el monitoreo del medio ambiente, incluida la vigilancia de la vida silvestre, la detección de incendios forestales y la medición de la calidad del aire y el agua.

Investigación científica: Los drones son herramientas valiosas en la investigación científica para la recopilación de datos en áreas remotas o peligrosas. Se utilizan en campos como la oceanografía, la geología y la biología.

Transporte de órganos: En la atención médica, los drones se han utilizado para el transporte de órganos para trasplantes, ya que pueden entregarlos de manera rápida y segura.

Entretenimiento: Los drones se utilizan en espectáculos de entretenimiento y exhibiciones de luces, creando coreografías aéreas impresionantes con luces y movimientos coordinados.

La versatilidad y la capacidad de vuelo de los robots voladores han abierto numerosas oportunidades en una variedad de campos, desde la logística y la seguridad hasta la investigación y el entretenimiento. A medida que la tecnología continúa avanzando, es probable que veamos un aumento en las aplicaciones de los robots voladores en el futuro.

Robots autónomos en agricultura: Los robots autónomos están revolucionando la agricultura al permitir la automatización de tareas como la siembra, la cosecha y el monitoreo de cultivos.

Los robots autónomos están teniendo un impacto significativo en la agricultura al revolucionar la forma en que se gestionan las operaciones agrícolas. Estos robots pueden automatizar una variedad de tareas, lo que aumenta la eficiencia y la productividad en la industria agrícola. Aquí hay algunas de las formas en que los robots autónomos están transformando la agricultura:

Siembra y plantación: Los robots autónomos pueden realizar la siembra y la plantación de cultivos de manera precisa y eficiente. Utilizan sistemas de navegación y sensores para asegurarse de que las semillas se coloquen a la profundidad y la distancia correctas en el suelo.

Cosecha: Los robots cosechadores autónomos son capaces de recolectar cultivos de manera eficiente y precisa. Estos robots pueden ser programados para cosechar diferentes tipos de cultivos, como frutas, verduras y cereales.

Monitoreo de cultivos: Los drones y vehículos autónomos equipados con sensores son utilizados para el monitoreo de cultivos. Pueden realizar inspecciones aéreas y terrestres para evaluar la salud de las plantas, identificar enfermedades y detectar signos de estrés hídrico.

Riego automático: Los sistemas de riego autónomos utilizan sensores para medir la humedad del suelo y administrar agua de manera eficiente. Esto ayuda a conservar recursos hídricos y optimizar el crecimiento de los cultivos.

Control de malezas y plagas: Los robots autónomos pueden ser utilizados para identificar y eliminar malezas y plagas de manera selectiva, reduciendo la necesidad de pesticidas y herbicidas.

Recolección y clasificación: En la poscosecha, los robots autónomos se utilizan para la recolección y clasificación de productos agrícolas, como frutas y hortalizas, en almacenes y centros de distribución.

Desmalezado y labranza: Los robots autónomos pueden realizar tareas de labranza y desmalezado de manera precisa, lo que reduce la necesidad de maquinaria pesada y combustibles fósiles.

Seguimiento y gestión de flotas: Los sistemas de gestión de flotas autónomos permiten a los agricultores controlar y coordinar robots agrícolas de manera eficiente, lo que mejora la programación y el uso de recursos.

Agricultura de precisión: La automatización y el uso de datos recopilados por robots autónomos permiten la implementación de la agricultura de precisión, que se centra en la gestión precisa de recursos como fertilizantes, pesticidas y agua.

Reducción de mano de obra: La introducción de robots autónomos en la agricultura ayuda a abordar los desafíos relacionados con la escasez de mano de obra agrícola, ya que pueden llevar a cabo tareas que anteriormente requerían trabajadores humanos.

La adopción de robots autónomos en la agricultura está mejorando la eficiencia, la sostenibilidad y la rentabilidad de las operaciones agrícolas. A medida que la tecnología continúa avanzando, es probable que veamos una mayor automatización en la agricultura y una mayor integración de robots en la cadena de suministro de alimentos.

Bio-robótica: La bio-robótica combina la biología y la robótica para crear sistemas inspirados en la naturaleza, como robots con características animales o insectoides para misiones de exploración.

La bio-robótica es un campo interdisciplinario que combina la biología y la robótica para crear sistemas inspirados en la naturaleza. Los bio-robots a menudo imitan características, comportamientos y estructuras biológicas, como animales o insectos, para realizar una variedad de tareas. Algunos aspectos clave de la bio-robótica incluyen:

Diseño inspirado en la naturaleza: Los bio-robots se inspiran en la biología para su diseño. Esto puede incluir la creación de robots que imitan la forma o el comportamiento de animales, insectos o incluso sistemas biológicos a nivel celular.

Exploración y misiones de campo: Los bio-robots se utilizan en misiones de exploración en entornos difíciles de alcanzar o peligrosos. Por ejemplo, se han desarrollado robots inspirados en insectos para explorar áreas de desastre, como edificios derrumbados, o para la observación de vida silvestre en su hábitat natural.

Robots blandos: La bio-robótica a veces utiliza materiales flexibles y elastómeros para imitar la movilidad y la adaptabilidad de organismos vivos. Esto es particularmente útil en aplicaciones de búsqueda y rescate y exploración en entornos naturales.

Interacción con el entorno: Los bio-robots están diseñados para interactuar con su entorno de manera eficiente y adaptarse a situaciones cambiantes. Pueden utilizar sensores y sistemas de navegación inspirados en la biología.

Robótica biomédica: La bio-robótica se utiliza en aplicaciones médicas para la creación de prótesis y dispositivos médicos inspirados en la biología. Esto incluye exoesqueletos y sistemas de rehabilitación.

Robots de asistencia: Los bio-robots a veces se utilizan en aplicaciones de asistencia para personas con discapacidades, como robots de compañía o dispositivos de apoyo a la movilidad.

Educación y estudio de la biología: Los bio-robots se utilizan en entornos educativos y de investigación para estudiar y comprender mejor los principios de la biología y la robótica. Pueden ayudar a ilustrar conceptos y procesos biológicos.

Colaboración con la naturaleza: Los bio-robots pueden colaborar con organismos vivos en aplicaciones como la polinización de cultivos por robots abeja o el monitoreo de la vida silvestre.

La bio-robótica ofrece una forma innovadora de abordar desafíos en campos como la exploración, la medicina y la asistencia. Al imitar la biología y la naturaleza, estos robots pueden ofrecer soluciones eficientes y adaptativas en una variedad de situaciones y entornos.

Desafíos:

Ética y seguridad: Con la creciente autonomía de los robots, surgen preocupaciones éticas y de seguridad, como la privacidad, la toma de decisiones autónomas y la posibilidad de mal uso de la tecnología.

El crecimiento de la robótica y la autonomía de los robots ha planteado una serie de preocupaciones éticas y de seguridad que requieren una atención cuidadosa. A medida que los robots se vuelven más autónomos y se integran en una variedad de aplicaciones, es importante abordar estos problemas para garantizar un uso responsable y seguro de la tecnología. Algunas de las principales preocupaciones éticas y de seguridad en el campo de la robótica incluyen:

Privacidad: La recopilación y el uso de datos por parte de robots autónomos pueden plantear preocupaciones de privacidad. Por ejemplo, los drones utilizados para la vigilancia pueden capturar imágenes y videos en áreas públicas y privadas, lo que plantea cuestiones sobre la protección de la privacidad de las personas.

Toma de decisiones autónomas: La capacidad de los robots para tomar decisiones autónomas plantea preguntas éticas sobre la responsabilidad en caso de decisiones erróneas o acciones perjudiciales. Esto es especialmente relevante en aplicaciones como vehículos autónomos, donde las decisiones de un robot pueden tener consecuencias de vida o muerte.

Mal uso de la tecnología: La tecnología robótica también puede ser mal utilizada con fines perjudiciales, como la creación de robots con capacidades ofensivas o la invasión de la privacidad. Esto resalta la necesidad de regulaciones y políticas adecuadas para controlar el uso de la tecnología robótica.

Desempleo: La automatización y la robótica pueden llevar a la eliminación de empleos en ciertas industrias, lo que plantea preocupaciones éticas sobre el impacto en los trabajadores y la necesidad de reentrenamiento y transición laboral.

Discriminación algorítmica: Los algoritmos utilizados en robots y sistemas autónomos pueden introducir sesgos y discriminación en las decisiones. Esto se ha observado en áreas como el reclutamiento y la concesión de créditos, donde los algoritmos pueden basarse en datos históricos sesgados.

Responsabilidad legal: Determinar quién es responsable en caso de un accidente o daño causado por un robot autónomo plantea desafíos legales y éticos. Esto es especialmente relevante en aplicaciones como la conducción autónoma.

Ética de la inteligencia artificial: Las decisiones tomadas por robots y sistemas de inteligencia artificial pueden plantear dilemas éticos, como la elección entre la vida de un conductor y la de un peatón en un accidente de tráfico, conocido como el "dilema del coche autónomo".

Seguridad cibernética: Los robots y sistemas autónomos pueden ser vulnerables a ataques cibernéticos que podrían tener consecuencias graves. La seguridad cibernética es una preocupación crítica para garantizar que los robots no sean hackeados o utilizados de manera maliciosa.

Para abordar estas preocupaciones, es importante que la sociedad, los fabricantes, los reguladores y los expertos en ética colaboren para desarrollar marcos éticos, regulaciones y estándares que guíen el desarrollo y la implementación de la robótica y la inteligencia artificial. La ética y la seguridad deben ser consideraciones fundamentales en el diseño y la implementación de robots autónomos para garantizar un uso beneficioso y responsable de esta tecnología en evolución.

Desplazamiento laboral: La automatización robótica puede reemplazar ciertos trabajos, lo que plantea desafíos en términos de desempleo y la necesidad de reentrenamiento laboral.

El desplazamiento laboral debido a la automatización robótica es una preocupación importante en la actualidad, ya que la adopción de robots y sistemas autónomos en diversas industrias puede tener un impacto significativo en el empleo. Algunos aspectos clave relacionados con el desplazamiento laboral incluyen:

Eliminación de empleos: La automatización robótica puede reemplazar trabajadores en tareas repetitivas y rutinarias en industrias como la manufactura, la logística y la atención al cliente. Esto puede llevar a la eliminación de ciertos empleos, lo que genera inquietudes sobre el desempleo.

Reentrenamiento laboral: Para abordar el desplazamiento laboral, es fundamental ofrecer programas de reentrenamiento y educación para los trabajadores afectados. Esto les permite adquirir habilidades actualizadas y facilita la transición a nuevos roles en industrias en crecimiento.

Transformación de trabajos: La automatización no necesariamente significa la eliminación total de empleos, sino una transformación de las funciones laborales. Algunos trabajadores pueden cambiar a roles que involucran la supervisión y el mantenimiento de robots y sistemas autónomos.

Cambio en la demanda de habilidades: La automatización está impulsando una mayor demanda de habilidades relacionadas con la tecnología, como programación, mantenimiento de robots y análisis de datos. Los trabajadores que adquieren estas habilidades pueden beneficiarse de las oportunidades laborales en crecimiento.

Nuevas oportunidades de empleo: A medida que la tecnología avanza, también crea nuevas oportunidades de empleo en campos relacionados con la robótica y la inteligencia artificial. Esto incluye trabajos en investigación y desarrollo, diseño de sistemas robóticos y asistencia en la implementación de tecnología autónoma.

Impacto en la economía: El desplazamiento laboral puede tener un impacto en la economía en general, ya que puede llevar a una disminución del poder adquisitivo de los consumidores. Esto a su vez puede afectar a las empresas y la demanda de productos y servicios.

Desigualdades sociales: El impacto de la automatización no afecta a todos por igual. Puede exacerbar las desigualdades económicas si no se implementan políticas adecuadas para abordar el desplazamiento laboral y brindar oportunidades de capacitación y empleo.

Necesidad de adaptación: Las empresas y los gobiernos deben adaptarse a la automatización robótica y sus implicaciones en el mercado laboral. Esto implica la creación de políticas y programas que fomenten la adaptación y el crecimiento económico sostenible.

En última instancia, el desplazamiento laboral debido a la automatización robótica es un desafío que debe abordarse con una combinación de políticas, inversión en educación y formación, y adaptación a las cambiantes demandas del mercado laboral. Si se gestiona adecuadamente, la tecnología robótica puede aumentar la eficiencia y liberar a los trabajadores de tareas repetitivas, permitiéndoles asumir roles más creativos y estratégicos.

Regulación: La rápida evolución de la robótica plantea desafíos regulatorios para garantizar su uso seguro y responsable.

La rápida evolución de la robótica plantea desafíos regulatorios significativos para garantizar que su uso sea seguro y responsable. La regulación de la robótica es fundamental para proteger la seguridad de las personas, la privacidad y los derechos, y para establecer estándares éticos en el desarrollo y la implementación de robots y sistemas autónomos. Algunos de los desafíos regulatorios clave en el campo de la robótica incluyen:

Seguridad y normativas técnicas: La robótica debe cumplir con normas y regulaciones de seguridad que garanticen su funcionamiento sin poner en riesgo a las personas y al entorno. Esto incluye la seguridad en el diseño y la fabricación de robots y sistemas autónomos.

Conducción autónoma: Los vehículos autónomos, como los coches autónomos, requieren regulaciones específicas para garantizar su seguridad en las carreteras y determinar la responsabilidad en caso de accidentes.

Privacidad y protección de datos: La recopilación y el uso de datos por parte de robots y sistemas autónomos plantea cuestiones de privacidad. Se necesitan regulaciones para proteger los datos personales y garantizar el consentimiento informado.

Ética en la inteligencia artificial: La regulación debe abordar cuestiones éticas en la toma de decisiones autónomas por parte de robots y sistemas de inteligencia artificial. Esto incluye la necesidad de establecer estándares éticos en aplicaciones como la atención médica, la justicia y la atención al cliente.

Responsabilidad legal: Determinar la responsabilidad legal en caso de accidentes o daños causados por robots autónomos plantea desafíos legales. Las regulaciones deben definir la responsabilidad en situaciones de uso compartido entre humanos y robots.

Ciberseguridad: La seguridad cibernética es fundamental para evitar ataques y la manipulación maliciosa de robots y sistemas autónomos. Las regulaciones deben abordar las mejores prácticas en seguridad cibernética.

Normativas en la atención médica: Los robots en la atención médica deben cumplir con regulaciones estrictas para garantizar la seguridad de los pacientes y la eficacia de los dispositivos médicos.

Regulación en la educación: La incorporación de robots en entornos educativos plantea cuestiones sobre la seguridad y la privacidad de los estudiantes. Las regulaciones deben abordar estas preocupaciones.

Normativas internacionales: La robótica es un campo global, y las regulaciones deben ser coherentes en todo el mundo para garantizar la interoperabilidad y la seguridad en aplicaciones transfronterizas.

Innovación y desarrollo responsable: Las regulaciones deben equilibrar la innovación con la responsabilidad. Deben fomentar el desarrollo de tecnología robótica avanzada al tiempo que garantizan su uso ético y seguro.

El desarrollo de regulaciones efectivas en el campo de la robótica requiere la colaboración entre gobiernos, industria, expertos en ética y sociedad en general. Las regulaciones deben ser adaptables para abordar el rápido avance tecnológico y los desafíos emergentes en el uso de robots y sistemas autónomos. Además, es fundamental mantener un diálogo constante entre todas las partes interesadas para garantizar un equilibrio adecuado entre la innovación y la seguridad.

Oportunidades:

Innovación empresarial: La robótica presenta oportunidades para empresas que buscan mejorar la eficiencia y la productividad en la fabricación, la logística y otros sectores.

La robótica presenta una serie de oportunidades significativas para la innovación empresarial en una amplia gama de sectores. Las empresas que adoptan la robótica pueden beneficiarse de mejoras en la eficiencia, la productividad, la calidad y la capacidad de adaptación a entornos cambiantes. Aquí hay algunas formas en que la robótica impulsa la innovación empresarial:

Automatización de procesos: La robótica permite la automatización de tareas y procesos repetitivos en la fabricación, la logística y otras áreas. Esto puede aumentar la eficiencia y reducir los costos laborales.

Aumento de la productividad: Los robots pueden trabajar de manera continua sin fatiga, lo que aumenta la productividad y la capacidad de producción. Esto es particularmente beneficioso en la fabricación y la producción en serie.

Calidad y consistencia: Los robots pueden realizar tareas con una precisión y consistencia excepcionales, lo que reduce los errores humanos y mejora la calidad de los productos y servicios.

Flexibilidad: Los robots colaborativos (cobots) pueden trabajar junto a los empleados humanos, lo que permite una mayor flexibilidad en la adaptación a cambios en la demanda o en la producción personalizada.

Reducción de riesgos laborales: La automatización de tareas peligrosas o repetitivas puede mejorar la seguridad laboral y reducir el riesgo de lesiones.

Eficiencia energética: Algunos robots y sistemas autónomos están diseñados para ser eficientes en cuanto al consumo de energía, lo que puede llevar a ahorros significativos en los costos operativos.

Desarrollo de productos: La robótica también se utiliza en el desarrollo y la prueba de nuevos productos, acelerando el tiempo de comercialización y mejorando la calidad.

Mejora de la atención al cliente: En sectores como el comercio minorista y la hospitalidad, los robots pueden brindar una mejor atención al cliente a través de la automatización de tareas de servicio al cliente y el uso de asistentes robóticos.

Análisis de datos y toma de decisiones: Los robots pueden recopilar y analizar datos en tiempo real, lo que permite a las empresas tomar decisiones más informadas y estratégicas.

Optimización de la cadena de suministro: Los robots se utilizan en la logística y la gestión de la cadena de suministro para automatizar tareas de manipulación, empaquetado y distribución.

Personalización y fabricación bajo demanda: La robótica facilita la personalización y la fabricación bajo demanda, lo que permite a las empresas adaptarse a las preferencias cambiantes de los consumidores.

Competitividad en el mercado global: Las empresas que adoptan la robótica pueden mejorar su competitividad en el mercado global al aumentar la eficiencia y la calidad de sus productos y servicios.

Innovación continua: La adopción de la robótica fomenta la innovación continua en la empresa, lo que puede conducir a la creación de nuevos productos y servicios.

En resumen, la robótica ofrece a las empresas la oportunidad de innovar en múltiples áreas, desde la automatización de procesos hasta la mejora de la atención al cliente y la optimización de la cadena de suministro. Aquellas empresas que adoptan y aprovechan la robótica pueden ganar una ventaja competitiva en un mercado cada vez más dinámico y tecnológico.

Educación y formación: La demanda de profesionales de robótica y programadores de robots está en aumento, lo que crea oportunidades en la educación y la formación.

La creciente demanda de profesionales en el campo de la robótica y la programación de robots está creando oportunidades significativas en el ámbito de la educación y la formación. Estas oportunidades no solo se aplican a estudiantes que desean ingresar en carreras relacionadas con la robótica, sino también a profesionales que buscan adquirir nuevas habilidades y mantenerse al día con las últimas tendencias tecnológicas. Algunos aspectos clave de la educación y la formación en robótica incluyen:

Programas académicos: Universidades e instituciones educativas ofrecen programas académicos en robótica, ingeniería de robótica, ciencia de datos y programación. Estos programas brindan a los estudiantes una base sólida en teoría y práctica robótica.

Formación en línea: La formación en línea y los cursos masivos en línea abiertos (MOOC) permiten a las personas de todo el mundo acceder a recursos educativos sobre robótica. Plataformas como Coursera, edX y Udacity ofrecen cursos de alta calidad.

Certificaciones y capacitación en el trabajo: Muchas organizaciones ofrecen programas de certificación y capacitación en el trabajo para profesionales que desean adquirir habilidades específicas en robótica y programación de robots. Estos programas pueden incluir capacitación en fabricantes de robots específicos.

Programas de robótica en escuelas: Las escuelas y las instituciones educativas de nivel secundario están incorporando programas de robótica en sus planes de estudios para inspirar a los estudiantes desde temprana edad. Esto fomenta el interés en la robótica y promueve la formación en habilidades tecnológicas.

Laboratorios y espacios de makerspace: Los laboratorios de robótica y los espacios de makerspace ofrecen un entorno práctico donde los estudiantes y entusiastas pueden aprender y experimentar con robots y tecnología relacionada.

Cursos en línea de programación de robots: La programación de robots es una habilidad clave en el campo de la robótica. Los cursos en línea y tutoriales están disponibles para aprender lenguajes de programación específicos para robots, como ROS (Robot Operating System) y Python.

Eventos y competencias: Las competencias de robótica y eventos como la First Robotics Competition (FRC) brindan a estudiantes la oportunidad de aplicar sus conocimientos y habilidades en desafíos prácticos.

Asociaciones profesionales: Las asociaciones profesionales, como la Robotic Industries Association (RIA) y la Association for Advancing Automation (A3), ofrecen recursos educativos y oportunidades de networking para profesionales en el campo de la robótica.

Programas de reentrenamiento: Los profesionales que buscan cambiar de carrera o adquirir habilidades adicionales pueden participar en programas de reentrenamiento en robótica y tecnología relacionada.

La educación y la formación en robótica desempeñan un papel fundamental en la preparación de la fuerza laboral del futuro y en la promoción de la innovación en este campo. A medida que la robótica continúa siendo una parte integral de diversas industrias, la demanda de profesionales con experiencia en robótica y programación de robots seguirá aumentando, lo que subraya la importancia de la educación y la formación en esta área.

Aplicaciones de atención médica: La robótica en la atención médica ofrece oportunidades para mejorar la precisión y la calidad de la atención, así como para desarrollar dispositivos médicos innovadores.

La robótica en la atención médica ofrece una serie de aplicaciones que pueden mejorar la precisión y la calidad de la atención, así como impulsar la innovación en dispositivos médicos. Algunas de las aplicaciones clave de la robótica en la atención médica incluyen:

Cirugía asistida por robot: Los sistemas quirúrgicos robóticos, como el sistema Da Vinci, permiten a los cirujanos realizar procedimientos quirúrgicos con mayor precisión y control. Esto puede resultar en incisiones más pequeñas, tiempos de recuperación más cortos y menos complicaciones.

Rehabilitación robótica: Los dispositivos de rehabilitación robótica, como exoesqueletos y sistemas de terapia robótica, ayudan en la recuperación de pacientes con lesiones neuromusculares o discapacidades, mejorando la movilidad y la fuerza.

Telemedicina y telecirugía: La telemedicina utiliza robots y tecnología para permitir la consulta médica y la realización de cirugías a distancia. Esto es especialmente valioso en áreas remotas o en situaciones de emergencia.

Distribución de medicamentos y logística hospitalaria: Los robots pueden automatizar la distribución de medicamentos en hospitales, lo que reduce los errores y garantiza una gestión eficiente de los medicamentos.

Robots de asistencia en el cuidado: Los robots de asistencia médica pueden ayudar en la atención a pacientes, recordar la toma de medicamentos, proporcionar compañía y asistencia en tareas diarias.

Diagnóstico y análisis médicos: La robótica se utiliza en la automatización de análisis de laboratorio, escaneo y procesamiento de imágenes médicas, lo que mejora la precisión y la velocidad de los diagnósticos.

Robótica de atención a largo plazo: Los robots están siendo desarrollados para proporcionar atención a largo plazo a personas mayores o discapacitadas, lo que alivia la carga de los cuidadores y mejora la calidad de vida de los pacientes.

Robótica quirúrgica guiada por imagen: Los sistemas de robótica quirúrgica utilizan imágenes en tiempo real para guiar a los cirujanos durante los procedimientos, mejorando la precisión y reduciendo los riesgos.

Robótica de laboratorio: Los robots de laboratorio pueden automatizar tareas de investigación y análisis en entornos científicos y médicos, acelerando la investigación y el desarrollo de nuevos tratamientos y terapias.

Terapia con robots en neurorehabilitación: Los robots se utilizan en la terapia de pacientes con trastornos neurológicos, como accidentes cerebrovasculares o lesiones en la médula espinal, para mejorar la recuperación y la funcionalidad.

La robótica en la atención médica no solo mejora la precisión y la eficiencia de los procedimientos médicos, sino que también puede ampliar el acceso a la atención de calidad en áreas rurales o remotas. Además, impulsa la innovación en dispositivos médicos y tecnologías de diagnóstico, lo que beneficia a los pacientes y a los profesionales de la salud. A medida que la robótica continúa evolucionando, es probable que siga desempeñando un papel crucial en el avance de la atención médica.

Robótica de servicios: La robótica de servicio puede ser utilizada en una variedad de industrias, incluyendo la hospitalidad, la restauración y la atención al cliente.

La robótica de servicio, también conocida como robots de servicio, se utiliza en diversas industrias para mejorar la eficiencia, la comodidad y la atención al cliente. A continuación, se describen algunas de las aplicaciones de la robótica de servicio en diferentes sectores:

Hospitalidad: En la industria hotelera, los robots pueden ser utilizados para la entrega de toallas y artículos de aseo, la limpieza de habitaciones, la asistencia en la recepción y la guía de los huéspedes. Estos robots pueden proporcionar un alto nivel de comodidad a los visitantes.

Restauración: En restaurantes y cadenas de comida rápida, los robots pueden desempeñar funciones como tomar pedidos, servir comida y bebidas, y realizar tareas de limpieza. Esto puede agilizar el proceso de servicio y reducir la carga de trabajo del personal.

Atención al cliente: Los robots de servicio se utilizan en tiendas minoristas y centros comerciales para proporcionar información a los clientes, ayudar en la búsqueda de productos y llevar a cabo tareas de inventario. También se utilizan en aeropuertos para proporcionar direcciones y ayudar a los viajeros.

Transporte autónomo: En la industria del transporte, se están desarrollando robots autónomos para realizar entregas en entornos como aeropuertos, hospitales y almacenes. Estos robots pueden transportar mercancías y realizar tareas de transporte de manera eficiente.

Limpieza y mantenimiento: Los robots de limpieza autónomos, como los aspiradores robóticos, se utilizan en hogares, oficinas, hoteles y hospitales para mantener los espacios limpios. También se utilizan en entornos industriales para tareas de limpieza.

Seguridad y vigilancia: Los robots de seguridad autónomos patrullan áreas comerciales y pueden detectar actividad sospechosa o proporcionar video vigilancia. Esto es especialmente útil en la seguridad de centros comerciales y propiedades privadas.

Educación: Los robots de servicio se utilizan en entornos educativos para ayudar en la enseñanza y el aprendizaje. Pueden proporcionar asistencia en el aula y interactuar con los estudiantes.

Atención médica: En hospitales y centros de atención médica, los robots de servicio pueden entregar medicamentos, llevar registros y proporcionar compañía a pacientes. También se utilizan en terapia de rehabilitación y cuidado a largo plazo.

Bancos y servicios financieros: Los robots se utilizan en sucursales bancarias y cajeros automáticos para proporcionar información sobre productos y servicios financieros. También pueden realizar tareas de procesamiento de cheques y efectivo.

Entretenimiento y atracciones: En parques temáticos y centros de entretenimiento, los robots de servicio pueden proporcionar entretenimiento interactivo a los visitantes, desde robots camareros hasta personajes de entretenimiento.

La robótica de servicio está transformando la forma en que las empresas interactúan con los clientes y realizan tareas operativas. Estos robots no solo aumentan la eficiencia, sino que también pueden proporcionar experiencias únicas y atractivas a los consumidores en diversas industrias. A medida que la tecnología robótica avanza, es probable que veamos una mayor adopción de robots de servicio en diferentes sectores.

30.Robótica evolutiva: aplicación de algoritmos genéticos y otras técnicas de computación evolutiva para el diseño y la adaptación de robots.

La robótica evolutiva es un campo de la robótica que se basa en la aplicación de algoritmos genéticos y otras técnicas de computación evolutiva para el diseño, la adaptación y la optimización de robots. Esta disciplina se inspira en la teoría de la evolución de Charles Darwin y utiliza conceptos evolutivos para mejorar la funcionalidad y el rendimiento de robots en diversas tareas.

Aquí hay algunas áreas clave en las que se aplica la robótica evolutiva:

Diseño de robots: En lugar de diseñar robots de manera convencional, los investigadores utilizan algoritmos genéticos para generar diseños de robots de forma automática. Estos algoritmos pueden crear estructuras físicas y sistemas de control que son eficientes y adecuados para tareas específicas.

El diseño de robots utilizando algoritmos genéticos es una rama emocionante de la robótica y la inteligencia artificial. Estos algoritmos permiten generar diseños de robots de manera automática y evolutiva, lo que significa que los robots se diseñan y adaptan a sus tareas de manera más eficiente y efectiva. A continuación, se explican los conceptos clave del diseño de robots mediante algoritmos genéticos:

Optimización evolutiva: Los algoritmos genéticos se inspiran en la teoría de la evolución y la selección natural. Se inicia con una población de posibles diseños de robots, que se someten a procesos de "selección" y "cruce" para crear una nueva generación de diseños. Con el tiempo, los diseños evolucionan y se adaptan a sus tareas de manera más eficiente.

Codificación genética: Cada diseño de robot se representa mediante un conjunto de genes que codifican su estructura física, su sistema de control y otros parámetros. Estos genes son manipulados y combinados en el proceso evolutivo.

Selección y evaluación: Se evalúa el desempeño de cada diseño de robot en función de criterios específicos, como la eficiencia en el desempeño de tareas, la velocidad o la resistencia. Los diseños con mejor desempeño tienen más probabilidades de ser seleccionados y reproducidos.

Cruce y mutación: Los algoritmos genéticos introducen variación genética en la población a través del cruce (combinación de genes de dos diseños) y la mutación (cambio aleatorio en los genes). Esto permite la exploración de nuevas posibilidades de diseño.

Iteración: El proceso de selección, cruce y mutación se repite durante múltiples generaciones hasta que se obtenga un diseño de robot que cumpla con los requisitos deseados.

Aplicaciones personalizadas: Estos algoritmos pueden generar robots con diseños específicos para tareas determinadas. Por ejemplo, un robot diseñado para explorar ambientes subacuáticos puede diferir en su estructura de uno diseñado para volar o para caminar en terrenos difíciles.

Aprendizaje automático: La combinación de algoritmos genéticos con técnicas de aprendizaje automático permite a los robots "aprender" a realizar tareas de manera más eficiente a lo largo del tiempo.

Robots flexibles y adaptables: Los robots diseñados mediante algoritmos genéticos son flexibles y adaptables, lo que los hace adecuados para una amplia gama de aplicaciones y entornos cambiantes.

Este enfoque de diseño de robots se utiliza en la creación de robots que son altamente especializados y eficientes en tareas específicas. También permite la creación de robots con diseños innovadores que pueden superar las limitaciones de los diseños tradicionales. En resumen, los algoritmos genéticos son una herramienta poderosa en la búsqueda de soluciones creativas y eficientes en el campo de la robótica.

Optimización de controladores: La robótica evolutiva se utiliza para optimizar los controladores de robots, es decir, los programas informáticos o algoritmos que permiten que un robot realice sus acciones. Los algoritmos evolutivos pueden ajustar los parámetros de estos controladores para mejorar el rendimiento del robot en una tarea dada.

La optimización de controladores a través de la robótica evolutiva es una técnica poderosa para mejorar el rendimiento de los robots en una amplia variedad de tareas. La robótica evolutiva se basa en principios de evolución y selección natural para ajustar y optimizar los controladores de robots. Aquí hay una descripción más detallada de cómo funciona:

Selección de población inicial: Se comienza con una población inicial de controladores. Estos controladores son programas informáticos que especifican cómo el robot debe comportarse en una tarea dada. La población inicial suele ser generada de manera aleatoria o mediante una estrategia específica.

Evaluación del rendimiento: Cada controlador de la población se evalúa en función de su capacidad para realizar la tarea específica. Esto puede implicar ejecutar simulaciones o pruebas en el mundo real. Se asigna a cada controlador una puntuación según su rendimiento en la tarea.

Selección: Los controladores con un mejor rendimiento, es decir, aquellos que obtienen una puntuación más alta en la tarea, tienen más probabilidades de ser seleccionados. La selección se realiza utilizando un proceso similar a la selección natural, donde los controladores más aptos tienen una mayor probabilidad de sobrevivir y reproducirse.

Cruce y mutación: Los controladores seleccionados se combinan y modifican para crear una nueva generación de controladores. Esto implica cruzar partes de los controladores seleccionados y realizar mutaciones aleatorias en los controladores para introducir variación genética en la población.

Iteración: Los pasos 2 a 4 se repiten durante múltiples generaciones. A medida que avanza el proceso, los controladores tienden a evolucionar y adaptarse mejor a la tarea, ya que los controladores con mejor rendimiento tienen más probabilidades de sobrevivir y contribuir a la siguiente generación.

Convergencia: Con el tiempo, la población tiende a converger hacia controladores que son altamente eficientes para la tarea dada. Estos controladores optimizados pueden ser implementados en el robot físico para mejorar su rendimiento en el mundo real.

Esta técnica se utiliza en una variedad de aplicaciones, desde la optimización de controladores para robots industriales hasta la mejora de algoritmos de navegación en robots autónomos. También es especialmente útil cuando el diseño de un controlador eficiente es complejo y difícil de lograr manualmente.

La robótica evolutiva aprovecha los principios de la evolución y la selección natural para encontrar soluciones óptimas en el diseño de controladores de robots, lo que la convierte en una herramienta valiosa para la optimización y mejora del rendimiento en aplicaciones robóticas diversas.

Aprendizaje y adaptación: Los robots diseñados mediante técnicas evolutivas pueden ser capaces de aprender y adaptarse a su entorno. Pueden utilizar algoritmos de aprendizaje automático para mejorar su desempeño a lo largo del tiempo en función de la retroalimentación recibida de su entorno.

Los robots diseñados mediante técnicas evolutivas pueden ser capaces de aprender y adaptarse a su entorno. Esto se logra mediante la combinación de algoritmos evolutivos con algoritmos de aprendizaje automático, lo que permite a los robots mejorar su desempeño a lo largo del tiempo en función de la retroalimentación recibida de su entorno. Aquí hay una descripción más detallada de cómo funciona el aprendizaje y la adaptación en robots diseñados de esta manera:

Algoritmos de control evolutivos: Como se mencionó anteriormente, se utiliza un algoritmo evolutivo para generar y optimizar el controlador del robot. Este controlador inicialmente se diseña utilizando principios de evolución y selección natural.

Retroalimentación y observación del entorno: El robot opera en su entorno y recopila datos a través de sensores, cámaras y otros dispositivos. Estos datos proporcionan información sobre el rendimiento del robot y su interacción con el entorno.

Aprendizaje automático: Los datos recopilados se utilizan para entrenar al robot a través de algoritmos de aprendizaje automático. Estos algoritmos pueden incluir técnicas de aprendizaje supervisado, no supervisado o de refuerzo, según el tipo de retroalimentación que se utilice.

Ajuste del controlador: El controlador del robot se ajusta a medida que el robot aprende. Este ajuste implica cambios en los parámetros del controlador o incluso la evolución de un nuevo controlador a través de algoritmos evolutivos. El objetivo es mejorar el desempeño del robot en función de la retroalimentación recibida.

Iteración continua: El proceso de recopilación de datos, aprendizaje y ajuste del controlador se repite continuamente. A medida que el robot acumula experiencia, su desempeño tiende a mejorar y adaptarse a su entorno específico.

Este enfoque permite a los robots aprender de manera autónoma y adaptarse a situaciones cambiantes. Pueden mejorar su rendimiento en tareas específicas con el tiempo y enfrentar desafíos inesperados. Esto es especialmente valioso en aplicaciones donde los entornos son dinámicos y las tareas pueden variar.

El aprendizaje y la adaptación en robots diseñados con técnicas evolutivas pueden llevar a sistemas robóticos altamente flexibles y capaces de abordar una amplia variedad de tareas en entornos variables. Estos robots son particularmente adecuados para aplicaciones donde la programación manual o el control fijo no son prácticos o efectivos.

Robótica autónoma: La robótica evolutiva es especialmente útil en la creación de robots autónomos que pueden tomar decisiones y resolver problemas en entornos cambiantes sin intervención humana constante.

La robótica evolutiva es, de hecho, especialmente útil en la creación de robots autónomos capaces de tomar decisiones y resolver problemas en entornos cambiantes sin requerir intervención humana constante. La autonomía en los robots se refiere a la capacidad de operar de manera independiente, tomar decisiones y adaptarse a entornos variables. Aquí se explican algunas de las razas en las que la robótica evolutiva se aplica a la creación de robots autónomos:

Robots autónomos de navegación: Estos robots pueden moverse de manera independiente en entornos desconocidos o cambiantes, como entornos exteriores o interiores. Utilizan sensores, sistemas de percepción y algoritmos de control para evitar obstáculos, trazar rutas y llegar a destinos específicos.

Robots de exploración y mapeo: Los robots autónomos de exploración pueden ser utilizados para explorar entornos desconocidos, como áreas submarinas, planetas o áreas de desastre. Utilizan sensores para mapear el entorno y recopilar datos valiosos.

Robots de búsqueda y rescate: En situaciones de desastre, los robots autónomos pueden buscar y localizar personas atrapadas o necesitadas de ayuda. Pueden operar en entornos peligrosos y de difícil acceso, como edificios colapsados o zonas de deslizamiento de tierra.

Robots de entrega y logística: En aplicaciones de logística y entrega, los robots autónomos pueden transportar mercancías y paquetes de un lugar a otro de manera eficiente. Algunos de estos robots son utilizados en almacenes y centros de distribución.

Robots de agricultura autónoma: Los robots se utilizan en la agricultura para tareas como la siembra, la cosecha y el monitoreo de cultivos. Pueden operar de manera autónoma en campos agrícolas y tomar decisiones basadas en datos recopilados.

Robots de inspección industrial: En entornos industriales, los robots autónomos pueden inspeccionar equipos y estructuras, identificar problemas y realizar tareas de mantenimiento. Pueden operar en condiciones peligrosas o inaccesibles para los trabajadores.

Vehículos autónomos: Los vehículos autónomos, como los autos sin conductor, son un ejemplo destacado de robots autónomos. Utilizan sensores y sistemas de navegación avanzados para conducir de manera segura y tomar decisiones en tiempo real.

La robótica evolutiva permite diseñar robots autónomos capaces de adaptarse a situaciones cambiantes y tomar decisiones en función de su entorno y las tareas que deben realizar. A medida que avanzan las investigaciones en esta área, es probable que veamos una mayor adopción de robots autónomos en una amplia gama de aplicaciones, desde la exploración espacial hasta la atención médica y la industria. Estos robots autónomos tienen el potencial de mejorar la eficiencia, la seguridad y la productividad en diversas industrias y entornos.

Optimización de movimientos y locomoción: Los algoritmos evolutivos pueden ser utilizados para optimizar la locomoción y los movimientos de los robots, permitiéndoles moverse de manera más eficiente y adaptarse a terrenos variados.

La optimización de movimientos y locomoción es un campo clave en la robótica, y los algoritmos evolutivos son una herramienta valiosa para mejorar la forma en que los robots se desplazan y se adaptan a entornos variados. Estos algoritmos se utilizan para optimizar la locomoción en robots, permitiéndoles moverse de manera más eficiente y adaptarse a terrenos cambiantes. Aquí se describen algunas de las aplicaciones y ejemplos de cómo se utilizan los algoritmos evolutivos en la optimización de movimientos y locomoción:

Locomoción en robots terrestres: Los algoritmos evolutivos se utilizan para optimizar la forma en que los robots terrestres se desplazan en diferentes terrenos, como caminar, correr, trepar o saltar. Los robots pueden aprender a ajustar sus movimientos y su postura para adaptarse a terrenos irregulares.

Robots voladores: Los algoritmos evolutivos se aplican a la optimización de movimientos en robots voladores, como drones y vehículos aéreos no tripulados. Estos robots pueden aprender a realizar maniobras más precisas y eficientes en el aire.

Locomoción submarina: En aplicaciones submarinas, los robots evolutivos pueden optimizar su capacidad de nadar y maniobrar en entornos acuáticos, lo que es crucial para la exploración submarina y la inspección de estructuras marinas.

Robots caminantes: Los robots caminantes, como los humanoides, pueden beneficiarse de algoritmos evolutivos para mejorar su capacidad de caminar de manera estable y eficiente en una variedad de superficies.

Robots trepadores: Los robots trepadores se utilizan en aplicaciones como la inspección de infraestructuras, y los algoritmos evolutivos pueden ayudar a optimizar su capacidad de trepar y navegar en estructuras verticales.

Robots de rescate: Los robots de rescate deben poder moverse de manera eficiente en entornos desafiantes, como escombros o terrenos accidentados. Los algoritmos evolutivos pueden ayudar a optimizar su locomoción para estas situaciones.

Robots cuadrúpedos y hexápodos: Los robots con patas cuadrúpedas o hexápodas pueden utilizar algoritmos evolutivos para mejorar su capacidad de correr, saltar o trepar en terrenos variados.

Robots subacuáticos: En entornos submarinos, los robots subacuáticos pueden aprender a navegar de manera eficiente y a realizar maniobras de acuerdo a la tarea específica, como la recolección de datos o la exploración marina.

Los algoritmos evolutivos permiten a los robots adaptar sus movimientos y locomoción en función de las condiciones cambiantes del entorno. Esto es esencial en aplicaciones de robótica donde los robots deben ser capaces de operar en terrenos desconocidos o en situaciones de emergencia. La optimización de la locomoción es fundamental para lograr un desempeño eficiente y seguro en una variedad de aplicaciones robóticas.

Robots de múltiples robots: La robótica evolutiva también se aplica en la coordinación y el comportamiento de múltiples robots que trabajan juntos en equipo, permitiendo la optimización de estrategias de colaboración.

Efectivamente, la robótica evolutiva se utiliza en la coordinación y el comportamiento de múltiples robots que trabajan en equipo. Esto permite la optimización de estrategias de colaboración en aplicaciones donde múltiples robots deben cooperar para lograr objetivos comunes. A continuación, se describen algunas aplicaciones y ejemplos de cómo se aplica la robótica evolutiva en la coordinación de múltiples robots:

Robots de búsqueda y rescate: En situaciones de búsqueda y rescate, es común que múltiples robots trabajen juntos para explorar áreas extensas y encontrar a personas atrapadas. La robótica evolutiva se utiliza para optimizar las estrategias de búsqueda y colaboración de estos equipos de rescate.

Robots de agricultura: En la agricultura moderna, se utilizan equipos de robots para tareas como la siembra y la cosecha. La robótica evolutiva puede mejorar la coordinación entre múltiples robots agrícolas, lo que permite una distribución eficiente de tareas en el campo.

Robots de exploración espacial: En misiones de exploración espacial, como la exploración de Marte, se envían múltiples robots que trabajan juntos. La coordinación y colaboración entre estos robots es fundamental para la recopilación de datos y la toma de decisiones.

Robots de logística y almacén: En entornos de logística y almacén, la coordinación entre robots autónomos puede mejorar la eficiencia en la gestión de inventarios y la preparación de pedidos.

Robots en la atención médica: En aplicaciones de atención médica, como la entrega de suministros o la asistencia en cirugía, múltiples robots pueden colaborar de manera coordinada para proporcionar atención de alta calidad.

Robots en la construcción: En la construcción de edificios y estructuras, la coordinación entre robots puede mejorar la eficiencia y la seguridad en la ejecución de tareas.

Robots en aplicaciones militares: En aplicaciones militares, como la vigilancia o la exploración de terrenos peligrosos, la coordinación entre robots puede ser crucial para el éxito de la misión.

La robótica evolutiva se utiliza para optimizar algoritmos de control y estrategias de cooperación entre los robots que trabajan juntos en equipo. Esto puede incluir la optimización de la comunicación entre robots, la planificación de rutas, la distribución de tareas y la toma de decisiones colaborativas. La coordinación eficiente entre múltiples robots puede mejorar la productividad, la seguridad y la eficiencia en una variedad de aplicaciones.

Robótica aplicada: Además de la investigación académica, la robótica evolutiva tiene aplicaciones prácticas en la industria, la exploración espacial, la atención médica y otros campos donde se requieren robots altamente especializados y adaptativos.

La robótica evolutiva, como mencionaste, no se limita a la investigación académica, sino que tiene aplicaciones prácticas en una variedad de campos. A medida que avanzan las investigaciones y se desarrollan nuevas tecnologías, los robots evolutivos se están convirtiendo en una solución valiosa para diversas industrias. Ejemplos de campos donde la robótica evolutiva se ha aplicado con éxito:

Industria automotriz: La robótica evolutiva se utiliza para optimizar la fabricación de automóviles y otros vehículos. Los robots evolutivos pueden mejorar la eficiencia en las líneas de ensamblaje y permitir una mayor flexibilidad en la producción.

Exploración espacial: En misiones espaciales, como la exploración de Marte, los robots evolutivos desempeñan un papel fundamental al permitir que los rovers y otros dispositivos se adapten a terrenos variables y tomen decisiones de navegación autónomas.

Atención médica: Los robots evolutivos se utilizan en aplicaciones médicas, como la cirugía asistida por robots y la entrega de suministros en hospitales. Estos robots pueden adaptarse a entornos médicos cambiantes y colaborar con profesionales de la salud.

Industria agrícola: En la agricultura, los robots evolutivos se aplican en tareas de siembra, cosecha y monitoreo de cultivos. Pueden ajustar su comportamiento para enfrentar variaciones en el terreno y las condiciones climáticas.

Exploración submarina: En la exploración submarina y la inspección de infraestructuras marinas, los robots evolutivos pueden adaptarse a entornos submarinos y ejecutar tareas de manera eficiente.

Industria de la construcción: En la construcción de edificios y estructuras, los robots evolutivos se utilizan para tareas como la inspección y la manipulación de materiales en entornos cambiantes.

Logística y almacén: Los robots evolutivos mejoran la gestión de inventarios y la preparación de pedidos en almacenes y centros de distribución.

Industria aeroespacial: En la industria aeroespacial, los robots evolutivos son útiles para la fabricación de componentes aeroespaciales y la inspección de estructuras de aeronaves.

Servicios de atención al cliente: En la industria de servicios, como tiendas y restaurantes, los robots evolutivos se utilizan para interactuar con clientes, proporcionar información y realizar tareas de atención al cliente.

Aplicaciones militares: En aplicaciones militares, como la vigilancia y la exploración de terrenos peligrosos, los robots evolutivos son valiosos para tareas específicas.

Estas aplicaciones demuestran la versatilidad de la robótica evolutiva y su capacidad para abordar una variedad de desafíos en diferentes industrias y campos. La adaptabilidad y la autonomía de los robots evolutivos los hacen ideales para aplicaciones donde las condiciones cambiantes y las tareas altamente especializadas son comunes. La robótica evolutiva está ayudando a mejorar la eficiencia, la seguridad y la productividad en una amplia gama de aplicaciones prácticas.

La robótica evolutiva es una disciplina emocionante que combina conceptos de evolución y computación para crear robots más capaces y adaptables. Esta área de investigación promete avances significativos en la robótica, lo que podría tener un impacto profundo en una variedad de industrias y aplicaciones en el futuro.

31.Robótica blanda: diseño y construcción de robots flexibles, deformables y orgánicos, inspirados en la biología y la química.

La robótica blanda es un campo de la robótica que se enfoca en el diseño y la construcción de robots flexibles, deformables y orgánicos, tomando inspiración de la biología y la química. A diferencia de los robots tradicionales que suelen estar hechos de materiales rígidos como metal y plástico, los robots blandos están diseñados con materiales flexibles y deformables que les permiten adaptarse a entornos y tareas específicas de una manera más versátil y adaptable.

Algunas características clave de la robótica blanda incluyen:

Materiales flexibles: Los robots blandos suelen estar hechos de materiales como elastómeros, silicona, polímeros y textiles flexibles. Estos materiales permiten que los robots se doblen, estiren y deformen de manera similar a cómo lo hacen los organismos vivos.

Los robots blandos se caracterizan por estar hechos de materiales flexibles que les permiten moverse y deformarse de manera similar a los organismos vivos. Algunos de los materiales más comunes utilizados en la construcción de robots blandos incluyen:

Elastómeros: Los elastómeros son materiales de caucho que tienen propiedades elásticas, lo que significa que pueden estirarse y volver a su forma original. Esto les permite a los robots blandos doblarse y deformarse de manera efectiva.

Silicona: La silicona es un material flexible y duradero que se utiliza comúnmente en la fabricación de robots blandos. Puede moldearse en diversas formas y es resistente al agua y a la corrosión.

Polímeros flexibles: Los polímeros, como el polietileno o el polipropileno, pueden utilizarse en la construcción de robots blandos debido a su capacidad para deformarse y mantener su integridad estructural.

Textiles flexibles: Los textiles y tejidos flexibles se utilizan para recubrir o reforzar las estructuras de robots blandos. Estos materiales pueden ser combinados con elastómeros o polímeros para mejorar la resistencia y la flexibilidad del robot.

La ventaja de utilizar materiales flexibles en la construcción de robots blandos es que les permite adaptarse a diferentes entornos y realizar tareas delicadas, como la manipulación de objetos frágiles o la interacción segura con seres humanos. Estos robots son especialmente útiles en aplicaciones donde la rigidez de los robots tradicionales podría ser un problema.

Inspiración biológica: Los diseñadores de robots blandos a menudo se inspiran en la biología para crear robots que imiten la anatomía y el comportamiento de los seres vivos. Por ejemplo, pueden modelar robots después de animales como pulpos, serpientes o peces para lograr movimientos suaves y adaptativos.

La inspiración biológica desempeña un papel fundamental en el diseño y desarrollo de robots blandos. Los diseñadores de robots blandos a menudo se inspiran en la biología para crear máquinas que imiten la anatomía y el comportamiento de los seres vivos. Algunos ejemplos notables de inspiración biológica en el diseño de robots blandos incluyen:

Pulpos: Los pulpos son conocidos por su capacidad para mover sus tentáculos de manera suave y precisa. Los robots blandos inspirados en pulpos utilizan estructuras flexibles y sistemas de actuación que imitan este tipo de movimiento para aplicaciones como la manipulación delicada de objetos.

Serpientes: Las serpientes son extremadamente flexibles y pueden deslizarse a través de espacios reducidos. Los robots blandos modelados según serpientes a menudo tienen cuerpos segmentados que les permiten moverse de manera similar, lo que los hace ideales para aplicaciones de inspección en espacios confinados.

Peces: Los robots blandos inspirados en peces pueden utilizar aletas y aletas flexibles para lograr movimientos suaves y eficientes en el agua. Estos robots pueden usarse en la exploración subacuática y en la monitorización del medio ambiente acuático.

La inspiración en la biología no solo se limita a la anatomía, sino que también abarca el comportamiento. Los robots blandos pueden imitar comportamientos biológicos, como la capacidad de adaptación a entornos cambiantes, la capacidad de autoreparación y la interacción suave con seres humanos.

Esta aproximación bioinspirada en el diseño de robots blandos permite crear máquinas versátiles y adaptables que pueden desempeñar un papel importante en una amplia variedad de aplicaciones, desde la medicina hasta la exploración espacial y la robótica colaborativa.

Aplicaciones diversas: Los robots blandos tienen una amplia variedad de aplicaciones potenciales en campos como la medicina, la exploración espacial, la robótica subacuática y la industria manufacturera. Su capacidad para adaptarse a entornos cambiantes y trabajar de manera segura junto a humanos los hace adecuados para una amplia gama de tareas.

Los robots blandos tienen una amplia gama de aplicaciones potenciales en diversos campos debido a su capacidad para adaptarse a entornos cambiantes, interactuar de manera segura con seres humanos y realizar tareas delicadas. Algunas de las aplicaciones más destacadas de los robots blandos incluyen:

Medicina: Los robots blandos pueden utilizarse en cirugía mínimamente invasiva para realizar procedimientos médicos con precisión y seguridad. También son prometedores en la rehabilitación de pacientes, como exoesqueletos flexibles que ayudan en la recuperación de lesiones.

Exploración espacial: Los robots blandos son ideales para misiones espaciales donde es necesario adaptarse a entornos desconocidos. Pueden utilizarse en la exploración de cuerpos celestes, la reparación de satélites y la investigación en microgravedad.

Robótica subacuática: Los robots blandos pueden utilizarse en la exploración y el mapeo de entornos marinos, la inspección de estructuras sumergidas, la búsqueda y rescate subacuático y la monitorización de la vida marina.

Industria manufacturera: En la fabricación, los robots blandos pueden ser utilizados para tareas como el manejo de materiales frágiles, la inspección de productos y la colaboración segura con trabajadores humanos en líneas de producción.

Robótica colaborativa: Los robots blandos son ideales para trabajar en estrecha colaboración con seres humanos en entornos compartidos. Pueden utilizarse en aplicaciones de asistencia a personas con discapacidades, en la atención médica y en tareas de ensamblaje colaborativo.

Robótica de servicio: Los robots blandos pueden utilizarse en aplicaciones de servicio, como la atención al cliente, la entrega de alimentos y la limpieza de espacios públicos, donde la flexibilidad y la interacción amigable con humanos son importantes.

Investigación científica: Los robots blandos son valiosos para la investigación en biología, biomecánica y otros campos científicos, ya que pueden imitar comportamientos y movimientos de organismos vivos.

La versatilidad de los robots blandos y su capacidad para adaptarse a una amplia variedad de tareas y entornos los hace una tecnología emocionante con un gran potencial en diversas aplicaciones en la medicina, la exploración, la industria y más. Su desarrollo continúa avanzando y expandiendo las posibilidades en estas áreas y más

Control y actuación: El control de los robots blandos puede ser un desafío debido a su flexibilidad y deformabilidad. Se utilizan sistemas de control avanzados, a menudo basados en algoritmos de aprendizaje automático y visión por computadora, para supervisar y ajustar continuamente el comportamiento de estos robots.

El control de robots blandos puede ser un desafío debido a su naturaleza flexible y deformable. Estos robots requieren sistemas de control avanzados para supervisar y ajustar continuamente su comportamiento. Algunos aspectos clave del control de robots blandos incluyen:

Modelado y simulación: Antes de implementar un controlador para un robot blando, es importante tener un modelo preciso del robot y su comportamiento. El modelado y la simulación ayudan a comprender cómo se deformará y moverá el robot en respuesta a diferentes comandos y fuerzas externas.

Sensores: Los robots blandos suelen estar equipados con una variedad de sensores, como sensores de fuerza, cámaras y sensores de deformación, para recopilar información sobre su entorno y su propio estado. Estos datos son esenciales para el control.

Algoritmos de control: Los algoritmos de control son el corazón del sistema de control de un robot blando. Estos algoritmos pueden ser basados en control clásico, como control proporcional-integral-derivativo (PID), o en técnicas más avanzadas de aprendizaje automático, como redes neuronales artificiales y algoritmos de control por retroalimentación adaptativa.

Aprendizaje automático: El aprendizaje automático desempeña un papel importante en el control de robots blandos. Los algoritmos de aprendizaje automático pueden utilizarse para entrenar a un robot para que aprenda y adapte su comportamiento en función de la retroalimentación sensorial y de las experiencias previas.

Visión por computadora: La visión por computadora se utiliza para la detección de objetos y la percepción del entorno, lo que permite a los robots blandos interactuar con objetos y personas de manera segura y eficiente.

Control en tiempo real: Los sistemas de control de robots blandos a menudo funcionan en tiempo real para garantizar una respuesta rápida a los cambios en el entorno y en las tareas que se les asignan.

El control de robots blandos es un campo de investigación en constante evolución, y se están desarrollando continuamente nuevas técnicas y enfoques para abordar los desafíos específicos que plantea la flexibilidad de estos robots. La combinación de algoritmos de control avanzados, sensores precisos y técnicas de aprendizaje automático ha permitido avances significativos en la capacidad de los robots blandos para llevar a cabo una amplia variedad de tareas.

Investigación en curso: La robótica blanda es un campo en constante evolución, con investigaciones en curso para mejorar la precisión, la eficiencia y la capacidad de estos robots. Se están desarrollando nuevos materiales y tecnologías para expandir aún más las aplicaciones de la robótica blanda.

Así es, la robótica blanda es un campo en constante evolución con investigaciones en curso para mejorar la precisión, eficiencia y capacidad de estos robots, así como para expandir sus aplicaciones. Algunos de los aspectos de investigación en curso incluyen:

Nuevos materiales: Se están investigando y desarrollando materiales más avanzados y versátiles que permitan una mayor deformabilidad y mejor control de los robots blandos. Esto incluye el uso de materiales con propiedades específicas, como conductividad eléctrica variable y capacidades autoreparadoras.

Sensores y percepción: La mejora de los sistemas de sensores y la percepción es fundamental para que los robots blandos interactúen de manera más efectiva con su entorno y realicen tareas de manera más autónoma.

Control avanzado: La investigación se centra en el desarrollo de algoritmos de control más avanzados que permitan una mayor precisión en la manipulación y la navegación de robots blandos. El aprendizaje automático y la inteligencia artificial desempeñan un papel importante en esta área.

Robótica bioinspirada: Se continúa explorando la inspiración en la biología para el diseño de robots blandos. Esto incluye la replicación de más comportamientos y características de organismos vivos, lo que amplía las aplicaciones potenciales.

Aplicaciones emergentes: Los investigadores están identificando nuevas aplicaciones y sectores donde los robots blandos pueden tener un impacto significativo, como la atención médica, la industria de la construcción y la logística.

Robótica autónoma y colaborativa: Se investigan sistemas que permitan a los robots blandos trabajar de manera autónoma y en colaboración con otros robots y seres humanos de manera más eficiente y segura.

Miniaturización y escalabilidad: La miniaturización de los componentes y la escalabilidad de los robots blandos son áreas de investigación que buscan crear robots más pequeños y versátiles que puedan realizar tareas específicas en entornos apretados.

La robótica blanda ofrece un gran potencial en una amplia variedad de aplicaciones y su continua evolución se basa en la colaboración entre ingenieros, científicos de materiales, expertos en control y otros profesionales. A medida que se avanza en estas áreas de investigación, es probable que veamos una creciente adopción de robots blandos en la industria y en la vida cotidiana.

Estos robots tienen un gran potencial en una variedad de aplicaciones y continúan siendo objeto de investigación y desarrollo en la búsqueda de nuevas formas de aprovechar su versatilidad y adaptabilidad.

32.Robótica enjambre: coordinación y cooperación de múltiples robots simples para lograr objetivos complejos, inspirados en el comportamiento colectivo de los insectos sociales.

La robótica enjambre es un campo de la robótica que se inspira en el comportamiento colectivo de los insectos sociales, como las abejas, las hormigas y las termitas, para desarrollar sistemas robóticos compuestos por múltiples robots simples que trabajan juntos de manera coordinada y cooperativa para lograr objetivos complejos. Esta área de investigación se centra en la idea de que un gran número de robots simples, que pueden comunicarse y colaborar entre sí, pueden lograr tareas difíciles de manera más eficiente y flexible que un solo robot grande y complejo.

Aquí hay algunos aspectos clave de la robótica enjambre:

Robots Simples: Los robots en un enjambre suelen ser simples en términos de hardware y capacidad individual. Esto permite reducir los costos de producción y facilita la implementación de un gran número de robots.

Uno de los conceptos clave de los enjambres de robots es que los robots individuales suelen ser relativamente simples en términos de hardware y capacidad individual. Esto presenta varias ventajas importantes:

Costos de producción reducidos: La simplicidad en el diseño y la construcción de robots individuales permite reducir significativamente los costos de producción. Al utilizar componentes y sensores más asequibles, es posible fabricar y desplegar un gran número de robots a un costo razonable.

Implementación escalable: Al tener robots simples, es más fácil y económico escalar el tamaño del enjambre. Puedes agregar o quitar robots según las necesidades de la tarea sin incurrir en grandes gastos.

Robustez y redundancia: La simplicidad también proporciona robustez al enjambre. Si un robot falla o se daña, su impacto en el rendimiento del enjambre es limitado, ya que otros robots pueden continuar trabajando. La redundancia inherente en un enjambre de robots simplifica la gestión de fallas.

Facilita la comunicación y la coordinación: Con robots simples, la comunicación y la coordinación entre ellos son más fáciles de implementar. Pueden intercambiar información sobre su posición, estado y las tareas en curso de manera eficiente.

Mayor adaptabilidad: La simplicidad permite que los robots se adapten rápidamente a entornos cambiantes y a una variedad de tareas. Pueden reconfigurarse o reprogramarse para cumplir diferentes funciones según sea necesario.

Investigación y desarrollo más accesibles: La simplicidad de los robots individuales hace que la investigación y el desarrollo en el campo de los enjambres de robots sean más accesibles para una amplia gama de investigadores y desarrolladores, lo que fomenta la innovación en este ámbito.

Un ejemplo típico de enjambre de robots simples es el uso de drones en aplicaciones como la agricultura, la monitorización medioambiental o la gestión de inventarios en almacenes. Cada dron individual suele ser relativamente básico, pero trabajando en conjunto pueden llevar a cabo tareas complejas y eficientes. La simplicidad en el diseño y la implementación es una estrategia efectiva en muchas aplicaciones de enjambres de robots.

Comunicación: Los robots enjambre suelen comunicarse entre sí para compartir información sobre su posición, estado y observaciones del entorno. Esta comunicación puede ser inalámbrica o a través de otros medios, como infrarrojos.

La comunicación es un aspecto fundamental en los enjambres de robots, ya que permite a los robots compartir información crucial sobre su posición, estado y observaciones del entorno. La comunicación entre robots en un enjambre puede realizarse de diversas formas, incluyendo:

Comunicación inalámbrica: La comunicación inalámbrica es una de las formas más comunes de interconexión en enjambres de robots. Los robots pueden utilizar radios, antenas Wi-Fi, Bluetooth u otras tecnologías inalámbricas para transmitir datos entre ellos. Esto facilita la coordinación y la colaboración en tareas conjuntas.

Infrarrojos: Los sensores infrarrojos también se utilizan para la comunicación entre robots en algunos enjambres. Los robots pueden emitir señales infrarrojas para transmitir información a otros robots que estén dentro de su rango de detección.

Redes ad hoc: Los enjambres de robots pueden establecer redes ad hoc, que son redes temporales y autoorganizadas, para comunicarse entre sí. Esto les permite crear topologías de red dinámicas y adaptativas según las necesidades de la tarea.

Comunicación acústica: Algunos enjambres de robots utilizan la comunicación acústica, como ultrasonidos, para transmitir información entre ellos. Esto es útil en aplicaciones subacuáticas y en entornos donde la comunicación inalámbrica pueda ser limitada.

Comunicación visual: Algunos robots pueden utilizar cámaras o sensores visuales para comunicarse visualmente entre sí. Pueden transmitir señales visuales, como patrones de luz o señales de seguimiento, para coordinar movimientos o compartir información de ubicación.

La comunicación entre robots en un enjambre es esencial para lograr una coordinación efectiva y la realización de tareas conjuntas de manera eficiente. Los algoritmos y protocolos de comunicación desempeñan un papel crucial en la gestión de la información compartida y en la toma de decisiones conjuntas en el enjambre.

Cooperación: La cooperación es fundamental en la robótica enjambre. Los robots trabajan juntos para lograr objetivos comunes, ya sea explorar un área, transportar objetos o realizar tareas de búsqueda y rescate.

La cooperación es un aspecto fundamental en la robótica enjambre. Los robots en un enjambre trabajan de manera coordinada y colaborativa para lograr objetivos comunes. La cooperación puede manifestarse en una variedad de formas, y es esencial en una amplia gama de aplicaciones, como la exploración, el transporte de objetos, la búsqueda y rescate, entre otros. Algunos aspectos clave de la cooperación en la robótica enjambre incluyen:

División de tareas: Los robots pueden dividir las tareas entre ellos según sus capacidades y ubicaciones. Por ejemplo, en un enjambre de drones, algunos drones pueden encargarse de la exploración, mientras que otros se dedican al mapeo o al transporte de carga.

Comunicación: La comunicación efectiva entre los robots es esencial para la cooperación. Pueden compartir información sobre su posición, observaciones del entorno, resultados de sus tareas y otros datos relevantes.

Coordinación de movimiento: Los robots en un enjambre deben coordinar sus movimientos para evitar colisiones y para optimizar la cobertura de un área o la ejecución de una tarea. Los algoritmos de planificación de trayectorias y la toma de decisiones colaborativa son clave en este aspecto.

Intercambio de roles: La cooperación a menudo implica la capacidad de los robots para intercambiar roles en función de las necesidades de la tarea. Por ejemplo, si un robot se queda sin energía, otros pueden asumir su tarea para garantizar que la misión continúe.

Resolución de problemas conjunta: Los robots pueden colaborar en la resolución de problemas complejos. Pueden combinar su capacidad de procesamiento y sensores para abordar desafíos que individualmente serían difíciles o imposibles de superar.

Robustez ante fallas: La cooperación también permite que el enjambre sea robusto ante fallas individuales. Si un robot se avería o falla, los otros pueden continuar trabajando y compensar la pérdida de capacidad.

La cooperación en la robótica enjambre es esencial para aumentar la eficiencia, la eficacia y la versatilidad de los enjambres de robots. A medida que los enjambres se vuelven más sofisticados, la investigación y el desarrollo se centran en perfeccionar los algoritmos y estrategias de cooperación para que los robots puedan abordar tareas cada vez más complejas y variadas.

Autoorganización: Los enjambres robóticos a menudo se autoorganizan, lo que significa que no hay un control centralizado que dicte las acciones de cada robot. En cambio, los robots siguen algoritmos locales simples que les permiten tomar decisiones basadas en su entorno y la información que obtienen de otros robots.

La autoorganización es un principio fundamental en la robótica enjambre. En los enjambres robóticos, no existe un control centralizado que dicte las acciones de cada robot. En su lugar, los robots siguen algoritmos locales simples que les permiten tomar decisiones basadas en su entorno y la información que obtienen de otros robots cercanos. Esto da lugar a un comportamiento emergente a nivel de enjambre, donde la coordinación y la colaboración se producen de manera descentralizada. Algunos aspectos clave de la autoorganización en la robótica enjambre incluyen:

Robustez: La autoorganización aumenta la robustez del enjambre. Si un robot falla o se desconecta, el enjambre puede reorganizarse y continuar trabajando.

Escalabilidad: La autoorganización facilita la escalabilidad. A medida que se agregan más robots al enjambre, pueden adaptarse y coordinarse automáticamente para llevar a cabo tareas adicionales.

Adaptabilidad: Los robots pueden adaptarse a cambios en el entorno y a situaciones imprevistas de manera autónoma. Por ejemplo, pueden ajustar sus trayectorias o cambiar de tarea según sea necesario.

Eficacia: Los algoritmos de autoorganización a menudo permiten que el enjambre alcance objetivos de manera más eficiente y rápida, ya que los robots pueden colaborar de manera efectiva sin necesidad de una planificación centralizada.

Distribución de la carga de trabajo: Los robots distribuyen la carga de trabajo de manera equitativa, lo que puede ayudar a evitar que algunos robots se sobreutilicen mientras otros permanecen inactivos.

Un ejemplo de autoorganización en un enjambre de robots es el comportamiento de los insectos sociales, como las abejas y las hormigas. Estos insectos siguen reglas locales simples para coordinar actividades como la búsqueda de alimentos, la construcción de nidos y la defensa del enjambre. La autoorganización en la robótica enjambre se inspira en estos comportamientos naturales para crear sistemas robóticos altamente eficientes y adaptables.

Adaptabilidad: Los enjambres robóticos son flexibles y adaptables. Si un robot falla o se daña, el enjambre puede reconfigurarse para compensar la pérdida y seguir cumpliendo su objetivo.

Uno de los beneficios clave de los enjambres robóticos es su adaptabilidad. Cuando un robot en el enjambre falla, se daña o se desconecta, el enjambre puede reconfigurarse para compensar la pérdida y continuar cumpliendo su objetivo. Esto se logra mediante la reorganización y redistribución de las tareas entre los robots restantes. Algunas características importantes de la adaptabilidad en los enjambres robóticos incluyen:

Redistribución de tareas: Cuando un robot se vuelve inoperable, otros robots pueden asumir sus tareas. Esto garantiza que la misión o la tarea en curso continúe sin interrupciones significativas.

Toma de decisiones descentralizada: La adaptabilidad se logra mediante algoritmos de toma de decisiones descentralizados. Los robots pueden comunicarse entre sí y tomar decisiones locales basadas en la información que tienen sobre el estado del enjambre y del entorno.

Robustez ante fallos: La adaptabilidad aumenta la robustez del enjambre frente a fallos. Los enjambres pueden continuar funcionando incluso si varios robots fallan, lo que es particularmente valioso en entornos críticos o peligrosos.

Escalabilidad: La adaptabilidad facilita la escalabilidad del enjambre. A medida que se agregan más robots al enjambre, estos pueden integrarse de manera flexible en la operación en curso y asumir tareas adicionales.

Resolución de problemas dinámicos: La adaptabilidad es esencial para enfrentar problemas dinámicos y cambiantes en el entorno. Los robots pueden adaptarse y ajustar su comportamiento según sea necesario.

Un ejemplo práctico de adaptabilidad en enjambres robóticos es la exploración de áreas desconocidas. Si un robot en el enjambre encuentra obstáculos o condiciones adversas, puede informar a otros robots y cambiar su camino o estrategia de exploración. Esto permite que el enjambre se adapte en tiempo real a las condiciones cambiantes y continúe su misión de manera eficiente. La adaptabilidad es una de las características clave que hace que los enjambres robóticos sean adecuados para una amplia variedad de aplicaciones, incluyendo la exploración, la búsqueda y rescate, y la vigilancia.

Aplicaciones: La robótica enjambre tiene una amplia gama de aplicaciones potenciales, que incluyen la exploración de entornos desconocidos, la monitorización ambiental, la logística, la agricultura, la minería, la construcción y la asistencia en desastres.

Es cierto, la robótica enjambre tiene una amplia gama de aplicaciones potenciales en diversas industrias y campos. Algunas de las aplicaciones más destacadas incluyen:

Exploración de entornos desconocidos: Los enjambres de robots se utilizan en la exploración de entornos desconocidos, como la exploración espacial, la exploración subacuática y la exploración de terrenos peligrosos o inaccesibles para los seres humanos.

Monitorización ambiental: Los enjambres de robots pueden ser empleados para la monitorización ambiental, incluyendo la vigilancia de la calidad del aire y el agua, la observación de la fauna y la flora, y el seguimiento de desastres naturales.

Logística y transporte: Los enjambres de drones y vehículos autónomos se utilizan para la entrega de paquetes, la gestión de inventarios en almacenes y la distribución de mercancías en entornos industriales y logísticos.

Agricultura: Los enjambres de robots pueden ayudar en la agricultura de precisión, realizando tareas como la siembra, la irrigación, la pulverización de pesticidas y la recolección automatizada.

Minería: Los enjambres de robots pueden ser empleados en la industria minera para tareas como la exploración de yacimientos, la extracción de minerales y la monitorización de la seguridad en minas subterráneas.

Construcción: En la construcción, los enjambres de robots pueden colaborar en la construcción de estructuras, realizando tareas de inspección, transporte de materiales y trabajos de albañilería.

Asistencia en desastres: Los enjambres de robots pueden ser útiles en situaciones de desastres naturales o provocados por el hombre, como búsqueda y rescate, evaluación de daños y transporte de suministros.

Agricultura de precisión: Los enjambres de robots pueden contribuir a la agricultura de precisión, donde se aplican técnicas avanzadas para maximizar la producción de cultivos y la eficiencia de los recursos agrícolas.

Industria manufacturera: En la industria manufacturera, los enjambres de robots pueden trabajar en conjunto para realizar tareas de ensamblaje, control de calidad y manipulación de materiales.

Vigilancia y seguridad: Los enjambres de robots pueden ser utilizados para la vigilancia y seguridad en áreas críticas, como la protección de infraestructuras y el patrullaje en zonas de alto riesgo.

Estas aplicaciones demuestran la versatilidad de la robótica enjambre y su capacidad para abordar una amplia variedad de desafíos en diversas industrias y entornos. A medida que la tecnología y la investigación continúan avanzando, es probable que se descubran nuevas aplicaciones y se amplíen las posibilidades de los enjambres robóticos en el futuro.

La robótica enjambre es un campo de investigación activo que combina principios de robótica, inteligencia artificial, teoría de sistemas y biología. Los investigadores buscan constantemente mejorar la coordinación y la cooperación entre robots en enjambres para abordar desafíos cada vez más complejos y para desarrollar soluciones prácticas en una variedad de industrias y aplicaciones.

33.Robótica modular: creación y reconfiguración de robots a   partir de módulos intercambiables y autoensamblables, que pueden adaptarse a diferentes formas y funciones.

La robótica modular se refiere a un enfoque de diseño y construcción de robots que utiliza módulos intercambiables y autoensamblables para crear y reconfigurar robots de acuerdo con diferentes formas y funciones. Este enfoque se ha vuelto cada vez más popular en la industria de la robótica debido a sus ventajas en términos de flexibilidad y adaptabilidad. Aquí hay algunas características clave de la robótica modular:

Módulos intercambiables: En lugar de construir un robot completo desde cero, la robótica modular implica la creación de módulos individuales que realizan funciones específicas, como movilidad, manipulación, visión, etc. Estos módulos son intercambiables, lo que significa que pueden ser retirados y reemplazados fácilmente.

La robótica modular implica la creación de módulos individuales que desempeñan funciones específicas y pueden combinarse o intercambiarse para construir robots completos. Estos módulos pueden ser diseñados para tareas de movilidad, manipulación, visión, comunicación o cualquier otra función necesaria para un robot particular. Algunas ventajas de esta aproximación son:

Flexibilidad: Los módulos intercambiables permiten adaptar rápidamente un robot a diversas tareas o entornos cambiando los módulos relevantes. Esto ahorra tiempo y recursos en comparación con la construcción de un nuevo robot desde cero.

Reparabilidad: Si un módulo se daña o se descompone, puede reemplazarse sin necesidad de reemplazar todo el robot. Esto facilita el mantenimiento y la reparación.

Reutilización: Los módulos pueden reutilizarse en diferentes robots o en diferentes momentos para construir soluciones personalizadas o para mejorar robots existentes.

Economía: La fabricación y el desarrollo de módulos estándar puede ser más económica a largo plazo en comparación con la construcción de robots personalizados en cada caso.

Investigación y desarrollo: La robótica modular facilita la investigación y el desarrollo en robótica, ya que los investigadores pueden centrarse en el desarrollo de módulos específicos en lugar de robots completos.

Adaptabilidad: Los módulos intercambiables pueden adaptarse a las necesidades cambiantes y evolucionar junto con las demandas de una tarea o aplicación en particular.

La robótica modular se utiliza en una variedad de campos, desde la robótica industrial hasta la investigación en laboratorios y la construcción de robots personalizados para aplicaciones específicas. Permite una mayor versatilidad y eficiencia en el diseño y desarrollo de robots, lo que es especialmente valioso en entornos donde las necesidades y requisitos pueden cambiar con el tiempo.

Autoensamblaje: Los módulos de robots modulares a menudo están diseñados para ser capaces de ensamblarse automáticamente o con una mínima intervención humana. Esto permite que los robots se reconfiguren rápidamente para cumplir con diferentes tareas o necesidades.

Adaptabilidad: La capacidad de reconfiguración es una de las principales ventajas de la robótica modular. Los robots pueden adaptarse a diferentes entornos, tareas o condiciones cambiando la disposición y combinación de los módulos.

Uno de los aspectos más interesantes y prometedores de la robótica modular es la capacidad de autoensamblaje de los módulos. Los módulos de robots modulares están diseñados para ser capaces de ensamblarse automáticamente o con una mínima intervención humana. Esto permite que los robots se reconfiguren rápidamente para cumplir diferentes tareas o necesidades. Algunas características clave del autoensamblaje en la robótica modular incluyen:

Reconfiguración dinámica: Los módulos pueden reorganizarse y reconfigurarse en tiempo real según las demandas de la tarea o del entorno. Esto aumenta la adaptabilidad y la versatilidad de los robots.

Interconexión sin esfuerzo: Los módulos pueden conectarse y desconectarse de manera sencilla y eficiente. Esto facilita el ensamblaje y la descomposición de robots modulares en múltiples configuraciones.

Coordinación autónoma: Los módulos pueden coordinar su autoensamblaje de manera autónoma mediante la comunicación entre ellos y la toma de decisiones descentralizada.

Resolución de problemas dinámicos: La capacidad de autoensamblaje es particularmente valiosa en situaciones donde las condiciones cambian rápidamente, lo que permite a los robots ajustar su configuración según sea necesario.

Optimización de recursos: Los módulos de robots modulares pueden reutilizarse para diferentes tareas, lo que optimiza el uso de recursos y reduce costos.

El autoensamblaje es especialmente útil en aplicaciones donde se requiere una alta adaptabilidad y la capacidad de responder a condiciones imprevistas. Ejemplos de aplicaciones incluyen la exploración en entornos desconocidos, la búsqueda y rescate en situaciones de desastre y la logística en almacenes automatizados. Esta tecnología sigue siendo un área activa de investigación y desarrollo en robótica, y se espera que siga evolucionando y encontrando aplicaciones en una amplia variedad de campos.

Eficiencia en el desarrollo y mantenimiento: Al utilizar módulos estandarizados, el desarrollo y la fabricación de robots modulares pueden ser más eficientes y económicos. Además, el mantenimiento se simplifica ya que los módulos individuales pueden reemplazarse fácilmente en caso de fallos.

El uso de módulos estandarizados en la robótica modular conlleva ventajas significativas en términos de eficiencia en el desarrollo y el mantenimiento de los robots. Aquí hay algunas de las ventajas clave:

Eficiencia en el desarrollo:

Reutilización de módulos: Los módulos estandarizados pueden reutilizarse en múltiples proyectos, lo que ahorra tiempo y recursos en el desarrollo de nuevos robots. Los ingenieros pueden enfocarse en diseñar módulos específicos en lugar de construir robots completos desde cero.

Desarrollo incremental: Los equipos de desarrollo pueden dividir un proyecto en etapas más pequeñas y manejables, diseñando y probando módulos por separado antes de ensamblar el robot final. Esto facilita la corrección de errores y la mejora de las características de cada módulo antes de la implementación completa del robot.

Prototipado rápido: Los módulos estandarizados permiten a los ingenieros crear prototipos y experimentar con diferentes configuraciones de robot de manera más rápida y eficiente.

Eficiencia en el mantenimiento:

Sustitución de módulos: Cuando un módulo falla o se daña, se puede reemplazar con relativa facilidad, lo que simplifica las operaciones de mantenimiento y reduce el tiempo de inactividad del robot.

Menos tiempo de inactividad: La modularidad permite un enfoque de mantenimiento más enfocado. En lugar de desmontar todo el robot para reparar un componente específico, se puede reemplazar el módulo defectuoso y poner rápidamente al robot en funcionamiento nuevamente.

Actualizaciones y mejoras: Los módulos individuales también pueden actualizarse o mejorarse sin afectar el resto del robot. Esto permite mantener el robot al día con las últimas tecnologías y características sin tener que realizar una revisión completa.

Economía:

Menores costos de desarrollo y producción: La estandarización y la reutilización de módulos pueden reducir significativamente los costos de desarrollo y producción, especialmente a medida que se fabrican en grandes cantidades.

Menores costos de propiedad: La facilidad de mantenimiento y la sustitución de módulos individuales contribuyen a reducir los costos de propiedad a lo largo del ciclo de vida del robot.

La eficiencia en el desarrollo y el mantenimiento es una de las razones principales por las que la robótica modular se ha convertido en una tendencia en crecimiento en la industria de la robótica. Permite una mayor agilidad en el desarrollo, una gestión más económica de los recursos y una mayor confiabilidad en las operaciones de mantenimiento.

Aplicaciones diversas: La robótica modular se utiliza en una amplia gama de aplicaciones, desde la industria manufacturera y la logística hasta la exploración espacial y la atención médica. Puede adaptarse para satisfacer las necesidades específicas de cada aplicación.

La robótica modular se utiliza en una amplia gama de aplicaciones, y su versatilidad es una de sus ventajas más destacadas. Algunas de las aplicaciones diversas de la robótica modular incluyen:

Industria manufacturera: Los robots modulares se utilizan en la fabricación para tareas como el ensamblaje de productos, la soldadura, el manejo de materiales y la inspección de calidad. Su capacidad de reconfiguración los hace adecuados para líneas de producción flexibles.

Logística y almacenes automatizados: En almacenes y centros de distribución, los robots modulares son empleados para la gestión de inventarios, el transporte de productos y la preparación de pedidos. Pueden adaptarse a diferentes disposiciones de almacén y necesidades cambiantes.

Exploración espacial: La robótica modular es utilizada en misiones espaciales para la exploración de planetas, asteroides y otros cuerpos celestes. Los robots modulares pueden adaptarse a diversos terrenos y condiciones.

Atención médica: Los robots modulares tienen aplicaciones en la atención médica, como la asistencia en cirugía, la entrega de suministros en hospitales y la rehabilitación. Pueden personalizarse para adaptarse a las necesidades específicas de los pacientes.

Agricultura de precisión: En la agricultura, los robots modulares pueden realizar tareas como la siembra, la cosecha, la pulverización de pesticidas y el monitoreo de cultivos.

Construcción: La robótica modular es empleada en la construcción para tareas de albañilería, inspección de obras y manipulación de materiales en el sitio de construcción.

Búsqueda y rescate: Los robots modulares se utilizan en operaciones de búsqueda y rescate en situaciones de desastre, donde pueden adaptarse a terrenos desafiantes y situaciones peligrosas.

Educación e investigación: Los robots modulares también se utilizan en entornos académicos y de investigación, donde brindan una plataforma versátil para experimentar con la robótica y desarrollar nuevas soluciones.

Industria aeroespacial y automotriz: En estas industrias, los robots modulares se emplean para la inspección y el ensamblaje de componentes complejos.

Vehículos autónomos: Los robots modulares se utilizan en el desarrollo de vehículos autónomos, incluyendo vehículos de entrega, automóviles autónomos y drones.

La versatilidad y adaptabilidad de la robótica modular la hacen adecuada para una amplia variedad de aplicaciones y sectores. A medida que la tecnología continúa avanzando y los módulos se vuelven más sofisticados, es probable que se descubran nuevas aplicaciones y se amplíen las capacidades de esta tecnología en el futuro.

Investigación y educación: Los sistemas de robótica modular son valiosos en entornos de investigación y educación, ya que permiten a los estudiantes y científicos experimentar con diferentes configuraciones y algoritmos sin tener que construir un robot completo desde cero.

Los sistemas de robótica modular son extremadamente valiosos en entornos de investigación y educación. Ofrecen una serie de ventajas que los hacen ideales para estudiantes y científicos:

Facilidad de experimentación: Los módulos de robótica modular permiten a los estudiantes y científicos experimentar con diferentes configuraciones y algoritmos de manera rápida y eficiente. Esto fomenta la exploración y el aprendizaje activo.

Desarrollo de habilidades: Trabajar con sistemas modulares ayuda a los estudiantes a desarrollar habilidades en robótica y programación sin la complejidad de construir un robot completo desde cero. Pueden centrarse en aspectos específicos de la robótica, como la visión por computadora, la planificación de trayectorias o la toma de decisiones.

Prototipado rápido: Los módulos modulares permiten el prototipado rápido de conceptos y soluciones robóticas. Los estudiantes y los investigadores pueden probar nuevas ideas y enfoques sin necesidad de construir hardware personalizado.

Flexibilidad en la investigación: En la investigación, los sistemas de robótica modular son ideales para probar y evaluar diferentes enfoques sin tener que rediseñar por completo un robot para cada experimento. Esto ahorra tiempo y recursos.

Colaboración y comparación: Los sistemas modulares estandarizados facilitan la colaboración entre instituciones y la comparación de resultados entre diferentes proyectos y laboratorios.

Enfoque en la innovación: Al eliminar la carga de trabajo de construcción y desarrollo inicial de un robot, los estudiantes e investigadores pueden centrarse en la innovación y la resolución de problemas específicos.

Acceso a hardware de vanguardia: Los sistemas de robótica modular suelen estar disponibles en instituciones educativas y de investigación, lo que brinda acceso a hardware de vanguardia que puede ser costoso y difícil de adquirir de manera independiente.

Los sistemas de robótica modular son herramientas valiosas en entornos de investigación y educación, ya que fomentan el aprendizaje, la experimentación y la innovación en robótica de manera eficiente y accesible. Permiten a los estudiantes y científicos concentrarse en aspectos específicos de la robótica y desarrollar habilidades fundamentales en este campo.

Robótica autónoma: En la robótica modular, también se pueden incorporar sistemas de control autónomo que permiten a los robots tomar decisiones y adaptarse a su entorno de manera independiente.

En la robótica modular, es posible incorporar sistemas de control autónomo que permiten a los robots tomar decisiones y adaptarse a su entorno de manera independiente. Estos sistemas de control autónomo pueden incluir algoritmos de inteligencia artificial, aprendizaje automático y planificación de trayectorias que permiten a los robots modularmente ensamblados funcionar de manera autónoma sin una supervisión constante.

Algunos aspectos clave de la robótica modular autónoma incluyen:

Percepción del entorno: Los robots modulares pueden estar equipados con sensores como cámaras, lidar, ultrasonidos y otros dispositivos que les permiten percibir su entorno. Estos sensores recopilan datos sobre obstáculos, objetos, personas u otros elementos relevantes.

Procesamiento de datos: Los datos recopilados por los sensores se procesan en tiempo real a través de algoritmos de visión por computadora y otras técnicas de procesamiento de datos para comprender el entorno circundante.

Toma de decisiones: Con base en la información percibida y procesada, los robots modulares pueden tomar decisiones autónomas. Esto incluye la planificación de trayectorias, la detección y evasión de obstáculos, la identificación de objetivos y la toma de decisiones tácticas para cumplir con una tarea específica.

Aprendizaje automático: Los robots pueden incorporar capacidades de aprendizaje automático para mejorar su rendimiento con el tiempo. Pueden aprender de experiencias pasadas y adaptarse a nuevas situaciones.

Comunicación: Los módulos de robots modulares pueden comunicarse entre sí para coordinar y colaborar en tareas complejas. La comunicación permite una toma de decisiones más informada y una mayor eficiencia en la ejecución de tareas.

Adaptación al entorno cambiante: Los sistemas autónomos son capaces de adaptarse a condiciones cambiantes y a situaciones imprevistas, lo que los hace adecuados para aplicaciones en entornos dinámicos y complejos.

La robótica modular autónoma es valiosa en una variedad de aplicaciones, desde la robótica de servicio y la exploración autónoma hasta la automatización industrial y la vigilancia autónoma. Estos sistemas pueden funcionar de manera independiente en situaciones donde la supervisión humana es limitada o no está disponible, lo que amplía sus aplicaciones en una amplia gama de industrias y entornos.

La robótica modular es un enfoque innovador que permite la creación y reconfiguración ágil de robots para satisfacer una variedad de necesidades y aplicaciones. Su capacidad para adaptarse a diferentes tareas y entornos la hace una tecnología prometedora en el campo de la robótica.

34.Robótica cuántica: uso de principios y tecnologías de la mecánica cuántica para mejorar el rendimiento y las capacidades de los robots, especialmente en el procesamiento de información y la comunicación.

La robótica cuántica es un campo emergente que explora la aplicación de los principios y tecnologías de la mecánica cuántica en la construcción y mejora de robots. La mecánica cuántica es una teoría fundamental de la física que describe el comportamiento de las partículas subatómicas, y sus efectos pueden ser extraños y sorprendentes en comparación con la física clásica.

Algunos aspectos clave de cómo la robótica cuántica puede mejorar el rendimiento y las capacidades de los robots:

Procesamiento de información más rápido: Los computadores cuánticos, que aprovechan los principios de la mecánica cuántica, pueden realizar ciertas operaciones de manera significativamente más rápida que las computadoras clásicas. Esto puede ser beneficioso para los robots que necesitan realizar cálculos intensivos en tiempo real, como la planificación de movimientos o el procesamiento de datos sensoriales complejos.

Los computadores cuánticos son sistemas de procesamiento de información que aprovechan los principios de la mecánica cuántica para realizar ciertas operaciones de manera significativamente más rápida que las computadoras clásicas. A diferencia de las computadoras clásicas, que utilizan bits como unidades fundamentales de información, los computadores cuánticos utilizan cúbits cuánticos (qubits), que pueden representar múltiples estados al mismo tiempo gracias a la superposición y la entrelazación cuántica.

Algunos aspectos clave relacionados con la ventaja de velocidad de los computadores cuánticos incluyen:

Paralelismo cuántico: Los qubits cuánticos pueden existir en múltiples estados a la vez debido a la superposición, lo que permite realizar cálculos paralelos en una sola operación. Esto acelera drásticamente ciertas tareas, como la factorización de números enteros grandes utilizada en criptografía.

Algoritmos cuánticos: Se han desarrollado algoritmos cuánticos que son significativamente más eficientes para ciertas aplicaciones en comparación con sus contrapartes clásicas. Un ejemplo es el algoritmo de Shor para factorización de números, que amenaza con romper los sistemas criptográficos basados en factorización de números.

Resolución de problemas complejos: Los computadores cuánticos pueden ser más eficaces en la resolución de problemas complejos en áreas como la simulación de sistemas cuánticos, la optimización y el análisis de datos.

Sin embargo, es importante destacar que, aunque los computadores cuánticos tienen ventajas en velocidad para ciertas tareas, no son necesariamente más rápidos en todas las aplicaciones. Además, la tecnología cuántica todavía se encuentra en una etapa de desarrollo temprano y enfrenta desafíos significativos, como la corrección de errores cuánticos y la estabilidad de los qubits.

A medida que la tecnología cuántica continúa avanzando, se espera que tenga un impacto significativo en campos como la criptografía, la simulación cuántica, la inteligencia artificial y la optimización, entre otros. Sin embargo, la adopción generalizada de computadores cuánticos a gran escala aún está en proceso de desarrollo y se espera que tome tiempo antes de que se convierta en una tecnología ampliamente accesible y utilizada.

Mejora de la precisión: La mecánica cuántica también permite la construcción de sensores extremadamente precisos. Los robots pueden utilizar sensores cuánticos para medir con mayor exactitud variables como la posición, la velocidad o el campo magnético, lo que es crucial en aplicaciones como la navegación autónoma o la detección de objetos.

La mecánica cuántica permite la construcción de sensores extremadamente precisos. Los sensores cuánticos se basan en los principios de la mecánica cuántica y pueden medir variables con una precisión que a menudo supera a la de los sensores clásicos. Esta mejora en la precisión es fundamental en aplicaciones donde la medición precisa de variables es crítica, como la navegación autónoma, la detección de objetos y muchas otras.

Algunas aplicaciones y aspectos clave relacionados con los sensores cuánticos incluyen:

Navegación autónoma: Los sensores cuánticos pueden ser utilizados en robots y vehículos autónomos para medir con alta precisión variables como la posición, la velocidad y la orientación. Esto es fundamental para la navegación autónoma en entornos donde se requiere una gran precisión, como la navegación subacuática o la navegación en el espacio.

Detección de objetos: Los sensores cuánticos pueden detectar objetos con mayor precisión que los sensores clásicos. Esto es valioso en aplicaciones como la detección de obstáculos para robots móviles, la detección de objetos en aplicaciones de visión por computadora y la detección de partículas en física experimental.

Medición de campos magnéticos y eléctricos: Los sensores cuánticos pueden medir campos magnéticos y eléctricos con alta precisión. Esto es relevante en aplicaciones como la geolocalización, la monitorización de la actividad cerebral y la detección de anomalías en sistemas eléctricos.

Física fundamental: Los sensores cuánticos son valiosos en experimentos de física fundamental, donde se requiere una precisión extrema en la medición de variables para probar teorías y descubrir nuevos fenómenos.

Criptografía cuántica: Los sensores cuánticos también son relevantes en aplicaciones de seguridad, como la criptografía cuántica, donde la precisión en la medición de partículas cuánticas es esencial para garantizar la seguridad de la comunicación.

La mecánica cuántica ha abierto nuevas posibilidades en el desarrollo de sensores de alta precisión, lo que tiene un impacto significativo en una variedad de aplicaciones, desde la robótica y la navegación hasta la física experimental y la seguridad. A medida que la tecnología de sensores cuánticos continúa evolucionando, es probable que se descubran nuevas aplicaciones y se amplíe su adopción en diversas industrias.

Comunicación segura: La criptografía cuántica es una aplicación importante de la mecánica cuántica en la seguridad de la información. Los robots pueden utilizar sistemas de comunicación cuántica para garantizar la seguridad de las comunicaciones y protegerse contra posibles ataques cibernéticos.

La criptografía cuántica es una aplicación importante de la mecánica cuántica en la seguridad de la información. Los sistemas de comunicación cuántica se utilizan para garantizar la seguridad de las comunicaciones y protegerse contra posibles ataques cibernéticos. Esto es relevante para robots y sistemas autónomos que necesitan comunicarse de manera segura en entornos donde la seguridad de la información es crítica. Algunos aspectos clave de la criptografía cuántica incluyen:

Seguridad cuántica: La criptografía cuántica se basa en los principios de la mecánica cuántica, que garantizan la seguridad de la comunicación. En la criptografía cuántica, la información se codifica en qubits, y cualquier intento de interceptar la información perturbaría los qubits y sería detectado.

Detección de intrusiones: Los sistemas de comunicación cuántica permiten a las partes en la comunicación detectar si ha habido una interceptación o manipulación de los datos. Si se detecta una intrusión, la comunicación se considera comprometida y se toman medidas para proteger la seguridad.

Claves de cifrado cuántico: La criptografía cuántica se utiliza para generar claves de cifrado cuántico, que son esenciales para la seguridad de las comunicaciones. Estas claves se utilizan para cifrar y descifrar la información de manera segura.

Protección contra ataques cuánticos: Los sistemas de comunicación cuántica protegen contra ataques cuánticos, como la factorización cuántica, que podrían romper sistemas criptográficos tradicionales.

Aplicaciones en redes cuánticas: La criptografía cuántica también es relevante en el contexto de redes cuánticas, donde la seguridad de la información es crítica para la transferencia de datos cuánticos.

La criptografía cuántica es una solución poderosa para garantizar la seguridad de la comunicación en entornos donde la información sensible debe protegerse contra posibles amenazas. Su aplicación es valiosa en campos que van desde la comunicación segura entre robots autónomos hasta la transmisión de datos confidenciales en sectores como la banca y el gobierno. A medida que la tecnología cuántica avanza, es probable que la criptografía cuántica desempeñe un papel cada vez más importante en la seguridad de la información.

Optimización cuántica: Los algoritmos cuánticos también pueden ser útiles en la optimización de tareas complejas, como la planificación de rutas o la asignación de recursos. Esto puede ayudar a los robots a tomar decisiones más eficientes en tiempo real.

Los algoritmos cuánticos son útiles en la optimización de tareas complejas, como la planificación de rutas o la asignación de recursos. Esta capacidad de optimización cuántica puede ser aprovechada por los robots para tomar decisiones más eficientes en tiempo real, lo que es particularmente valioso en aplicaciones donde se deben considerar múltiples variables y restricciones.

Algunos aspectos clave relacionados con la optimización cuántica incluyen:

Resolución de problemas de optimización: Los algoritmos cuánticos están diseñados para resolver problemas de optimización en los que se busca encontrar la mejor solución posible entre múltiples opciones. Esto es relevante en aplicaciones como la planificación de rutas, la programación de horarios y la asignación de recursos.

Simulación cuántica: Los algoritmos cuánticos también se utilizan en la simulación de sistemas cuánticos y moleculares, lo que es valioso en campos como la química computacional y la investigación de materiales.

Búsqueda cuántica: Los algoritmos cuánticos pueden realizar búsquedas más eficientes en grandes conjuntos de datos, lo que es relevante en la búsqueda de información y la optimización de procesos.

Optimización de trayectorias: En aplicaciones de robótica móvil, los algoritmos cuánticos pueden ayudar a planificar trayectorias óptimas para robots en tiempo real, considerando obstáculos, restricciones y objetivos.

Optimización de recursos: Los algoritmos cuánticos son valiosos en la asignación eficiente de recursos, como la distribución de suministros en logística, la programación de tareas en la fabricación y la asignación de energía en redes eléctricas.

La optimización cuántica ofrece la ventaja de buscar soluciones más rápidas y eficientes en problemas complejos. A medida que la tecnología cuántica continúa avanzando, es probable que los robots autónomos y los sistemas de toma de decisiones basados en algoritmos cuánticos se vuelvan más comunes en aplicaciones donde la optimización es esencial para el rendimiento y la eficiencia.

Simulación de sistemas cuánticos: Los robots cuánticos también pueden utilizarse para simular sistemas cuánticos complejos, lo que es útil en la investigación científica y el desarrollo de tecnologías futuras.

Los robots cuánticos, o sistemas cuánticos programables, pueden utilizarse para simular sistemas cuánticos complejos. Esta capacidad es especialmente valiosa en la investigación científica y el desarrollo de tecnologías futuras. La simulación de sistemas cuánticos se refiere a la capacidad de un sistema cuántico, como un ordenador cuántico, para emular y estudiar el comportamiento de sistemas cuánticos del mundo real. Algunos aspectos clave relacionados con la simulación de sistemas cuánticos incluyen:

Investigación en física cuántica: Los robots cuánticos permiten a los científicos simular sistemas cuánticos a nivel subatómico y estudiar fenómenos cuánticos complejos, lo que es esencial para avanzar en la comprensión de la mecánica cuántica y sus aplicaciones.

Química cuántica: La simulación cuántica es útil en la química computacional para estudiar la estructura molecular, las reacciones químicas y la dinámica molecular con un alto nivel de detalle.

Desarrollo de materiales: La simulación cuántica puede ayudar en el diseño de nuevos materiales con propiedades específicas, lo que es relevante en campos como la ciencia de materiales y la ingeniería.

Optimización de algoritmos cuánticos: La simulación de sistemas cuánticos es esencial en el desarrollo y la mejora de algoritmos cuánticos, permitiendo evaluar su rendimiento y eficacia.

Seguridad en criptografía cuántica: La simulación cuántica se utiliza para probar y desarrollar sistemas de seguridad basados en principios cuánticos, como la criptografía cuántica.

Investigación en inteligencia artificial cuántica: La simulación cuántica es importante en el desarrollo de algoritmos de inteligencia artificial cuántica y sistemas de aprendizaje automático cuántico.

La simulación de sistemas cuánticos ofrece una herramienta valiosa para abordar problemas complejos en una variedad de campos científicos y tecnológicos. Los robots cuánticos y las computadoras cuánticas desempeñan un papel esencial en la simulación de sistemas cuánticos, lo que acelera la investigación y el desarrollo en áreas relacionadas con la mecánica cuántica y sus aplicaciones.

La robótica cuántica todavía se encuentra en sus primeras etapas de desarrollo y presenta desafíos técnicos significativos. Además, no todos los robots necesitan aprovechar los efectos cuánticos, y su aplicación dependerá de la tarea específica que se les asigna. Sin embargo, a medida que la tecnología cuántica avance, es probable que veamos una mayor integración de los principios cuánticos en la robótica para mejorar su rendimiento y capacidades en diversas aplicaciones.

35.Robótica educativa: uso de robots como herramientas pedagógicas para fomentar el aprendizaje activo, el pensamiento computacional, la creatividad y la colaboración en los estudiantes.

La robótica educativa es una disciplina que utiliza robots como herramientas pedagógicas con el objetivo de promover el aprendizaje activo, el pensamiento computacional, la creatividad y la colaboración en los estudiantes. Esta metodología de enseñanza se ha convertido en una poderosa herramienta para involucrar a los estudiantes en el proceso de aprendizaje y desarrollar una amplia gama de habilidades, tanto técnicas como sociales. Aquí tienes algunos aspectos clave de la robótica educativa:

Aprendizaje Activo: La robótica educativa fomenta el aprendizaje activo, lo que significa que los estudiantes participan activamente en la creación, programación y control de robots. Esto les permite aprender de manera práctica y experiencial, lo que a menudo resulta en un mejor entendimiento de conceptos difíciles.

La robótica educativa fomenta el aprendizaje activo, un enfoque pedagógico en el que los estudiantes participan activamente en su propio proceso de aprendizaje. Al crear, programar y controlar robots, los estudiantes se involucran de manera práctica y experiencial, lo que a menudo conduce a un mejor entendimiento de conceptos difíciles y promueve un aprendizaje más profundo. Algunos aspectos clave del aprendizaje activo en la robótica educativa incluyen:

Resolución de problemas: Los estudiantes se enfrentan a desafíos reales al diseñar y programar robots. Deben resolver problemas prácticos, como cómo hacer que un robot siga una línea o navegue por un laberinto, lo que fomenta el pensamiento crítico y la resolución de problemas.

Aplicación de conceptos teóricos: La robótica educativa brinda a los estudiantes la oportunidad de aplicar conceptos teóricos de matemáticas, ciencias y programación en un contexto práctico. Esto ayuda a conectar la teoría con la práctica.

Creatividad y diseño: Los estudiantes tienen la libertad de ser creativos al diseñar robots y desarrollar estrategias para resolver tareas específicas. Esto fomenta la creatividad y la innovación.

Colaboración: Muchos proyectos de robótica educativa se realizan en equipos, lo que promueve la colaboración, la comunicación y el trabajo en equipo entre los estudiantes.

Motivación intrínseca: Trabajar con robots puede resultar altamente motivador para los estudiantes, ya que ven resultados tangibles de su trabajo. Esto puede aumentar la motivación intrínseca para aprender y resolver problemas.

Error y aprendizaje: Los errores son una parte natural del proceso de aprendizaje en la robótica educativa. Los estudiantes pueden aprender de sus errores y realizar ajustes para mejorar el rendimiento de sus robots.

Aplicaciones del mundo real: Los conceptos y habilidades adquiridos en la robótica educativa a menudo se pueden aplicar a situaciones del mundo real, lo que hace que el aprendizaje sea relevante y significativo.

La robótica educativa es una herramienta efectiva para llevar a cabo el aprendizaje activo, lo que ayuda a los estudiantes a desarrollar habilidades esenciales y comprender conceptos de manera más profunda. Este enfoque pedagógico se utiliza en entornos educativos para promover un aprendizaje más interactivo y comprometido.

Pensamiento Computacional: La programación de robots implica la aplicación de habilidades de pensamiento computacional, como la resolución de problemas, la lógica y la secuenciación. Los estudiantes deben desarrollar algoritmos para que los robots realicen tareas específicas, lo que les ayuda a comprender los fundamentos de la programación.

La programación de robots en el contexto de la robótica educativa implica la aplicación de habilidades de pensamiento computacional. El pensamiento computacional es una habilidad fundamental que incluye la capacidad de resolver problemas, pensar lógicamente y diseñar algoritmos para llevar a cabo tareas específicas. Al programar robots, los estudiantes deben desarrollar algoritmos que indiquen al robot cómo comportarse, lo que les ayuda a comprender los fundamentos de la programación y desarrolla habilidades clave de pensamiento computacional. Algunos aspectos clave del pensamiento computacional en la robótica educativa incluyen:

Resolución de problemas: La programación de robots involucra la identificación y solución de problemas. Los estudiantes deben determinar cómo lograr que un robot realice una tarea o complete un desafío específico, lo que implica la resolución de problemas de manera sistemática.

Secuenciación: Los estudiantes deben desarrollar secuencias de comandos o instrucciones que indiquen al robot qué acciones tomar en un orden específico. La secuenciación es una parte fundamental del pensamiento computacional, ya que implica la planificación y organización de tareas.

Lógica: La programación de robots requiere la aplicación de la lógica para tomar decisiones basadas en condiciones y situaciones específicas. Los estudiantes deben diseñar algoritmos lógicos que guíen el comportamiento del robot.

Depuración: Cuando los robots no se comportan como se espera, los estudiantes deben depurar sus programas para identificar y corregir errores. Esta práctica de depuración fomenta el pensamiento crítico y la resolución de problemas.

Creatividad: Los estudiantes tienen la oportunidad de ser creativos al diseñar algoritmos y estrategias para lograr objetivos concretos. La programación de robots permite la exploración de enfoques innovadores y soluciones únicas.

Abstracción: Los conceptos de abstracción, que implican la simplificación de problemas complejos en pasos o componentes más manejables, son fundamentales en la programación de robots y el pensamiento computacional.

El desarrollo de habilidades de pensamiento computacional a través de la programación de robots es valioso en la educación, ya que estas habilidades son aplicables en una amplia gama de disciplinas y campos. Además, fomenta la resolución de problemas de una manera lógica y estructurada, lo que es una habilidad esencial en la era digital y tecnológica actual.

Creatividad: La robótica educativa fomenta la creatividad al permitir a los estudiantes diseñar y personalizar sus robots. Pueden experimentar con diferentes configuraciones, sensores y comportamientos para lograr objetivos específicos. Esto les da la oportunidad de ser creativos y explorar soluciones innovadoras.

La robótica educativa fomenta la creatividad al dar a los estudiantes la oportunidad de diseñar, personalizar y experimentar con sus propios robots. Esto implica la exploración de diferentes configuraciones, sensores, algoritmos y comportamientos para lograr objetivos específicos. Algunos aspectos clave de cómo la robótica educativa promueve la creatividad incluyen:

Diseño personalizado: Los estudiantes pueden diseñar sus propios robots o personalizar robots existentes, lo que les permite expresar su creatividad en la construcción y apariencia de los robots.

Experimentación: Los estudiantes pueden experimentar con una variedad de sensores, actuadores y componentes electrónicos para crear robots que se adapten a sus necesidades y deseos.

Resolución de problemas creativa: A medida que enfrentan desafíos en la programación y el control de los robots, los estudiantes deben encontrar soluciones creativas y pensar fuera de la caja.

Innovación: La robótica educativa brinda a los estudiantes la oportunidad de explorar soluciones innovadoras para problemas del mundo real. Pueden diseñar robots que aborden desafíos específicos en campos como la medicina, la agricultura o la energía renovable.

Aprendizaje basado en proyectos: Muchos programas de robótica educativa se basan en proyectos, lo que permite a los estudiantes aplicar su creatividad para desarrollar soluciones prácticas a través de la construcción y programación de robots.

Colaboración: Trabajar en proyectos de robótica en equipos también fomenta la colaboración y el intercambio de ideas creativas entre los estudiantes.

Motivación intrínseca: La oportunidad de crear y personalizar robots puede ser altamente motivadora para los estudiantes, lo que puede aumentar su compromiso y entusiasmo por el aprendizaje.

La robótica educativa ofrece un entorno enriquecedor que estimula la creatividad de los estudiantes y les permite aplicar sus habilidades y conocimientos en la resolución de problemas y la innovación. A medida que los estudiantes diseñan y crean robots, desarrollan habilidades esenciales que son valiosas tanto en el campo de la robótica como en otros aspectos de la vida y el aprendizaje.

Colaboración: Los proyectos de robótica a menudo requieren que los estudiantes trabajen en equipo para diseñar, construir y programar robots. Esto fomenta la colaboración, la comunicación y las habilidades sociales, que son esenciales en la vida cotidiana y en el lugar de trabajo.

Los proyectos de robótica, especialmente en entornos educativos, a menudo requieren que los estudiantes trabajen en equipo para diseñar, construir y programar robots. Esta colaboración en proyectos de robótica fomenta una serie de habilidades esenciales, incluyendo la colaboración, la comunicación y las habilidades sociales. Estos son elementos importantes tanto en la vida cotidiana como en el lugar de trabajo. Algunos aspectos clave de cómo la robótica promueve la colaboración incluyen:

Trabajo en equipo: Los estudiantes deben colaborar para compartir ideas, tomar decisiones conjuntas y distribuir tareas de manera eficaz en proyectos de robótica. Esto fomenta la capacidad de trabajar en equipo.

Comunicación: La colaboración en proyectos de robótica implica una comunicación efectiva entre los miembros del equipo. Los estudiantes deben explicar sus ideas, escuchar a sus compañeros y resolver problemas de manera conjunta.

Solución de conflictos: A medida que trabajan en equipo, los estudiantes pueden enfrentarse a desacuerdos y conflictos. Esto les brinda la oportunidad de aprender a resolver conflictos de manera constructiva y a llegar a compromisos.

Diversidad de habilidades: Los equipos de robótica a menudo incluyen estudiantes con diversas habilidades y conocimientos. Esto promueve la apreciación de la diversidad y la comprensión de que diferentes perspectivas pueden enriquecer un equipo.

Roles y responsabilidades: Los proyectos de robótica a menudo asignan roles y responsabilidades específicas a los miembros del equipo, lo que ayuda a los estudiantes a comprender la importancia de cumplir con sus compromisos.

Logro de objetivos: Al colaborar en la construcción y programación de robots, los estudiantes trabajan juntos para alcanzar objetivos comunes y lograr resultados tangibles.

Preparación para el lugar de trabajo: Las habilidades de colaboración, comunicación y trabajo en equipo adquiridas en proyectos de robótica son transferibles al lugar de trabajo y son altamente valoradas por los empleadores.

La colaboración en proyectos de robótica no solo enriquece la experiencia de aprendizaje de los estudiantes, sino que también los prepara para una sociedad y un mundo laboral en los que la colaboración y la comunicación efectiva son fundamentales. Estas habilidades sociales y de trabajo en equipo son aplicables en una amplia variedad de situaciones y contextos.

Resolución de Problemas: La robótica educativa presenta desafíos que requieren que los estudiantes resuelvan problemas de manera sistemática. A medida que enfrentan obstáculos y errores en el proceso de diseño y programación, desarrollan habilidades para solucionar problemas y perseverancia.

la robótica educativa presenta desafíos que requieren que los estudiantes resuelvan problemas de manera sistemática. A medida que trabajan en proyectos de robótica, los estudiantes pueden enfrentar obstáculos, errores y situaciones imprevistas en el proceso de diseño, construcción y programación de robots. Esta experiencia les brinda la oportunidad de desarrollar habilidades de resolución de problemas y perseverancia. Algunos aspectos clave de cómo la robótica educativa promueve la resolución de problemas incluyen:

Identificación de problemas: Los estudiantes deben identificar y definir los problemas que deben resolver en el contexto de un proyecto de robótica, ya sea lograr que un robot navegue por un laberinto o realice una tarea específica.

Descomposición de problemas: La resolución de problemas en la robótica a menudo implica descomponer problemas complejos en problemas más pequeños y manejables. Los estudiantes aprenden a abordar estos problemas de manera gradual.

Planificación y diseño: Los estudiantes deben planificar y diseñar soluciones efectivas para los problemas que enfrentan. Esto incluye la creación de algoritmos, la selección de componentes y la toma de decisiones en el proceso de diseño.

Depuración: A medida que programan y prueban robots, los estudiantes pueden encontrar errores en su código o diseño. La depuración es una parte esencial del proceso de resolución de problemas, ya que implica identificar y corregir errores.

Aprendizaje de la experiencia: La resolución de problemas en la robótica educativa implica un aprendizaje basado en la experiencia. Los estudiantes aprenden de los desafíos que enfrentan y aplican ese aprendizaje para abordar problemas similares en el futuro.

Perseverancia: Los obstáculos y la frustración son parte del proceso de resolución de problemas en la robótica. Los estudiantes desarrollan la perseverancia al enfrentar dificultades y buscar soluciones a pesar de los desafíos.

Pensamiento crítico: La resolución de problemas en la robótica requiere pensamiento crítico y analítico para evaluar situaciones, identificar soluciones y tomar decisiones informadas.

La resolución de problemas en el contexto de la robótica educativa no solo fomenta el desarrollo de habilidades técnicas, sino también habilidades cognitivas y de resiliencia. Estas habilidades son valiosas en la educación y en la vida cotidiana, ya que permiten a los estudiantes abordar desafíos de manera efectiva y adaptarse a situaciones diversas.

Interdisciplinariedad: La robótica educaiva a menudo se integra en diversas materias, como matemáticas, ciencias, tecnología e incluso artes. Esto fomenta una comprensión más amplia y profunda de los conceptos y su aplicación en diferentes contextos.

La robótica educativa a menudo se integra en diversas materias, lo que fomenta la interdisciplinariedad y una comprensión más amplia y profunda de los conceptos, así como su aplicación en diferentes contextos. La interdisciplinariedad es un enfoque educativo que busca conectar conceptos y conocimientos de múltiples disciplinas, lo que enriquece la experiencia de aprendizaje de los estudiantes. Algunos aspectos clave de cómo la robótica educativa promueve la interdisciplinariedad incluyen:

Matemáticas: La programación de robots implica el uso de conceptos matemáticos, como geometría, álgebra y trigonometría. Los estudiantes aplican estas habilidades al programar el movimiento y la navegación de los robots.

Ciencias: La robótica educativa involucra principios de ciencias como física, electrónica y mecánica. Los estudiantes aprenden sobre sensores, motores y principios de energía mientras diseñan y construyen robots.

Tecnología: La robótica es una disciplina tecnológica por naturaleza. Los estudiantes exploran la tecnología de sensores, actuadores y programación para controlar robots.

Arte: La personalización y el diseño de robots pueden ser expresiones artísticas. Los estudiantes pueden aplicar principios de diseño y creatividad para dar a sus robots una apariencia única.

Resolución de problemas interdisciplinarios: Los proyectos de robótica a menudo abordan problemas del mundo real que requieren una comprensión interdisciplinaria. Los estudiantes deben combinar conocimientos de matemáticas, ciencias y tecnología para resolver estos problemas.

Contextualización: La robótica permite la aplicación de conceptos en contextos del mundo real, lo que demuestra la relevancia de lo que se aprende en las materias tradicionales.

Aprendizaje basado en proyectos: Los proyectos de robótica educativa a menudo se enfocan en problemas o desafíos específicos que requieren una variedad de habilidades y conocimientos. Esto promueve el aprendizaje interdisciplinario a medida que los estudiantes trabajan en soluciones.

La interdisciplinariedad en la robótica educativa es valiosa porque refleja la naturaleza interconectada de los conocimientos y las habilidades en el mundo real. Ayuda a los estudiantes a comprender cómo diferentes disciplinas se relacionan entre sí y cómo pueden aplicar estos conocimientos en situaciones del mundo real. Además, fomenta una comprensión más profunda y una mayor apreciación de la diversidad de campos de estudio.

Motivación: Trabajar con robots puede ser altamente motivador para los estudiantes, ya que les brinda una experiencia tangible y concreta. Esto puede aumentar su interés en el aprendizaje y mantener su motivación a lo largo del tiempo.

Trabajar con robots puede ser altamente motivador para los estudiantes. La robótica educativa proporciona a los estudiantes una experiencia tangible y concreta en la que pueden diseñar, construir, programar y controlar robots, y ver los resultados directamente. Esta experiencia puede aumentar significativamente su interés en el aprendizaje y mantener su motivación a lo largo del tiempo. Algunos aspectos clave de cómo la robótica educativa motiva a los estudiantes incluyen:

Resultados tangibles: Los estudiantes pueden ver los resultados de su trabajo de inmediato cuando un robot realiza una tarea específica según sus instrucciones. Esto proporciona una sensación de logro y satisfacción.

Experimentación: Los estudiantes tienen la oportunidad de experimentar con diferentes configuraciones, sensores y estrategias para lograr objetivos. La experimentación promueve la curiosidad y la exploración.

Aprendizaje activo: La robótica educativa involucra a los estudiantes en un aprendizaje activo en el que pueden aplicar conceptos y habilidades en un contexto práctico. Esto es más atractivo que un aprendizaje pasivo basado en teoría.

Creatividad: Los estudiantes pueden ser creativos al diseñar y personalizar robots, lo que fomenta su creatividad e innovación.

Resolución de problemas reales: Los proyectos de robótica suelen abordar problemas del mundo real, lo que hace que el aprendizaje sea relevante y significativo. Los estudiantes pueden ver cómo sus habilidades pueden aplicarse en situaciones prácticas.

Competencias en demanda: A medida que los estudiantes adquieren habilidades en robótica, también están desarrollando habilidades técnicas y de pensamiento crítico que son altamente valoradas en la sociedad actual.

Motivación intrínseca: La oportunidad de trabajar con robots y alcanzar objetivos específicos puede aumentar la motivación intrínseca de los estudiantes para aprender y superar desafíos.

La robótica educativa se ha convertido en una herramienta efectiva para mantener a los estudiantes motivados y comprometidos en el proceso de aprendizaje. Los proyectos prácticos y el enfoque en la resolución de problemas del mundo real ofrecen una experiencia educativa atractiva que puede influir positivamente en la motivación de los estudiantes para explorar temas relacionados con la ciencia, la tecnología, la ingeniería y las matemáticas (STEM).

Preparación para el Futuro: La robótica educativa también prepara a los estudiantes para el mundo laboral, donde la automatización y la tecnología desempeñan un papel cada vez más importante. Les brinda habilidades relevantes y les ayuda a comprender el funcionamiento de la tecnología que los rodea.

La robótica educativa prepara a los estudiantes para el futuro, especialmente en un mundo laboral en el que la automatización y la tecnología desempeñan un papel cada vez más importante. Al participar en proyectos de robótica, los estudiantes adquieren habilidades y conocimientos relevantes que pueden ser aplicados en una variedad de campos y sectores. Algunos aspectos clave de cómo la robótica educativa prepara a los estudiantes para el futuro incluyen:

Desarrollo de habilidades técnicas: Los estudiantes adquieren habilidades técnicas en áreas como la programación, la electrónica y la mecánica, que son altamente valoradas en una variedad de campos, incluyendo la ingeniería, la informática y la tecnología.

Pensamiento crítico y resolución de problemas: La robótica educa a los estudiantes en el pensamiento crítico y la resolución de problemas, habilidades que son fundamentales en el mundo laboral actual y futuro.

Habilidades de programación: La programación es una habilidad clave en la era de la automatización. Los estudiantes que adquieren habilidades de programación en proyectos de robótica pueden aplicar estas habilidades en una variedad de trabajos y campos.

Comprensión de la tecnología: La robótica educa a los estudiantes sobre cómo funcionan las tecnologías y sistemas tecnológicos, lo que les permite comprender mejor el mundo que los rodea.

Colaboración y habilidades sociales: Los proyectos de robótica fomentan la colaboración y las habilidades sociales, que son valiosas en entornos laborales que a menudo requieren trabajo en equipo y comunicación efectiva.

Preparación para carreras STEM: La robótica educa a menudo se enfoca en disciplinas STEM (ciencia, tecnología, ingeniería y matemáticas), que son áreas con una alta demanda de empleo.

Conciencia de la automatización: Los estudiantes obtienen una comprensión de cómo la automatización y la robótica están transformando industrias y sectores, lo que les permite adaptarse a un entorno laboral en constante cambio.

La robótica educativa no solo prepara a los estudiantes para carreras relacionadas con la tecnología y la ingeniería, sino que también desarrolla habilidades y competencias transferibles que son valiosas en una amplia variedad de campos y sectores. Prepara a los estudiantes para ser aprendices de por vida y para enfrentar los desafíos de una economía global cada vez más impulsada por la tecnología.

La robótica educativa es una poderosa herramienta pedagógica que promueve el aprendizaje activo, el pensamiento computacional, la creatividad y la colaboración en los estudiantes, preparándolos para un mundo cada vez más tecnológico y cambiante.

36.Robótica asistiva: desarrollo de robots que pueden ayudar a las personas con discapacidad o dependencia a realizar actividades cotidianas, mejorar su calidad de vida y su autonomía personal.

La robótica asistiva es un campo de la robótica que se enfoca en el desarrollo de robots y sistemas autónomos diseñados para ayudar a las personas con discapacidad o dependencia a realizar actividades cotidianas, mejorar su calidad de vida y promover su autonomía personal. Estos robots asistivos están diseñados para proporcionar apoyo en una variedad de tareas, desde tareas domésticas hasta actividades más complejas, dependiendo de las necesidades específicas de cada usuario. Aquí hay algunos ejemplos de cómo la robótica asistiva puede ayudar a las personas:

Movilidad: Los robots asistivos pueden ayudar a personas con discapacidad motriz a desplazarse de un lugar a otro. Esto incluye sillas de ruedas motorizadas controladas por joysticks o incluso exoesqueletos robóticos que pueden ayudar a las personas a caminar.

La movilidad asistida por robots es un campo en constante desarrollo que ha demostrado ser de gran utilidad para personas con discapacidad motriz. Aquí tienes algunos ejemplos de cómo los robots asistivos pueden mejorar la movilidad de estas personas:

Sillas de ruedas motorizadas: Las sillas de ruedas motorizadas son un ejemplo común de tecnología de movilidad asistida. Estas sillas están equipadas con motores eléctricos y baterías que permiten a las personas controlar su movimiento a través de un joystick u otros dispositivos de control. Esto proporciona una mayor independencia y facilita la movilidad en terrenos variados.

Exoesqueletos robóticos: Los exoesqueletos son estructuras mecánicas que se pueden usar en el exterior del cuerpo para mejorar la movilidad. Algunos exoesqueletos están diseñados específicamente para ayudar a personas con discapacidad a caminar. Estos dispositivos pueden ser controlados por sensores que detectan el movimiento del usuario y proporcionan asistencia mecánica para caminar.

Robots de asistencia personal: Además de las sillas de ruedas y los exoesqueletos, existen robots diseñados para ayudar en la vida diaria de las personas con discapacidad motriz. Estos robots pueden realizar tareas como recoger objetos del suelo, abrir puertas, ayudar en la transferencia de la cama a la silla de ruedas, etc.

Dispositivos de comunicación y control: Para aquellas personas con discapacidades motrices graves que no pueden utilizar joysticks u otros dispositivos tradicionales, existen soluciones de comunicación y control que utilizan tecnologías como el seguimiento ocular o el control cerebral para permitir el control de dispositivos y sistemas de movilidad.

Aplicaciones móviles y sistemas de navegación: Muchos dispositivos de movilidad asistida pueden integrarse con aplicaciones móviles y sistemas de navegación que ayudan a las personas a planificar rutas accesibles y evitar obstáculos.

Estos avances tecnológicos tienen un gran impacto en la calidad de vida de las personas con discapacidad motriz, ya que les brindan una mayor autonomía y les permiten participar en una variedad de actividades cotidianas. La investigación y el desarrollo en este campo continúan avanzando para mejorar aún más la movilidad asistida y hacerla más accesible y efectiva.

Vida diaria: Los robots asistivos pueden realizar tareas domésticas como limpiar, cocinar, lavar la ropa y ayudar en la preparación de alimentos. También pueden ayudar con tareas más simples como abrir puertas, encender y apagar luces, y recoger objetos.

Los robots asistivos desempeñan un papel importante en la mejora de la calidad de vida de personas con discapacidades o limitaciones físicas al ayudarles en tareas cotidianas. Aquí tienes ejemplos de cómo estos robots pueden asistir en la vida diaria:

Limpieza doméstica: Los robots aspiradores y fregadores automáticos son ejemplos comunes de robots asistivos en la limpieza del hogar. Estos dispositivos pueden aspirar y fregar suelos de manera autónoma, lo que reduce la necesidad de que una persona realice estas tareas manualmente.

Cocina y preparación de alimentos: Algunos robots pueden ayudar en la cocina, como cortar, mezclar, ollas de cocción automática y máquinas de hacer pan. Estos dispositivos permiten a las personas con discapacidades preparar comidas con mayor independencia.

Lavandería: Robots asistivos pueden cargar y descargar lavadoras, doblar ropa, planchar, y ordenar la ropa después del lavado. Esto facilita la gestión de la ropa en el hogar.

Apertura de puertas y control de luces: Los sistemas de automatización del hogar y robots diseñados para este propósito pueden abrir puertas, encender y apagar luces, ajustar la temperatura y realizar otras tareas que requieren movimientos manuales. Estos sistemas pueden ser controlados por voz, aplicaciones móviles o interfaces personalizadas.

Asistencia en la preparación de alimentos: Algunos robots están diseñados para ayudar a personas con discapacidades a preparar alimentos. Pueden medir ingredientes, mezclar, revolver y realizar tareas similares en la cocina.

Recoger objetos: Robots equipados con brazos robóticos y sensores pueden recoger objetos del suelo, una mesa o estantes altos, lo que facilita el acceso a artículos cotidianos.

Estos robots asistivos no solo brindan asistencia práctica en la vida diaria, sino que también ofrecen mayor independencia y autonomía a las personas con discapacidades o limitaciones físicas. La tecnología continúa avanzando en este campo, lo que lleva a una mayor variedad de dispositivos y soluciones diseñadas para satisfacer las necesidades individuales de las personas.

Comunicación: Para personas con discapacidades severas de comunicación, los robots asistivos pueden proporcionar interfaces de comunicación que les permiten expresarse a través de texto, voz o gestos.

Los robots asistivos desempeñan un papel crucial en la mejora de la comunicación para personas con discapacidades severas que pueden tener dificultades para comunicarse de manera tradicional. Aquí hay algunas formas en que estos robots pueden facilitar la comunicación:

Síntesis de voz: Los robots asistivos pueden utilizar síntesis de voz para permitir que las personas con discapacidades severas de comunicación expresen sus pensamientos y necesidades de manera audible. Los usuarios pueden seleccionar palabras o frases a través de interfaces de usuario, y el robot convertirá el texto en voz para que otros lo escuchen.

Pantallas táctiles y dispositivos de entrada: Muchos robots asistivos están equipados con pantallas táctiles que permiten a los usuarios seleccionar símbolos, palabras o frases mediante toques en la pantalla. También pueden usar dispositivos de entrada personalizados, como palancas, interruptores o seguimiento ocular, para seleccionar opciones en la pantalla.

Comunicación basada en pictogramas o símbolos: Para personas que no pueden comunicarse a través de texto, algunos robots asistivos ofrecen opciones de comunicación basadas en pictogramas o símbolos. Los usuarios pueden seleccionar símbolos o imágenes que representen sus deseos o necesidades.

Comunicación aumentativa y alternativa (CAA): Los robots asistivos pueden ofrecer acceso a sistemas de CAA, que incluyen una variedad de símbolos, imágenes y palabras que ayudan a las personas a comunicarse de manera efectiva.

Comunicación con gestos y movimientos: Algunos robots asistivos están equipados con cámaras y sensores que les permiten detectar gestos y movimientos del usuario. Esto permite la comunicación a través de gestos o señas, lo que puede ser útil para personas que no pueden utilizar el habla o la escritura.

Conexión a dispositivos de comunicación: Los robots asistivos pueden estar integrados con otros dispositivos de comunicación, como tabletas, teléfonos móviles o computadoras, lo que amplía las opciones de comunicación y conectividad del usuario.

En general, estos robots asistivos desempeñan un papel fundamental al proporcionar a las personas con discapacidades severas de comunicación una manera de expresarse, interactuar con otros y participar en la sociedad de una manera más completa. La tecnología sigue avanzando en este campo, lo que lleva a soluciones más personalizadas y efectivas para las necesidades individuales de cada usuario.

Rehabilitación: Los robots asistivos se utilizan en la rehabilitación física para ayudar a las personas a recuperar la movilidad y la fuerza después de una lesión o cirugía. Estos robots pueden proporcionar ejercicios personalizados y seguimiento del progreso.

Así es, los robots asistivos juegan un papel crucial en el proceso de rehabilitación física al ayudar a las personas a recuperar la movilidad y la fuerza después de una lesión, cirugía o afección médica. Estos robots se utilizan en entornos clínicos y hogareños para proporcionar ejercicios personalizados y seguimiento del progreso. Aquí tienes algunos ejemplos de cómo se aplican en la rehabilitación:

Robots de rehabilitación para extremidades: Estos robots asistivos pueden ayudar a las personas a recuperar la función en brazos o piernas después de una lesión o cirugía. Pueden proporcionar ejercicios específicos que incluyen movimientos repetitivos y controlados, lo que facilita la recuperación de la fuerza, la amplitud de movimiento y la coordinación.

Exoesqueletos de rehabilitación: Los exoesqueletos robóticos pueden ser utilizados para ayudar a personas con discapacidades a caminar y realizar movimientos específicos. En el contexto de la rehabilitación, se pueden personalizar para adaptarse a las necesidades individuales de los pacientes y proporcionar asistencia en el proceso de caminar o realizar actividades diarias.

Robots de asistencia en terapia de mano: Para personas que necesitan rehabilitación en manos y dedos, existen robots diseñados específicamente para esta tarea. Estos robots pueden ayudar a los pacientes a recuperar la fuerza y la destreza en las manos mediante ejercicios específicos.

Realidad virtual y gamificación: Algunos sistemas de rehabilitación utilizan tecnología de realidad virtual y gamificación para hacer que los ejercicios sean más atractivos y motivadores para los pacientes. Los robots pueden estar conectados a entornos virtuales que imitan situaciones de la vida real, lo que puede aumentar la participación y el compromiso del paciente.

Seguimiento y personalización: Los robots asistivos en la rehabilitación pueden rastrear el progreso del paciente a lo largo del tiempo, lo que permite a los terapeutas y médicos ajustar y personalizar el plan de tratamiento según sea necesario. Esto mejora la eficacia de la rehabilitación.

Terapia a distancia: En algunos casos, los robots asistivos permiten la realización de terapia de rehabilitación a distancia, lo que es especialmente útil en situaciones en las que los pacientes no pueden acceder fácilmente a un centro de rehabilitación.

Los robots asistivos en la rehabilitación ofrecen una serie de ventajas, como la posibilidad de proporcionar ejercicios precisos, la monitorización constante del progreso y la motivación del paciente. Esto contribuye a acelerar el proceso de recuperación y mejorar la calidad de vida de las personas que están en rehabilitación física.

Asistencia médica: Los robots asistivos pueden ayudar a los cuidadores en la atención de personas con discapacidades o personas mayores, proporcionando recordatorios para tomar medicamentos, monitorear signos vitales y brindar asistencia en caso de emergencia.

Los robots asistivos también tienen un papel importante en la asistencia médica, especialmente en la atención de personas mayores o con discapacidades. Aquí hay formas en las que estos robots pueden ayudar en la atención médica:

Recordatorios de medicamentos: Los robots asistivos pueden programarse para recordar a los pacientes o personas mayores cuándo deben tomar sus medicamentos. Pueden dispensar dosis específicas y alertar a los usuarios a través de señales auditivas, visuales o mensajes de texto.

Monitoreo de signos vitales: Algunos robots pueden estar equipados con sensores que permiten el monitoreo continuo de los signos vitales, como la presión arterial, el ritmo cardíaco y la temperatura corporal. Los datos recopilados pueden ser transmitidos a profesionales de la salud o cuidadores, lo que permite una supervisión constante de la salud de los pacientes.

Asistencia en la movilidad: Los robots asistivos también pueden ayudar a las personas con discapacidades a moverse de un lugar a otro, lo que es especialmente útil para aquellos que tienen dificultades para moverse por sí mismos. Estos robots pueden ser controlados por el usuario o por un cuidador.

Asistencia en caso de caídas: Algunos robots están diseñados para detectar caídas o situaciones de emergencia. Pueden enviar alertas automáticas a familiares, amigos o servicios de atención médica en caso de una caída o emergencia médica.

Interacción social: Los robots asistivos también pueden brindar compañía y apoyo emocional a personas mayores que pueden sentirse solas. Pueden conversar con los usuarios, contar historias, proporcionar entretenimiento y reducir la sensación de aislamiento.

Telemedicina y consultas remotas: Los robots pueden facilitar la telemedicina al permitir que los profesionales de la salud realicen consultas remotas con los pacientes. Los robots pueden ser equipados con cámaras y micrófonos para permitir la comunicación bidireccional entre el paciente y el médico.

Navegación en entornos médicos: En entornos médicos, como hospitales o clínicas, los robots asistivos pueden ayudar a guiar a los pacientes a sus destinos, proporcionando información sobre la ubicación de consultorios, salas de espera, y otros servicios.

La asistencia médica a través de robots asistivos contribuye a mejorar la calidad de vida de las personas, especialmente de aquellas con discapacidades o que requieren una atención constante. También puede aliviar la carga de los cuidadores, permitiéndoles brindar una atención más efectiva y personalizada.

Educación y entretenimiento: Los robots asistivos también se utilizan en entornos educativos y de entretenimiento para personas con discapacidades. Pueden proporcionar lecciones interactivas, actividades de juego y compañía emocional.

los robots asistivos se utilizan en entornos educativos y de entretenimiento para personas con discapacidades y ofrecen beneficios significativos en estos contextos. Aquí tienes ejemplos de cómo se aplican en educación y entretenimiento:

Educación personalizada: Los robots asistivos pueden proporcionar lecciones interactivas y personalizadas para estudiantes con discapacidades. Pueden adaptar el ritmo de aprendizaje y el contenido de acuerdo con las necesidades individuales del estudiante, lo que facilita la adquisición de conocimientos.

Comunicación aumentativa y alternativa: En entornos educativos, los robots asistivos pueden ayudar a los estudiantes con discapacidades de comunicación a participar activamente en el aula. Esto puede incluir la síntesis de voz, sistemas de comunicación basada en pictogramas o símbolos, y otras herramientas que les permiten expresarse y participar en actividades de aprendizaje.

Apoyo en la lectura y escritura: Los robots asistivos pueden asistir a estudiantes con discapacidades en la lectura y escritura. Pueden leer en voz alta textos escritos, proporcionar ejercicios de gramática y ortografía, y ofrecer retroalimentación en tiempo real.

Entrenamiento en habilidades sociales: Algunos robots asistivos se utilizan para ayudar a las personas con discapacidades a desarrollar habilidades sociales. Pueden proporcionar escenarios interactivos que simulan situaciones sociales y brindar retroalimentación sobre cómo interactuar y comunicarse de manera efectiva.

Terapia y entretenimiento emocional: Los robots asistivos también pueden ofrecer compañía y apoyo emocional a niños y adultos con discapacidades. Pueden contar cuentos, jugar juegos interactivos y proporcionar distracción y entretenimiento.

Actividades lúdicas y recreativas: Los robots asistivos pueden involucrar a los usuarios en actividades de juego, como rompecabezas, juegos de mesa virtuales y actividades recreativas. Esto no solo es divertido, sino que también puede ayudar a desarrollar habilidades cognitivas y motoras.

Acceso a recursos en línea: Los robots asistivos pueden ayudar a los usuarios a acceder a recursos en línea, como libros electrónicos, videos educativos y contenido web, lo que amplía su acceso a la información y el aprendizaje.

La combinación de la tecnología robótica con aplicaciones educativas y de entretenimiento puede enriquecer la vida de las personas con discapacidades, proporcionando oportunidades de aprendizaje, desarrollo de habilidades y disfrute. Estos robots pueden ser personalizados para satisfacer las necesidades individuales de los usuarios y promover su inclusión en actividades educativas y de ocio.

La robótica asistiva se encuentra en constante evolución y desarrollo, aprovechando avances en la inteligencia artificial, la visión por computadora, la mecánica y la electrónica para crear soluciones cada vez más sofisticadas y personalizadas. El objetivo principal de esta tecnología es mejorar la calidad de vida de las personas con discapacidad o dependencia, promoviendo su independencia y participación en la sociedad.

37.Robótica ética: estudio de los aspectos morales y legales relacionados con el diseño, el uso y el impacto de los robots en la sociedad, especialmente en lo que respecta a la responsabilidad, la seguridad, la privacidad y los derechos humanos.

La robótica ética es un campo de estudio que se enfoca en examinar y abordar los aspectos morales y legales relacionados con el diseño, el uso y el impacto de los robots en la sociedad. Está dirigida a garantizar que la adopción de la robótica y la inteligencia artificial (IA) se realice de manera responsable y considerando los valores éticos y los derechos humanos. Algunos de los aspectos clave que se abordan en la robótica ética incluyen:

Responsabilidad: La determinación de quién es responsable en caso de que un robot cause daño o cometa errores. Esto puede ser un desafío legal y ético, ya que puede involucrar a diseñadores, fabricantes, propietarios y usuarios de robots.

La cuestión de la responsabilidad en caso de que un robot cause daño o cometa errores es un tema legal y ético complejo y en constante evolución a medida que la tecnología robótica avanza. Varios factores y partes pueden estar involucrados en la determinación de la responsabilidad en estos casos:

Diseñadores y fabricantes: Los diseñadores y fabricantes de robots pueden tener cierta responsabilidad si un robot tiene defectos de diseño o fabricación que conducen a daños. Esto se asemeja a las leyes de responsabilidad de productos defectuosos.

Propietarios y operadores: Los propietarios y operadores de robots también pueden ser considerados responsables si no mantienen y operan el robot de acuerdo con las instrucciones del fabricante o si lo utilizan de manera insegura.

Programadores y desarrolladores de software: Si un error en el software del robot es la causa de un daño, los programadores y desarrolladores de software pueden ser considerados responsables.

Usuarios: En algunos casos, si un usuario hace un uso indebido del robot o lo programa de manera incorrecta, el usuario mismo puede ser considerado responsable de los daños.

Aseguradoras: Las aseguradoras pueden desempeñar un papel importante en la determinación de la responsabilidad y la compensación en casos de daño causado por un robot.

Autoridades reguladoras: Las agencias gubernamentales pueden establecer regulaciones y estándares para la fabricación y operación de robots, lo que puede influir en la determinación de la responsabilidad.

La responsabilidad en el ámbito de los robots asistivos y autónomos plantea cuestiones legales y éticas significativas. Es importante que se establezcan marcos legales claros para abordar estas cuestiones y garantizar la protección de los derechos de las partes involucradas. La legislación y las regulaciones varían según el país y el contexto, y se están desarrollando a medida que se comprenden mejor los desafíos y riesgos asociados con la robótica.

La cuestión de la responsabilidad también plantea preguntas éticas sobre quién debe ser responsable en última instancia y cómo se debe abordar la compensación en caso de daños. En muchos casos, se requerirá la colaboración entre diferentes partes para establecer sistemas de responsabilidad claros y equitativos en el ámbito de la robótica.

Seguridad: Garantizar que los robots sean seguros para interactuar con humanos y para realizar sus tareas previstas. Esto implica establecer estándares de seguridad y protocolos de diseño que minimicen los riesgos.

La seguridad es un aspecto crítico en el desarrollo y uso de robots, especialmente cuando interactúan con humanos. Garantizar que los robots sean seguros es esencial para prevenir accidentes y proteger la integridad de las personas. Algunas consideraciones clave en términos de seguridad en la robótica:

Estándares de seguridad: Los organismos reguladores y la industria de la robótica establecen estándares de seguridad que los diseñadores y fabricantes de robots deben seguir. Estos estándares pueden abordar aspectos como la prevención de colisiones, la potencia eléctrica segura, la interacción segura con humanos y la resistencia al fuego.

Diseño seguro: El diseño de robots debe priorizar la seguridad desde el principio. Esto implica considerar aspectos como la ergonomía, la prevención de atrapamientos y pellizcos, y la capacidad de detener o reducir la velocidad de un robot en caso de un evento inesperado.

Sensores de seguridad: Los robots pueden estar equipados con sensores avanzados que les permiten detectar la presencia de personas u objetos y tomar medidas para evitar colisiones o situaciones peligrosas.

Paradas de emergencia: Los robots deben tener sistemas de parada de emergencia efectivos que permitan a los operadores o usuarios detener rápidamente las operaciones en caso de un problema.

Programación segura: La programación de robots debe incluir salvaguardias para evitar comportamientos inseguros. Esto puede incluir limitar la velocidad o la fuerza de los movimientos del robot y establecer zonas de exclusión en las que los humanos no deben entrar mientras el robot está en funcionamiento.

Capacitación y concienciación: Los operadores y usuarios de robots deben recibir capacitación adecuada para operarlos de manera segura. También es importante crear conciencia sobre los riesgos y las medidas de seguridad.

Evaluación de riesgos: Antes de implementar un robot en un entorno determinado, es importante realizar una evaluación de riesgos para identificar posibles peligros y tomar medidas para minimizarlos.

Actualizaciones y mantenimiento: Los robots deben mantenerse y actualizarse regularmente para garantizar que sigan siendo seguros. Esto incluye la corrección de errores de software y la sustitución de componentes desgastados.

Seguridad cibernética: Además de la seguridad física, la seguridad cibernética es esencial, ya que los robots a menudo están conectados a redes y sistemas. Deben protegerse contra amenazas cibernéticas que podrían comprometer su funcionamiento seguro.

Documentación y responsabilidad: Las empresas deben proporcionar documentación clara sobre el funcionamiento seguro de sus robots y asumir la responsabilidad en caso de incidentes debidos a problemas de diseño o fabricación.

La seguridad en la robótica es un tema multidisciplinario que involucra a ingenieros, reguladores, fabricantes, usuarios y otras partes interesadas. Garantizar la seguridad en la interacción entre robots y humanos es fundamental para aprovechar los beneficios de la robótica en diversos campos, desde la industria y la atención médica hasta la educación y el entretenimiento.

Privacidad: Abordar las preocupaciones sobre la privacidad relacionadas con la recopilación y el almacenamiento de datos por parte de robots. Los robots que recopilan información personal deben hacerlo de manera transparente y segura, respetando las leyes de privacidad.

La privacidad es una preocupación importante en la era de la robótica y la automatización, especialmente cuando se trata de robots que pueden recopilar información personal. Algunas consideraciones clave para abordar las preocupaciones de privacidad relacionadas con los robots:

Transparencia en la recopilación de datos: Los robots deben ser transparentes sobre qué datos están recopilando y con qué propósito. Los usuarios deben comprender completamente qué información se está recopilando y cómo se utilizará.

Consentimiento informado: Los usuarios deben dar su consentimiento informado antes de que se recopilen datos personales. Esto significa que deben estar plenamente conscientes de lo que están autorizando y tener la opción de negarse.

Almacenamiento seguro de datos: Los datos recopilados deben almacenarse de manera segura y protegerse contra accesos no autorizados. Esto es fundamental para prevenir la filtración de información personal.

Retención limitada de datos: Debe establecerse un período de retención de datos limitado. Los datos personales no deben conservarse más tiempo del necesario para cumplir con los propósitos específicos para los que se recopilaron.

Anonimización y pseudonimización: Cuando sea posible, se deben utilizar técnicas de anonimización o pseudonimización para proteger la privacidad de los individuos cuyos datos se recopilan. Esto implica eliminar o enmascarar información que pueda identificar a personas específicas.

Acceso y control de datos para los usuarios: Los usuarios deben tener la capacidad de acceder a los datos que se han recopilado sobre ellos y de controlar cómo se utilizan. Esto incluye la posibilidad de eliminar o corregir información personal incorrecta.

Cumplimiento legal: Los robots y sus fabricantes deben cumplir con las leyes de privacidad y protección de datos aplicables en la región en la que operan. Esto puede incluir regulaciones como el Reglamento General de Protección de Datos (GDPR) en la Unión Europea o leyes de privacidad de datos específicas en otros lugares.

Seguridad cibernética: Además de la privacidad de datos, es importante garantizar la seguridad cibernética para proteger los sistemas de robots contra intrusiones que puedan poner en peligro la privacidad.

Educación y concienciación: Los usuarios y operadores de robots deben recibir capacitación sobre la importancia de la privacidad y las mejores prácticas para protegerla.

Evaluación de impacto en la privacidad: Antes de implementar robots que recopilan datos personales, es importante realizar una Evaluación de Impacto en la Privacidad (EIP) para identificar y abordar los riesgos y preocupaciones relacionados con la privacidad.

La protección de la privacidad en el contexto de los robots asistivos y autónomos es fundamental para ganar la confianza de los usuarios y cumplir con las regulaciones de privacidad cada vez más estrictas en todo el mundo. Además, las empresas y los desarrolladores de robots deben asumir la responsabilidad de garantizar la privacidad de los datos de los usuarios.

Derechos humanos: Asegurarse de que los robots y la IA no violen los derechos humanos, como la no discriminación y la equidad. Esto es particularmente relevante en aplicaciones como la toma de decisiones automatizadas en áreas como la justicia o la selección de personal.

Proteger los derechos humanos en el desarrollo y el uso de robots y la inteligencia artificial (IA) es esencial para garantizar que estas tecnologías sean éticas y justas. Algunas consideraciones clave en relación con los derechos humanos en el contexto de la robótica y la IA:

No discriminación: Los sistemas de IA y robots deben ser diseñados y programados de manera que no discriminen a las personas por motivos de género, raza, religión, orientación sexual, discapacidad u otros factores. Esto implica evitar el sesgo en los datos de entrenamiento y garantizar que los algoritmos no perpetúen o amplifiquen sesgos existentes.

Equidad y justicia: Los sistemas de IA que toman decisiones automatizadas, como en el ámbito de la justicia, deben ser diseñados para garantizar la equidad y la justicia. Esto incluye el acceso igualitario a oportunidades y la protección contra la discriminación sistémica.

Transparencia y explicabilidad: Los sistemas de IA deben ser transparentes y explicables para que las personas afectadas puedan comprender cómo se toman las decisiones y puedan impugnarlas si es necesario.

Participación pública: La toma de decisiones relacionadas con la IA y los robots debe incluir la participación pública y la consulta de las partes interesadas, para asegurarse de que las voces de todas las comunidades afectadas sean escuchadas.

Responsabilidad y rendición de cuentas: Se debe establecer la responsabilidad y la rendición de cuentas claras cuando se produzcan errores o daños causados por robots o sistemas de IA. Esto puede incluir la responsabilidad de los desarrolladores, propietarios y operadores.

Privacidad y protección de datos: Los sistemas de IA deben cumplir con las leyes de privacidad y protección de datos para garantizar que los derechos individuales de privacidad y control de datos sean respetados.

Seguridad y derechos a la vida y a la integridad física: En aplicaciones como vehículos autónomos y robots industriales, es fundamental garantizar que estos sistemas sean seguros y no pongan en peligro la vida o la integridad física de las personas.

Formación y educación ética: Es importante proporcionar formación y educación ética a los diseñadores, desarrolladores y usuarios de robots y sistemas de IA para promover la conciencia y la responsabilidad ética.

Leyes y regulaciones específicas: Los gobiernos y las autoridades reguladoras deben promulgar leyes y regulaciones específicas para abordar las cuestiones relacionadas con los derechos humanos en la robótica y la IA.

Evaluación de impacto ético y de derechos humanos: Antes de implementar robots y sistemas de IA en contextos críticos, es importante llevar a cabo evaluaciones de impacto ético y de derechos humanos para identificar y abordar posibles riesgos y violaciones de derechos.

El respeto y la protección de los derechos humanos en el contexto de la robótica y la IA son esenciales para garantizar que estas tecnologías sean beneficiosas para la sociedad y no causen daño ni discriminación. La colaboración entre gobiernos, la industria, grupos de defensa de los derechos humanos y la sociedad en su conjunto es fundamental para abordar estas cuestiones de manera efectiva.

Ética en el diseño: Considerar principios éticos desde la etapa de diseño de robots y sistemas de IA. Esto incluye evitar algoritmos sesgados, tomar decisiones éticas y garantizar la transparencia en el proceso de toma de decisiones de los robots.

La ética en el diseño es una parte fundamental de la responsabilidad de los desarrolladores y diseñadores de robots y sistemas de IA. Principios clave que deben considerarse desde la etapa de diseño:

Neutralidad y no discriminación: Evitar la introducción de sesgos en los algoritmos y los datos de entrenamiento. Los sistemas de IA no deben discriminar a las personas por motivos de género, raza, religión u otros factores. Se deben implementar medidas para identificar y mitigar el sesgo.

Transparencia y explicabilidad: Los sistemas de IA deben ser transparentes y explicables. Los diseñadores deben ser capaces de proporcionar una explicación clara de cómo se toman las decisiones. Esto es esencial para que las personas comprendan y confíen en los sistemas de IA.

Rendición de cuentas: Los diseñadores deben establecer la responsabilidad y la rendición de cuentas por los resultados de los sistemas de IA. Esto significa que deben ser capaces de identificar a las partes responsables en caso de errores o consecuencias no deseadas.

Privacidad y protección de datos: Se deben considerar las cuestiones de privacidad desde el diseño. Los datos personales deben ser protegidos y utilizados de manera ética y legal. La recopilación y el almacenamiento de datos deben ser seguros.

Derechos humanos y ética profesional: Los diseñadores y desarrolladores deben seguir principios éticos y respetar los derechos humanos en el diseño de robots y sistemas de IA. Esto implica considerar el impacto en los usuarios y la sociedad en general.

Participación pública y diversidad: Es importante incluir a una variedad de voces y perspectivas en el proceso de diseño. Esto garantiza que las decisiones éticas sean sensibles a las necesidades y preocupaciones de diferentes grupos de personas.

Evaluación ética y de impacto: Antes de implementar un robot o sistema de IA, es importante realizar una evaluación ética y de impacto para identificar y abordar posibles dilemas éticos y riesgos.

Formación y educación ética: Los diseñadores y desarrolladores deben recibir formación en ética y conciencia ética para asegurarse de que comprendan las implicaciones éticas de sus decisiones de diseño.

Desarrollo sostenible: Los diseñadores deben considerar el impacto ambiental de los robots y sistemas de IA, incluyendo su consumo de energía y recursos.

Desarrollo ético a lo largo del ciclo de vida: La ética en el diseño no es solo una etapa inicial, sino un proceso continuo que abarca todo el ciclo de vida del robot o sistema de IA, desde la concepción hasta la retirada.

La ética en el diseño es esencial para garantizar que los robots y sistemas de IA sean beneficiosos y seguros para la sociedad en su conjunto. Al aplicar estos principios éticos desde la etapa de diseño, se pueden prevenir problemas éticos y mejorar la confianza en estas tecnologías emergentes.

Impacto social: Evaluar cómo la robótica y la IA afectan a la sociedad en general. Esto incluye cuestiones como la automatización de empleos, la distribución de la riqueza y el acceso a la tecnología.

El impacto social de la robótica y la inteligencia artificial es un tema de gran relevancia y debe ser evaluado y abordado de manera integral. Algunas de las principales áreas de impacto social que deben considerarse:

Automatización de empleos: La automatización de tareas y trabajos es una de las áreas de mayor impacto de la robótica y la IA. Si bien la automatización puede aumentar la eficiencia y productividad, también plantea preocupaciones sobre la pérdida de empleos. Es importante considerar cómo la automatización afectará a diferentes industrias y grupos de trabajadores.

Reasignación de empleos: Si bien algunos empleos pueden desaparecer debido a la automatización, también se crearán nuevos roles relacionados con la gestión y el mantenimiento de la tecnología. La reasignación de empleos es un aspecto importante para garantizar que los trabajadores no se vean perjudicados por la automatización.

Formación y reentrenamiento: La formación y el reentrenamiento de los trabajadores son fundamentales para garantizar que estén preparados para las demandas cambiantes del mercado laboral impulsado por la tecnología.

Desigualdades económicas: La adopción de tecnologías de robótica y AI puede tener un impacto en la distribución de la riqueza y aumentar las desigualdades económicas. Es importante abordar estas cuestiones mediante políticas que promuevan la equidad y la justicia social.

Acceso a la tecnología: Asegurar que la robótica y la IA estén disponibles y sean accesibles para una amplia gama de personas es esencial. La falta de acceso a estas tecnologías puede exacerbar las brechas económicas y sociales.

Ética en la toma de decisiones automatizadas: Los sistemas de IA utilizados en campos como la justicia, la atención médica y la selección de personal deben tomar decisiones éticas y no discriminatorias. La evaluación de algoritmos y la transparencia en la toma de decisiones son fundamentales.

Seguridad y privacidad: La robótica y la IA pueden plantear desafíos en términos de seguridad y privacidad. Es importante garantizar que los datos se manejen de manera segura y que se protejan contra amenazas cibernéticas.

Impacto ambiental: La fabricación y operación de robots y sistemas de IA pueden tener un impacto en el medio ambiente. La sostenibilidad y la consideración de las implicaciones ambientales son aspectos importantes.

Salud mental y bienestar: El aumento de la automatización y la dependencia de la tecnología pueden tener un impacto en la salud mental y el bienestar de las personas. Es importante abordar estas cuestiones y promover un equilibrio saludable entre la tecnología y la vida cotidiana.

Regulación y gobernanza: La regulación adecuada y la gobernanza de la robótica y la IA son esenciales para abordar estos problemas de manera efectiva y garantizar que estas tecnologías se utilicen de manera ética y responsable.

El impacto social de la robótica y la IA es una cuestión compleja y multifacética que requiere la colaboración de gobiernos, industrias, comunidades y la sociedad en su conjunto para abordar de manera efectiva. Evaluar y abordar estos aspectos de manera integral es fundamental para aprovechar los beneficios de la tecnología y minimizar sus posibles efectos negativos en la sociedad.

Normativas y regulaciones: Trabajar en el desarrollo de marcos legales y regulaciones que guíen el desarrollo y el uso de robots y sistemas de IA de manera ética y responsable.

La creación de marcos legales y regulaciones sólidos es esencial para guiar el desarrollo y el uso ético y responsable de robots y sistemas de inteligencia artificial (IA). Estas regulaciones deben abordar una variedad de cuestiones, desde la seguridad y la privacidad hasta la responsabilidad y la equidad. A continuación, se destacan algunos aspectos clave que deben considerarse al desarrollar regulaciones en este campo:

Seguridad y estándares técnicos: Establecer estándares de seguridad para los robots y sistemas de IA para prevenir lesiones y daños. Esto puede incluir regulaciones que rigen la seguridad de diseño, el rendimiento y la verificación de la seguridad.

Privacidad y protección de datos: Definir normativas que protejan la privacidad de los individuos y regulen la recopilación, el almacenamiento y el uso de datos personales por parte de robots y sistemas de IA.

Transparencia y explicabilidad: Establecer regulaciones que requieran que los sistemas de IA sean transparentes y proporcionen explicaciones claras de sus decisiones, especialmente en aplicaciones críticas como la justicia y la atención médica.

No discriminación y equidad: Implementar regulaciones que prohíban la discriminación por parte de sistemas de IA y promuevan la equidad en la toma de decisiones automatizadas.

Responsabilidad legal: Aclarar la responsabilidad legal en caso de daños causados por robots y sistemas de IA. Esto puede incluir regulaciones que definen la responsabilidad de los fabricantes, propietarios y operadores.

Evaluación de impacto ético y de derechos humanos: Requerir evaluaciones de impacto ético y de derechos humanos antes de la implementación de sistemas de IA en áreas críticas, como la justicia y la atención médica.

Regulación de la inteligencia artificial autónoma: Establecer regulaciones específicas para sistemas de IA autónomos que puedan tomar decisiones sin intervención humana.

Formación y educación ética: Fomentar la formación y la educación ética de profesionales en robótica e IA para promover prácticas éticas en el desarrollo y uso de estas tecnologías.

Cumplimiento y aplicación: Asegurar el cumplimiento y la aplicación efectiva de las regulaciones a través de mecanismos de supervisión y sanciones.

Participación pública y consultas: Involucrar a la sociedad en la formulación de regulaciones, permitiendo consultas públicas y la contribución de partes interesadas.

Coordinación internacional: Reconocer que la robótica y la IA son tecnologías globales y trabajar en estrecha colaboración con otros países para establecer estándares y regulaciones comunes.

Flexibilidad y adaptabilidad: Los marcos legales y regulaciones deben ser flexibles y adaptarse a medida que evoluciona la tecnología, para asegurarse de que sigan siendo efectivos y pertinentes.

El desarrollo de regulaciones efectivas en robótica e IA es un desafío complejo, y se necesita una colaboración activa entre gobiernos, la industria, la sociedad civil y expertos en el campo. Los marcos legales y regulaciones deben equilibrar la promoción de la innovación con la protección de los derechos humanos y la ética, y deben ser diseñados para abordar los desafíos éticos y sociales que estas tecnologías plantean.

La robótica ética es esencial para garantizar que la tecnología robótica y de IA se utilice para el beneficio de la sociedad y no cause daños o injusticias. A medida que la tecnología avanza, se espera que el campo de la robótica ética siga siendo fundamental para abordar los desafíos éticos y legales emergentes en este ámbito en constante evolución.

38.Robótica artística: exploración de las posibilidades estéticas, expresivas y creativas de los robots, tanto como medios como como fines artísticos.

La robótica artística es un campo de la robótica que se centra en la exploración de las posibilidades estéticas, expresivas y creativas de los robots, ya sea utilizando robots como medios para crear obras de arte o considerando los propios robots como obras de arte. Esta disciplina combina la tecnología robótica con la expresión artística y busca ampliar los límites de lo que es posible en términos de arte y tecnología. Aquí hay algunas áreas clave en las que la robótica artística se manifiesta:

Creación de obras de arte con robots: Los artistas utilizan robots para crear obras de arte visuales, esculturas, instalaciones interactivas y performances. Los robots pueden ser programados para realizar movimientos precisos y repetitivos que son difíciles de lograr con las manos humanas, lo que permite la creación de obras únicas y sorprendentes.

La creación de obras de arte con robots es una fascinante manifestación de la intersección entre la tecnología y la creatividad. Los artistas han estado utilizando robots y automatización en sus obras durante décadas, y esta tendencia continúa evolucionando a medida que la tecnología avanza. Aquí tienes algunas formas en las que los artistas utilizan robots en su práctica creativa:

Pintura robótica: Los robots pueden ser programados para aplicar pintura de manera precisa y controlada en lienzos, creando patrones y obras abstractas que serían difíciles de lograr con pinceles tradicionales. Estos robots pueden combinar diferentes colores y texturas para crear obras de arte únicas.

Esculturas robóticas: Los brazos robóticos y las impresoras 3D se utilizan para esculpir materiales como metal, madera o incluso cerámica. Los artistas pueden diseñar digitalmente sus esculturas y luego utilizar robots para dar vida a sus ideas en el mundo real.

Instalaciones interactivas: Los robots también se utilizan en instalaciones de arte interactivo. Estos robots pueden responder a estímulos del entorno o la audiencia, creando una experiencia única y en constante evolución para los espectadores.

Performances robóticas: Los robots a menudo se incorporan en performances artísticas en vivo. Pueden realizar movimientos coreografiados, interactuar con los artistas o el público, y agregar una dimensión visual y cinética a la actuación.

Arte generativo: Los artistas a veces programan robots para crear arte generativo, donde las obras se generan automáticamente siguiendo algoritmos y reglas establecidas por el artista. Esto puede resultar en obras de arte que evolucionan con el tiempo o se crean de manera única en cada ejecución.

Colaboraciones artista-robot: Algunos artistas trabajan en colaboración directa con robots, permitiendo que estas máquinas tengan un grado de autonomía en la creación artística. Esto puede dar lugar a una simbiosis única entre la visión humana y la capacidad de ejecución precisa de los robots.

La creación de arte con robots plantea preguntas interesantes sobre la autoría, la creatividad y la relación entre humanos y máquinas. Algunos artistas consideran a los robots como herramientas para expresar sus ideas, mientras que otros exploran la autonomía y el papel de la inteligencia artificial en la creación artística. En cualquier caso, esta intersección entre arte y tecnología sigue evolucionando y generando obras de arte sorprendentes y únicas.

Interacción humano-robot: Los artistas exploran la interacción entre humanos y robots en el contexto de la creatividad y la expresión artística. Esto puede implicar la creación de experiencias interactivas en las que los espectadores pueden comunicarse o colaborar con los robots para generar arte.

La interacción entre humanos y robots en el contexto de la creatividad y la expresión artística es una área fascinante que abre nuevas posibilidades en la creación artística y la experiencia del espectador. Aquí hay algunas formas en las que los artistas exploran esta interacción:

Arte interactivo: Los artistas pueden crear obras de arte interactivas en las que los espectadores pueden comunicarse con robots a través de gestos, voz o incluso pensamientos. Los robots pueden responder a estas interacciones generando arte en tiempo real, como cambios en una proyección visual o sonidos generados por algoritmos.

Colaboración humano-robot: Algunos artistas permiten que los robots y humanos colaboren directamente en la creación artística. Los robots pueden tener habilidades precisas y repetitivas que complementan la creatividad humana. Por ejemplo, un robot podría ayudar a un pintor a realizar trazos precisos o esculpir detalles intrincados en una escultura.

Generación de arte colaborativa: Los robots pueden ser programados para trabajar en conjunto con los espectadores para crear arte de manera colaborativa. Por ejemplo, los visitantes de una galería de arte pueden contribuir a una obra colectiva interactuando con robots que aplican pintura, y la obra final refleja la contribución de la comunidad.

Comunicación emocional: Algunos artistas exploran la capacidad de los robots para expresar emociones y empatizar con los humanos. Esto puede dar lugar a obras de arte que buscan establecer una conexión emocional con el espectador, a veces a través de la interacción con robots que responden a las emociones humanas.

Performance colaborativa: Los artistas a menudo incorporan robots en actuaciones en vivo, donde la interacción en tiempo real entre humanos y máquinas se convierte en una parte integral de la experiencia artística. Los robots pueden bailar, tocar música o actuar junto a los artistas humanos.

Reflexión sobre la relación humano-robot: Algunos artistas utilizan la interacción humano-robot como un medio para explorar cuestiones más amplias relacionadas con la tecnología y la humanidad. Esto puede incluir preguntas sobre la ética, la autonomía de las máquinas y la relación cambiante entre humanos y robots en la sociedad.

La interacción humano-robot en el arte no solo enriquece la creatividad y la experiencia artística, sino que también plantea cuestiones filosóficas y éticas. ¿Cuál es el papel de los humanos en la creación artística cuando trabajan con robots? ¿Cómo afecta la interacción con robots a nuestra percepción del arte y la tecnología? Estas son algunas de las preguntas que los artistas exploran a medida que crean obras que involucran tanto a humanos como a máquinas.

Robots como intérpretes artísticos: Algunos artistas utilizan robots como intérpretes en actuaciones artísticas. Estos robots pueden tocar música, bailar o realizar movimientos coreografiados como parte de una presentación artística.

La utilización de robots como intérpretes en actuaciones artísticas es una manifestación intrigante de la convergencia entre la tecnología y las artes escénicas. Los artistas que emplean robots como intérpretes encuentran nuevas formas de explorar la relación entre humanos y máquinas, así como las posibilidades de expresión artística. A continuación, se destacan algunas formas en las que los robots se utilizan como intérpretes en el mundo del arte:

Interpretación musical: Los robots pueden ser programados para tocar instrumentos musicales de manera precisa y expresiva. Algunos artistas han creado orquestas robóticas, donde los robots son los músicos principales, tocando una variedad de instrumentos, desde tambores hasta violines, e incluso instrumentos electrónicos.

Danza y coreografía: Los robots pueden realizar movimientos de danza y coreografías preestablecidas, creando actuaciones de baile impresionantes y precisas. Algunos de estos robots pueden bailar en sincronía con seres humanos o incluso interactuar con ellos en el escenario.

Teatro y narrativa: Los robots también se utilizan en actuaciones teatrales y narrativas. Pueden representar personajes en una obra o interactuar con actores humanos para llevar a cabo una narrativa conjunta.

Performance interactiva: Algunas actuaciones artísticas implican la interacción entre el público y los robots intérpretes. Los espectadores pueden influir en la actuación a través de gestos, voz u otros medios de comunicación, lo que agrega una dimensión participativa a la obra.

Arte multimedia: Los artistas a menudo combinan la actuación robótica con elementos visuales y sonoros para crear experiencias multimedia. Esto puede incluir proyecciones, iluminación y música que se coordinan con los movimientos de los robots, creando una experiencia artística envolvente.

La utilización de robots como intérpretes artísticos plantea preguntas sobre la autonomía de las máquinas, la relación entre humanos y robots en el arte y la posibilidad de fusionar el rendimiento humano y robótico para crear experiencias únicas. También ofrece oportunidades para explorar temas relacionados con la tecnología, la interacción social y la comunicación a través del arte. En última instancia, estas actuaciones desafían las convenciones tradicionales y amplían los límites de lo que es posible en el mundo del arte escénico.

Exploración de la inteligencia artificial y la creatividad: La robótica artística a menudo implica la incorporación de algoritmos de inteligencia artificial y aprendizaje automático para generar contenido artístico de manera autónoma. Esto puede incluir la creación de música, pinturas, poesía y más.

La exploración de la inteligencia artificial (IA) y la creatividad es una faceta emocionante de la robótica artística. Los artistas y programadores utilizan algoritmos de IA y aprendizaje automático para crear contenido artístico de manera autónoma, lo que da lugar a una amplia gama de expresiones artísticas. Aquí hay algunas formas en las que la IA se utiliza en la creación artística:

Generación de música: Los algoritmos de IA pueden componer música de manera autónoma. Utilizan datos y patrones musicales para crear piezas originales o incluso imitar el estilo de compositores famosos. Además, la IA puede ayudar a los músicos a explorar nuevas ideas y melodías.

Pintura y arte visual: Los programas de IA pueden generar pinturas, ilustraciones y arte abstracto utilizando técnicas de generación de imágenes. Algunos artistas utilizan IA para crear obras que desafían las convenciones estilísticas tradicionales o que se basan en datos y patrones visuales.

Poesía y escritura creativa: La IA se emplea para crear poesía, cuentos cortos y otros tipos de escritura creativa. Los algoritmos pueden aprender el estilo de escritura de autores famosos y generar texto en función de esas influencias o incluso crear obras originales en diversos géneros literarios.

Diseño y arquitectura: Los algoritmos de IA se utilizan en el diseño arquitectónico y el diseño de productos para explorar nuevas formas y estructuras. Esto puede llevar a diseños innovadores y sorprendentes en campos como la arquitectura y la moda.

Arte generativo: La IA se emplea en el arte generativo, donde los algoritmos crean arte de manera autónoma siguiendo reglas y patrones establecidos por el artista. Estas obras pueden cambiar con el tiempo o generar variaciones infinitas.

Creación de instalaciones interactivas: Los sistemas de IA también se utilizan en la creación de instalaciones de arte interactivas que responden a la presencia y el comportamiento de los espectadores, lo que brinda una experiencia única y dinámica.

La incorporación de la IA en la creación artística plantea preguntas interesantes sobre la autoría y la creatividad. ¿Puede considerarse que una obra generada por una máquina es "arte"? ¿Hasta qué punto la creatividad de una máquina puede rivalizar con la creatividad humana? Estas cuestiones son debatidas por la comunidad artística y reflejan la evolución de las prácticas artísticas en un mundo cada vez más interconectado y tecnológico. La IA abre nuevas posibilidades creativas y desafía las nociones tradicionales de lo que constituye una obra de arte.

Reflexión sobre la relación entre humanos y máquinas: La robótica artística a menudo plantea preguntas sobre la relación entre humanos y máquinas, la automatización, la identidad y la creatividad. Puede servir como un medio para explorar temas filosóficos y éticos relacionados con la tecnología.

La robótica artística, y en particular la incorporación de la inteligencia artificial, plantea preguntas fundamentales sobre la relación entre humanos y máquinas, y lleva a una reflexión profunda sobre una serie de temas filosóficos y éticos. Algunas de las cuestiones clave que surgen a través de la robótica artística incluyen:

Autoría y creatividad: ¿Quién es el autor de una obra de arte generada por una máquina? ¿La creatividad es exclusiva de los seres humanos o las máquinas también pueden ser consideradas creativas? La robótica artística cuestiona la noción tradicional de la autoría y la originalidad.

Identidad y autonomía: Cuando los robots se utilizan en actuaciones artísticas, a menudo se les da la apariencia de tener personalidad o emociones. Esto plantea preguntas sobre la identidad de las máquinas y su autonomía en la toma de decisiones artísticas.

Relación con la tecnología: La robótica artística nos hace reflexionar sobre nuestra relación con la tecnología y cómo esta influye en la forma en que creamos y experimentamos el arte. ¿Cómo afecta la tecnología a nuestra percepción y apreciación del arte?

Automatización y empleo: A medida que las máquinas se vuelven más capaces de realizar tareas creativas, surge la preocupación por el impacto en las profesiones artísticas y la automatización de trabajos. ¿Cuál es el lugar de los artistas en una era de creación artística asistida por máquinas?

Ética y responsabilidad: La robótica artística plantea cuestiones éticas, como la responsabilidad por las decisiones de los robots, especialmente cuando interactúan con el público. ¿Quién es responsable si un robot actúa de manera ofensiva o controvertida?

Percepción y empatía: La interacción con robots en el contexto artístico puede influir en la percepción del público y fomentar la empatía hacia las máquinas. Esto lleva a la pregunta de cómo nuestras interacciones con robots en el arte pueden influir en nuestras actitudes hacia la tecnología en general.

Futuro de la creatividad y la colaboración: La robótica artística plantea preguntas sobre el futuro de la creatividad humana y cómo las máquinas pueden colaborar con los humanos en la creación artística. ¿Cómo se reconfiguran las prácticas artísticas en un mundo donde la tecnología juega un papel central?

La robótica artística, a través de su exploración de la relación entre humanos y máquinas, actúa como un espejo que nos invita a considerar nuestras creencias, valores y expectativas en un mundo cada vez más tecnológico. Estas reflexiones filosóficas y éticas son esenciales para comprender cómo la tecnología y el arte convergen y cómo esta convergencia está transformando nuestra comprensión de la creatividad y la expresión artística.

Experimentación con formas y materiales: Los artistas pueden utilizar robots para explorar nuevos materiales y formas que serían difíciles o imposibles de manejar manualmente. Esto puede llevar a la creación de esculturas y estructuras innovadoras.

La experimentación con formas y materiales utilizando robots es una faceta emocionante de la robótica artística. Los artistas pueden aprovechar la precisión y control que ofrecen los robots para crear obras de arte que desafían las limitaciones tradicionales de la creatividad y la construcción manual. Aquí hay algunas formas en que los artistas pueden explorar nuevas dimensiones en el arte mediante el uso de robots:

Escultura precisa: Los robots pueden esculpir materiales de manera precisa y repetitiva, lo que permite la creación de esculturas detalladas y complejas. Esto es especialmente útil cuando se trabaja con materiales duros como metal o piedra, donde la precisión es fundamental.

Manipulación de materiales delicados: Los robots pueden manejar materiales frágiles o delicados con extrema precisión, lo que permite la creación de obras que serían difíciles de lograr sin dañar el material. Esto es particularmente útil en la creación de arte con vidrio o cerámica.

Fabricación de estructuras arquitectónicas: Los robots se utilizan en la fabricación de estructuras arquitectónicas complejas y de formas no convencionales. Esto ha dado lugar a la creación de edificios y obras de ingeniería que desafían las expectativas tradicionales en cuanto a diseño y construcción.

Arte cinético: Los robots pueden impulsar obras de arte cinético, donde los movimientos y cambios en la forma son parte integral de la obra. Esto puede llevar a la creación de esculturas que se transforman y cambian con el tiempo.

Fabricación aditiva: La impresión 3D es una forma de fabricación aditiva que permite a los artistas crear objetos tridimensionales capa por capa. Los robots pueden ser programados para realizar impresiones 3D de alta precisión, lo que amplía las posibilidades de creación.

Materiales innovadores: Los artistas pueden experimentar con materiales nuevos y avanzados que pueden ser difíciles de manejar manualmente. Esto incluye materiales compuestos, textiles técnicos y materiales reactivos, lo que permite la creación de obras únicas y sorprendentes.

La utilización de robots para experimentar con formas y materiales en el arte permite a los artistas trascender las limitaciones tradicionales de la creatividad y la construcción manual. Además, abre nuevas oportunidades para la colaboración entre artistas y tecnólogos, lo que contribuye a la evolución constante del arte contemporáneo.

Expresión de conceptos abstractos: La robótica artística puede utilizarse para expresar conceptos abstractos y emociones a través de movimientos, luces y sonidos, lo que permite a los artistas comunicar ideas de manera única y provocativa.

La robótica artística ofrece un medio poderoso para expresar conceptos abstractos y emociones a través de elementos como movimientos, luces, sonidos y otras formas de interacción. Aquí hay algunas maneras en las que los artistas utilizan robots para comunicar ideas de manera única y provocativa:

Movimiento y coreografía: Los robots pueden ser programados para realizar movimientos que evocan emociones o conceptos abstractos. Por ejemplo, un robot que se mueve de manera suave y fluida puede representar la tranquilidad, mientras que movimientos bruscos y erráticos pueden transmitir la confusión o el caos.

Iluminación y proyección: Los robots pueden controlar luces y proyecciones para crear ambientes visuales evocativos. Esto se utiliza para representar conceptos abstractos como la dualidad, la transformación o la iluminación espiritual.

Sonidos y música: Los robots pueden generar música y sonidos de maneras creativas, lo que puede utilizarse para expresar emociones y estados de ánimo. La música generada por algoritmos de IA también se utiliza para explorar paisajes sonoros únicos.

Arte interactivo: Los robots pueden interactuar con el público, permitiendo que las personas participen en la expresión de conceptos abstractos. Por ejemplo, un robot puede responder a las emociones de los espectadores o a su comportamiento, creando una experiencia emocional compartida.

Creación de experiencias inmersivas: Los artistas pueden utilizar robots para crear experiencias inmersivas que sumergen a los espectadores en un mundo abstracto. Esto puede incluir instalaciones que exploran la percepción, el tiempo o la espiritualidad.

Comunicación no verbal: Los robots pueden expresar emociones y conceptos abstractos de manera no verbal, a través de gestos, movimientos faciales y posturas corporales, lo que lleva a una comunicación emocional rica.

Narrativa abstracta: Los robots a menudo se incorporan en actuaciones que cuentan historias abstractas. Las secuencias de movimientos, luces y sonidos pueden formar una narrativa que desafía la lógica convencional y fomenta la reflexión.

La robótica artística no solo amplía las posibilidades de expresión artística, sino que también plantea preguntas sobre cómo las máquinas pueden participar en la comunicación de conceptos abstractos y emociones. Esta exploración creativa contribuye a la expansión del lenguaje artístico y ofrece al público una oportunidad única para reflexionar sobre temas abstractos y emocionales a través de una experiencia visual y cinética.

La robótica artística es un campo interdisciplinario que abarca la robótica, el arte, la tecnología y la creatividad. Busca expandir los horizontes de lo que se considera arte y cómo se crea, desafiando las nociones convencionales de cómo interactuamos con la tecnología y explorando nuevas formas de expresión artística.

39.Robótica ecológica: aplicación de la robótica para contribuir a la conservación y el cuidado del medio ambiente, mediante la monitorización, la limpieza, la restauración y la educación ambiental.

La robótica ecológica es un campo de la robótica que se enfoca en el desarrollo y aplicación de robots y sistemas autónomos para contribuir a la conservación y el cuidado del medio ambiente. Esta área se ha vuelto cada vez más relevante a medida que se buscan soluciones tecnológicas para abordar los desafíos ambientales que enfrenta nuestro planeta. Aquí hay algunas aplicaciones clave de la robótica ecológica:

Monitorización ambiental: Los robots pueden ser utilizados para recopilar datos ambientales en tiempo real, como la calidad del aire, la temperatura, la humedad, la contaminación del agua y la biodiversidad. Estos datos son esenciales para comprender y gestionar mejor los ecosistemas.

La utilización de robots para la monitorización ambiental es una aplicación valiosa y en constante crecimiento de la robótica que tiene un impacto positivo en la comprensión y gestión de los ecosistemas y el medio ambiente. Aquí hay algunas formas en las que los robots se utilizan para recopilar datos ambientales en tiempo real:

Calidad del aire: Los robots equipados con sensores de calidad del aire pueden medir la concentración de gases y partículas en el ambiente, lo que permite identificar la contaminación y evaluar la salud del aire en áreas urbanas y rurales.

Monitoreo de la biodiversidad: Los robots pueden ser programados para realizar observaciones de la vida silvestre, rastrear especies y recopilar datos sobre la biodiversidad en entornos naturales. Esto es fundamental para la conservación y la gestión de ecosistemas.

Contaminación del agua: Los robots acuáticos pueden analizar la calidad del agua en ríos, lagos y océanos. Pueden detectar contaminantes químicos y biológicos, contribuyendo a la preservación de recursos hídricos y la protección de la vida acuática.

Vigilancia climática: Los robots pueden recopilar datos sobre la temperatura, la humedad, la presión atmosférica y otros parámetros climáticos en tiempo real. Esto es fundamental para la predicción del clima y el seguimiento de cambios climáticos a largo plazo.

Monitoreo de suelos: Los robots terrestres pueden analizar la calidad y composición del suelo, lo que es crucial para la agricultura sostenible y la restauración de áreas degradadas.

Monitoreo de desastres naturales: Los robots pueden ser desplegados en zonas propensas a desastres naturales, como terremotos o incendios forestales, para evaluar daños y recopilar información vital para la respuesta y recuperación.

Observación submarina: Los robots submarinos se utilizan para explorar el fondo marino y estudiar los ecosistemas acuáticos, incluyendo arrecifes de coral y vida marina.

La monitorización ambiental a través de robots permite obtener datos precisos y en tiempo real, lo como resultado, facilita la toma de decisiones informadas y la implementación de medidas para la conservación y la gestión sostenible de los recursos naturales. También reduce el riesgo para los seres humanos que a menudo tendrían que ingresar en entornos peligrosos o difíciles de acceder para realizar estas tareas de recopilación de datos. La robótica ambiental desempeña un papel crucial en la protección de nuestro planeta y en la mitigación de los impactos del cambio climático.

Limpieza y recolección de desechos: Los robots pueden ser diseñados para recoger desechos plásticos y otros contaminantes en los océanos, ríos y áreas terrestres. También se pueden utilizar en la limpieza de derrames de petróleo y la remoción de basura en entornos naturales.

La limpieza y la recolección de desechos utilizando robots es una aplicación importante y efectiva de la robótica en la gestión del medio ambiente y la conservación de recursos naturales. Estas son algunas de las formas en las que los robots se utilizan en tareas de limpieza y recolección de desechos:

Limpieza de desechos marinos: Los robots submarinos y vehículos autónomos marítimos se utilizan para recoger desechos plásticos y otros contaminantes en océanos, mares y ríos. Estos robots pueden estar equipados con brazos mecánicos o sistemas de filtración para recolectar desechos flotantes o que se encuentran en el lecho marino.

Limpieza de derrames de petróleo: Los robots submarinos pueden intervenir en la limpieza de derrames de petróleo en el fondo marino. Pueden dispersar agentes de limpieza, recoger el petróleo derramado y monitorear la recuperación de ecosistemas afectados.

Recogida de basura terrestre: Los robots terrestres se utilizan para recoger basura y desechos en áreas urbanas y naturales. Pueden ser programados para moverse por zonas específicas, recogiendo desechos a lo largo de su ruta.

Detección y recolección de desechos en zonas rurales y naturales: Los robots pueden ser desplegados en entornos naturales, como bosques y parques, para detectar y recoger desechos y basura. Esto contribuye a la conservación de la vida silvestre y la preservación de ecosistemas.

Reciclaje automatizado: Los robots también se utilizan en instalaciones de reciclaje para separar y procesar materiales reciclables de manera eficiente. Pueden reconocer objetos y materiales específicos y clasificarlos en función de sus propiedades.

La utilización de robots en tareas de limpieza y recolección de desechos no solo aumenta la eficiencia y la precisión de estas operaciones, sino que también reduce los riesgos para los seres humanos que podrían verse expuestos a ambientes contaminados o peligrosos. Además, estos robots pueden ser una parte importante de los esfuerzos para abordar la contaminación y los desafíos medioambientales globales, contribuyendo a la limpieza de nuestros océanos, ríos y paisajes terrestres.

Restauración de ecosistemas: Algunos robots están diseñados para plantar árboles, sembrar semillas, controlar plagas invasoras y llevar a cabo otras tareas que contribuyan a la restauración de ecosistemas degradados.

La restauración de ecosistemas con robots es una aplicación valiosa que contribuye a la recuperación de áreas degradadas y a la conservación de la biodiversidad. Estos robots pueden llevar a cabo una variedad de tareas que son esenciales para la restauración de ecosistemas, como la reforestación, el control de plagas invasoras y la preservación de hábitats naturales. Aquí hay algunas de las formas en las que los robots se utilizan en la restauración de ecosistemas:

Reforestación automatizada: Los robots pueden ser programados para plantar árboles y arbustos de manera eficiente. Utilizan sensores para determinar la ubicación y la profundidad de siembra óptimas, lo que aumenta las tasas de supervivencia de las plántulas.

Siembra de semillas: Algunos robots pueden sembrar semillas de manera precisa en áreas degradadas, lo que contribuye a la restauración de praderas y bosques. Estos robots pueden esparcir semillas en patrones específicos y aplicar agua y nutrientes si es necesario.

Control de plagas: Los robots también se utilizan para controlar plagas invasoras que amenazan la salud de los ecosistemas. Pueden identificar y eliminar especies invasoras de plantas o animales de manera selectiva.

Monitoreo ambiental: Además de realizar tareas específicas, los robots a menudo se utilizan para monitorear las condiciones ambientales en áreas restauradas. Esto incluye la medición de la calidad del suelo, el agua y el aire, así como el seguimiento de la biodiversidad y el crecimiento de la vegetación.

Protección de hábitats naturales: Los robots pueden patrullar áreas naturales para detectar y disuadir la caza furtiva y otras amenazas a la vida silvestre, contribuyendo a la preservación de hábitats naturales.

La restauración de ecosistemas con robots es una forma efectiva y eficiente de abordar la degradación ambiental y promover la conservación de la naturaleza. Estos robots permiten llevar a cabo tareas de restauración a gran escala de manera más rápida y precisa de lo que sería posible manualmente, lo que es especialmente importante en la lucha contra la pérdida de biodiversidad y la degradación del medio ambiente.

Educación ambiental: Los robots pueden ser utilizados como herramientas educativas para concienciar a las personas sobre la importancia de la conservación y el cuidado del medio ambiente. Pueden simular procesos naturales o representar ejemplos prácticos de acciones que pueden llevarse a cabo.

La utilización de robots como herramientas educativas en la educación ambiental es una estrategia eficaz para concienciar a las personas sobre la importancia de la conservación y el cuidado del medio ambiente. Los robots pueden ser diseñados para simular procesos naturales o representar ejemplos prácticos de acciones que se pueden llevar a cabo para preservar el medio ambiente. Aquí hay algunas maneras en las que los robots se utilizan en la educación ambiental:

Simulación de ecosistemas: Los robots pueden recrear ecosistemas de manera realista, lo que permite a los estudiantes observar y comprender los procesos naturales en acción. Esto es particularmente útil para enseñar sobre sistemas fluviales, marinos y terrestres.

Ejemplos prácticos de reciclaje: Los robots pueden ser programados para mostrar cómo funciona el proceso de reciclaje. Pueden clasificar y separar materiales reciclables, lo que demuestra la importancia de la gestión de residuos y la reducción de la contaminación.

Representación de la biodiversidad: Los robots pueden representar especies de animales y plantas, lo que permite a los estudiantes aprender sobre la biodiversidad y la importancia de la conservación de la vida silvestre.

Modelos de energía renovable: Los robots pueden demostrar cómo funcionan las fuentes de energía renovable, como la energía solar y eólica, y cómo contribuyen a la reducción de las emisiones de carbono.

Programación y robótica educativa: La robótica educativa enseña a los estudiantes habilidades de programación y diseño de robots. Al crear robots que realizan tareas relacionadas con el medio ambiente, los estudiantes pueden aprender sobre tecnología y conservación al mismo tiempo.

Sensibilización sobre la contaminación: Los robots equipados con sensores pueden medir la calidad del aire, el agua y otros parámetros ambientales. Esto ayuda a concienciar a los estudiantes sobre los impactos de la contaminación en el medio ambiente y la salud humana.

Actividades interactivas: Los robots pueden interactuar con los estudiantes a través de juegos y actividades educativas, lo que hace que el aprendizaje ambiental sea más atractivo y efectivo.

La educación ambiental con robots puede ser especialmente efectiva en la enseñanza de conceptos complejos y abstractos, ya que los robots pueden visualizar y representar de manera concreta temas ambientales. Además, involucra a los estudiantes de manera activa y práctica, lo que les permite experimentar y comprender mejor los principios de la conservación y el respeto por el medio ambiente.

Vigilancia de la vida silvestre: Los drones y robots terrestres equipados con cámaras y sensores pueden ser desplegados para monitorear la vida silvestre, identificar la actividad de cazadores furtivos y ayudar en la conservación de especies en peligro de extinción.

La vigilancia de la vida silvestre mediante el uso de drones y robots terrestres es una aplicación valiosa para la protección de la fauna y la conservación de especies en peligro de extinción. Estas tecnologías ofrecen una serie de ventajas para el monitoreo y la protección de la vida silvestre:

Monitoreo remoto: Los drones y robots terrestres pueden acceder a áreas remotas y difíciles de alcanzar, lo que facilita la supervisión de la vida silvestre en entornos inaccesibles para los humanos.

Vigilancia discreta: Estas tecnologías permiten la observación discreta y no intrusiva de los animales, lo que reduce el riesgo de perturbar su comportamiento natural.

Identificación de especies: Los drones y robots pueden estar equipados con cámaras y sensores que permiten la identificación de especies y la recopilación de datos sobre su distribución y comportamiento.

Detección de cazadores furtivos: Los drones y robots pueden ser utilizados para patrullar áreas vulnerables y detectar actividades ilegales, como la caza furtiva, ayudando a prevenir la matanza ilegal de animales salvajes.

Monitoreo de poblaciones: Estas tecnologías permiten el seguimiento de poblaciones de animales, lo que es esencial para la conservación y la gestión de especies en peligro de extinción.

Recopilación de datos ambientales: Los drones y robots también pueden medir parámetros ambientales como la calidad del agua, la vegetación y la temperatura, lo que es útil para comprender el entorno en el que vive la fauna.

Respuesta rápida a emergencias: En casos de desastres naturales, los drones y robots pueden ser desplegados rápidamente para evaluar los daños a la vida silvestre y coordinar acciones de rescate y rehabilitación.

La vigilancia de la vida silvestre con drones y robots terrestres es una herramienta valiosa en la lucha contra la caza furtiva y la conservación de especies amenazadas. Estas tecnologías pueden proporcionar datos precisos y en tiempo real que ayudan a tomar decisiones informadas para proteger y preservar la biodiversidad. También ayudan a reducir la exposición de los conservacionistas y los guardaparques a situaciones de riesgo al llevar a cabo tareas de vigilancia.

Agricultura sostenible: Los robots agrícolas pueden optimizar la gestión de cultivos, reducir el uso de productos químicos y el consumo de agua, y mejorar la eficiencia en la producción de alimentos de manera más sostenible.

La utilización de robots en la agricultura, conocida como robótica agrícola o agrobotánica, es una tendencia que está transformando la industria agrícola hacia prácticas más sostenibles. Estos robots agrícolas pueden realizar una variedad de tareas que contribuyen a una agricultura más eficiente y respetuosa con el medio ambiente. A continuación, se detallan algunas de las formas en las que los robots se utilizan en la agricultura sostenible:

Plantación y cosecha automatizadas: Los robots agrícolas pueden plantar semillas y recolectar cultivos de manera precisa y eficiente. Esto ayuda a reducir el desperdicio y aumentar la productividad en la agricultura.

Monitoreo de cultivos: Los robots pueden llevar a cabo un monitoreo constante de los cultivos, utilizando cámaras y sensores para evaluar el crecimiento de las plantas, detectar enfermedades y gestionar la irrigación de manera más eficiente.

Desmalezado selectivo: Algunos robots están diseñados para identificar y eliminar malezas de manera selectiva, lo que reduce la necesidad de herbicidas químicos y promueve prácticas agrícolas más sostenibles.

Polinización de cultivos: Los robots pueden ser utilizados para polinizar cultivos en lugar de abejas, lo que es especialmente útil en áreas donde la población de abejas se ha reducido.

Uso eficiente de recursos: Los robots pueden optimizar el uso de recursos agrícolas, como el agua y los fertilizantes, lo que ayuda a reducir el impacto ambiental de la agricultura.

Agricultura de precisión: Los robots agrícolas utilizan tecnologías de geolocalización y sensores para realizar tareas agrícolas de manera precisa, lo que disminuye la necesidad de recursos y reduce los costos.

Reducción de la huella de carbono: Al reducir la necesidad de maquinaria pesada y el uso de combustibles fósiles, los robots agrícolas contribuyen a una agricultura más sostenible y a una menor huella de carbono.

Agricultura vertical: Los robots se utilizan en sistemas de agricultura vertical, donde se cultivan cultivos en entornos controlados como edificios, lo que ahorra espacio y recursos.

La robótica agrícola desempeña un papel crucial en la promoción de prácticas agrícolas más sostenibles y en la reducción del impacto ambiental de la producción de alimentos. Esto es fundamental para enfrentar los desafíos globales como el cambio climático y la necesidad de alimentar a una población en constante crecimiento. La integración de la tecnología robótica en la agricultura está cambiando la forma en que se produce y se gestiona la comida a nivel mundial.

Gestión de desastres naturales: Los robots pueden ser utilizados en operaciones de búsqueda y rescate después de desastres naturales, como terremotos o inundaciones, para localizar sobrevivientes y evaluar la extensión de los daños ambientales.

La robótica ecológica representa una poderosa herramienta para abordar los desafíos medioambientales y promover prácticas más sostenibles en diversas áreas. A medida que la tecnología avanza, es probable que veamos un aumento en la adopción de robots y sistemas autónomos para la conservación y protección de nuestro entorno natural.

www.ingramcontent.com/pod-product-compliance
Lightning Source LLC
Chambersburg PA
CBHW072346290526
45794CB00001B/28